大数据与人工智能技术丛书

机器学习入门与实战

Python实践应用

◎ 冷雨泉 高庆 闫丹琪 编著

清华大学出版社
北京

内 容 简 介

本书主要介绍经典的机器学习算法的原理和改进，以及Python的实例实现。本书的内容可以分成三部分：第一部分是机器学习概念篇（第1章），充分介绍机器学习的相关概念，并且对机器学习的各种算法进行分类，以便读者对机器学习的知识框架有整体的了解，从而在后续的学习中更容易接受机器学习涉及的各类算法；第二部分是Python机器学习基础篇（第2章和第3章），简单介绍Python的基本使用方法、机器学习库scikit-learn和人工智能工具集OpenAI Gym；第三部分是机器学习算法与Python实践篇（第4～19章），对监督学习、无/非监督学习、强化学习三大类常用算法逐一讲解，包括机器学习算法的原理、算法的优缺点、算法的实例解释以及Python的实践应用。

本书适合对人工智能、机器学习感兴趣的读者，希望用机器学习完成设计的计算机或电子信息专业的学生，准备开设机器学习、深度学习实践课的授课老师，学习过C语言，且希望进一步提高编程水平的开发者，刚从事机器学习、语音、机器视觉、智能机器人研发的算法工程师阅读。

图书在版编目（CIP）数据

机器学习入门与实战：Python实践应用/冷雨泉，高庆，闫丹琪编著.—北京：清华大学出版社，2023.4（2023.11重印）
（大数据与人工智能技术丛书）
ISBN 978-7-302-60048-0

Ⅰ.①机… Ⅱ.①冷… ②高… ③闫… Ⅲ.①机器学习 ②软件工具－程序设计 Ⅳ.①TP181 ②TP311.561

中国版本图书馆CIP数据核字（2022）第016520号

策划编辑：魏江江
责任编辑：王冰飞
封面设计：刘 键
责任校对：郝美丽
责任印制：沈 露

出版发行：清华大学出版社
网 址：http://www.tup.com.cn，http://www.wqbook.com
地 址：北京清华大学学研大厦A座 **邮 编**：100084
社 总 机：010-83470000 **邮 购**：010-62786544
投稿与读者服务：010-62776969，c-service@tup.tsinghua.edu.cn
质量反馈：010-62772015，zhiliang@tup.tsinghua.edu.cn
课件下载：http://www.tup.com.cn，010-83470236
印 装 者：北京嘉实印刷有限公司
经 销：全国新华书店
开 本：185mm×260mm **印 张**：13.5 **字 数**：315千字
版 次：2023年4月第1版 **印 次**：2023年11月第2次印刷
印 数：2001～3000
定 价：59.00元

产品编号：090631-01

前言

近年来，随着计算机技术及互联网技术的发展，人工智能技术也取得了重要的突破。作为人工智能的核心技术，机器学习已经广泛地应用于各行各业中，如图像识别、语言识别、文本分类、智能推荐、网络安全等。未来，伴随着信息技术的进一步发展，机器学习技术将会更加深入地应用到生产、生活的方方面面。

机器学习是高校计算机、电子信息、工商管理、金融分析等相关专业的必修课程。在学习机器学习之初，不少读者被其中的大量数学公式或众多算法名称吓得退避三舍，进而迷茫和无从下手，主要原因在于学习相关算法前，未对各类算法进行框架式的分类，或者未结合实例进行算法的理解。针对上述问题，本书将分三部分介绍。第一部分为机器学习概念篇（第1章），为读者构建机器学习方法的基本概念、方法分类、基本处理流程等；第二部分为Python机器学习基础篇（第2章和第3章），为读者详细讲解如何使用Python语言及相应的工具包实现机器学习算法；第三部分为机器学习算法与Python实践篇（第4～19章），依次讲解常用的机器学习算法，包括算法推导过程、算法优缺点、Python实例等。

本书特点：

（1）内容循序渐进，从基础概念到分类，再到详细讲解，便于读者构建知识体系。

（2）算法讲解由浅入深，重点突出，通俗易懂。

（3）理论与实践结合，通过大量实例阐述各类算法的基本原理，使读者不仅掌握理论知识，而且掌握实用案例。

（4）本书配套提供了实例源代码，扫描目录上方的二维码可以下载。

本书的出版得到了清华大学出版社工作人员的大力支持，作者在此表示衷心的感谢。此外，学术界、产业界同仁们的不断探索推动机器学习技术走到今天，本书的完成得力于此，作者在此一并表示衷心感谢。

一方面，机器学习内容极为庞大和复杂，存在大量的交叉算法，且依据的应用领域不同，不同的算法也会有不同的表现；另一方面，机器学习领域的发展极其迅速，不断取得新的研究成果。因此，作者只能尽力将现有机器学习的框架关系以及主要算法原理和其实现展现给读者，以起到抛砖引玉的作用，给机器学习的初学者提供一定的指导。读者在后期的机器学习中需要阅读大量的文献，并在实践中进行摸索。

由于作者学识有限，本书疏漏和不当之处在所难免，敬请读者和同行们批评、指正。

作者

2023年3月

目录

源码下载

第一部分 机器学习概念篇

第二部分 Python机器学习基础篇

第三部分 机器学习算法与 Python 实践篇

第一部分

机器学习概念篇

对于机器学习的初学者，首先需要对机器学习有一定的概念性认识，了解什么是机器学习，机器学习的用途，通过机器学习能够解决什么问题以及如何解决问题。在本部分的学习中，作者将通过实例的方法让读者了解机器学习的相关术语，使读者对机器学习有一个具体的认识。其次，在掌握基本术语的前提下，作者将进一步介绍众多机器学习算法是如何分类的，以使读者对机器学习的众多算法形成一定的框架性认识。最后，本部分将介绍如何选择机器学习软件、算法，开发机器学习应用程序的步骤以及基本的数据预处理流程。

第 1 章

机器学习基础

第四次工业革命是以互联网产业化、工业智能化、工业一体化为代表，以人工智能、清洁能源、无人控制技术、量子信息技术、虚拟现实以及生物技术为主的全新技术革命。不得不说，第四次工业革命主要是信息化与数据化时代将信息与数据进行高效及有效利用的程度，将决定第四次工业革命横向发展的尺度。然而，机器学习技术恰恰是让研究者从数据集中受到启发，利用计算机来揭示数据背后的真实含义，从而推动产业的发展。目前，许多公司已经开始使用机器学习软件改善商业决策、提高生产率、检测疾病、预测天气等，并且伴随着数据处理技术的进一步发展，机器学习技术会有更宽广与深远的应用。

本章内容包括机器学习概述、机器学习的基本术语、机器学习的任务及算法分类、如何学习和运用机器学习、机器学习的数据预处理。

1.1 机器学习概述

1.1.1 机器学习概念

学习是人类具有的一种重要的智能行为，但究竟什么是学习，长期以来却众说纷纭，社会学家、逻辑学家和心理学家有着不同的看法。Langley(1996)定义的机器学习是"机器学习是一门人工智能的科学，该领域的主要研究对象是人工智能，特别是如何在经验学习中改善具体算法的性能"。(Machine learning is a science of the artificial. The field's main objects of study are artifacts, specifically algorithms that improve their performance with experience.)[1]。Tom Mitchell 的机器学习(1997)对信息论中的一些概念有详细的解释，其中定义机器学习时提到，"机器学习是对能通过经验自动改进的计算机算法的研究"。(Machine Learning is the study of computer algorithms that improve automatically through experience.)[2]。Alpaydin(2004)也提出自己对机器学习的定义，

“机器学习是用数据或以往的经验，以此优化计算机程序的性能标准”。(Machine learning is programming computers to optimize a performance criterion using example data or past experience.)[3]。

为便于进行讨论和估计学科的进展，有必要对机器学习给出定义，即使这种定义是不完全的和不充分的。顾名思义，机器学习是研究如何使用机器来模拟人类学习活动的一门学科。于是可以给出稍微严格的定义：机器学习是一门研究机器获取新知识和新技能，并识别现有知识的学问。这里所说的“机器”，指的就是计算机，即电子计算机、中子计算机、光子计算机或神经计算机等[1]。

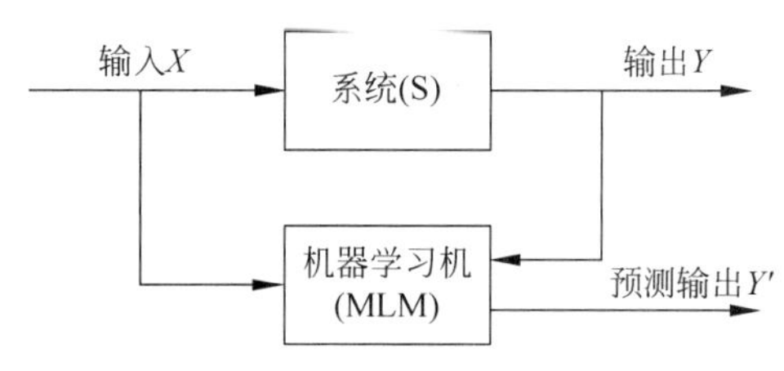

图 1.1 典型的机器学习系统的结构模型

一个典型的机器学习系统的结构模型如图 1.1 所示。其中，系统 S 是研究对象，X 为输入序列，Y 为输出序列，Y'为预测输出序列。系统 S 在给定一个输入 x 的情况下将得到一个确定的输出 y，MLM 是所求的机器学习机，其输出为 y'。机器学习的目的是根据给定的训练样本求出系统输入与输出之间依赖关系的估计，使它能够对未知的输出做尽可能准确的预测，即 y'尽量接近 y。

1.1.2 机器学习的发展史

机器学习是人工智能研究中较为年轻的分支，它的发展过程大体上可分为 4 个阶段。

第一阶段是在 20 世纪 50 年代中叶到 60 年代中叶，属于热烈时期。

第二阶段是在 20 世纪 60 年代中叶到 70 年代中叶，称为机器学习的冷静时期。

第三阶段是从 20 世纪 70 年代中叶到 80 年代中叶，称为复兴时期。

第四阶段始于 1986 年，通过综合应用心理学、生物学和神经生理学以及数学、自动化和计算机科学形成机器学习理论基础，同时结合各种学习方法，以取长补短的多种形式进行集成学习系统研究[4,5]。

随着计算机硬件技术、互联网技术的发展，机器学习获得了计算机硬件及数据的支持。自 20 世纪 90 年代开始，机器学习取得了突飞猛进的发展。尤其是自 2010 年以来，Google、微软等国际 IT 巨头纷纷加快了对机器学习的研究，且取得了较好的商业应用价值，国内众多公司也纷纷效仿，如阿里巴巴、百度、奇虎公司等。目前，机器学习技术已经取得了一些举世瞩目的成就，例如 AlphaGo 击败世界围棋冠军，特斯拉 Autopilot 将血栓病人送到医院，微软人工智能的语言理解能力超过人类等，这些都标志着机器学习技术正在逐步进入成熟应用阶段。可以预见，近几年将会一直出现机器学习工程师短缺的现象，这正是机器学习普及与快速发展的黄金时代，对于各类工程技术人员而言应紧抓时代需求，结合机器学习技术实现自身能力的提升。

1.1.3 机器学习的用途

机器学习作为一种工科技术，读者在学习之前必须了解这一技术工具能够用于解决什么问题，应用于哪些相关行业，以及现有的成功技术应用有哪些等，从而激发学习者的热情。机器学习是一种通用性的数据处理技术,包含大量的学习算法,且不同的算法在不同的行业及应用中能够表现出不同的性能和优势。目前,机器学习已经成功应用于以下领域。

- 金融领域:检测信用卡欺诈、证券市场分析等。
- 互联网领域:自然语言处理、语音识别、语言翻译、搜索引擎、广告推广、邮件的反垃圾过滤系统等。
- 医学领域:医学诊断等。
- 自动化及机器人领域:无人驾驶、图像处理、信号处理等。
- 生物领域:人体基因序列分析、蛋白质结构预测、DNA 测序等。
- 游戏领域:游戏战略规划等。
- 新闻领域:新闻推荐系统等。
- 刑侦领域:潜在犯罪预测等。

……

综上,可以认为机器学习正在成为各行各业都会使用的分析工具,尤其是随着各领域数据量的不断增加,各企业都希望通过数据分析的手段得到数据中有价值的信息,从而指引企业的发展和明确客户的需求等。

1.1.4　机器学习、数据挖掘及人工智能的关系

根据作者的学习经验,对于机器学习的初学者,在阅读各类书籍和网络资料时经常将机器学习、数据挖掘及人工智能三者之间的关系混淆,甚至部分初学者将三者认为是同一概念。本小节将详细分析三者之间的交叉点与区别,以便读者在日后的学习过程中具有清晰的脉络。

机器学习起源于 1946 年,是一门涉及自学习算法发展的科学,这类算法本质上是通用的,可以应用到众多相关问题的领域。

数据挖掘起源于 1980 年,是一类实用的应用算法(大多是机器学习算法),利用各个领域产生的数据来解决各个领域的相关问题。

人工智能起源于 1940 年,目的在于开发一个能够模拟人类在某种环境下做出反应和行为的系统或软件。由于这个领域极其广泛,人工智能将其目标定义为多个子目标,每个子目标都发展成了一个独立的研究分支,主要子目标有推理(reasoning)、知识表示(knowledge representation)、自动规划(automated planning and scheduling)、机器学习(machine learning)、自然语言处理(natural language processing)、计算机视觉(computer vision)、机器人学(robotics)和通用智能或强人工智能(general intelligence or strong AI)等。

依据上述总结分析,作者认为,对于机器学习、数据挖掘及人工智能三者之间的关系可表示为如图 1.2 所示。其中,机器学习是最通用的方法,包含在人工智能和数据挖掘内。另外,人工智能强调的内容较为丰富,包含了大量的技术领域,而数据挖掘则是结合机器学习技术及数据库管理的技术[6]。

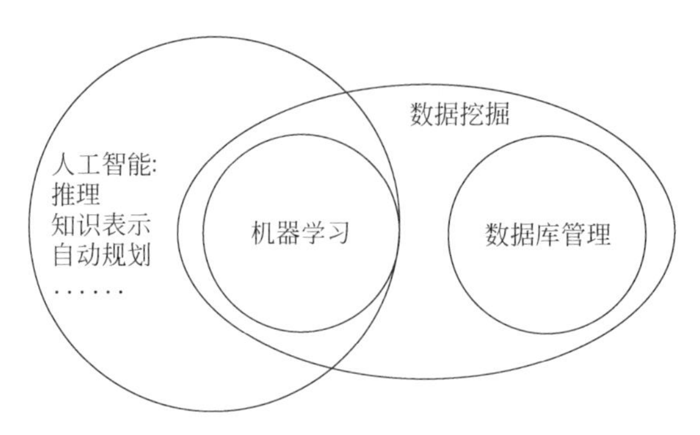

图 1.2 机器学习、数据挖掘及人工智能三者之间的关系

1.2 机器学习的基本术语

在学习任何学科初期都需要对其基本术语进行掌握，以便于后续学习过程中对各类描述的理解。本节将参照国内著名的学者周志华教授所著的《机器学习》[7]一书中关于西瓜的实例对机器学习的基本术语进行具体化，以便于读者对概念的理解。

假设通过记录的方式得到关于西瓜的数据，如表 1.1 所示。

表 1.1 西瓜数据

标号	色泽	根蒂	敲声	成熟/未成熟
1	青绿	蜷缩	浊响	未成熟
2	乌黑	稍蜷	沉闷	未成熟
3	浅白	硬挺	清脆	成熟
4	青绿	硬挺	沉闷	未成熟

机器学习的基本术语如下。

- **数据集/样本集**：记录这组数据的集合，也就是整个表格的数据。
- **实例/样本**：记录一个事件/对象的描述，例如表格中的任意一行。
- **（样本）属性/特征**：反映事件或对象在某方面的表现或者性质的事项，例如表格中的“色泽”“根蒂”“敲声”等。
- **（样本）属性值/特征值**：属性/特征所取的值，例如表格中的“青绿”“乌黑”“清脆”“浊响”等。
- **属性空间/样本空间/输入空间**：属性组成的空间，例如把“色泽”“根蒂”“敲声”作为 3 个坐标轴，则它们组成一个用于描述西瓜的三维空间，每个西瓜都能在这个空间中找到自己的坐标位置。
- **特征向量**：在前面所述的属性空间/样本空间/输入空间中，每个点对应一个坐标向量，这个向量称为特征向量。
- **维数**：对于表中的某一行数据，利用“色泽”“根蒂”“敲声”3 个属性进行取值记录，可认为该样本的维数为 3。

- **学习/训练**：从数据中推导模型的过程。
- **训练数据**：在训练过程中使用的数据。
- **训练样本**：训练过程中的每一个样本。
- **标签/标记**：用于表示样本的结果信息，例如表格中的成熟/未成熟。
- **样例**：既包含样本属性值，又包含标签的样本，注意它与样本的区别，样本包括训练样本和测试样本，样本不一定具有标签。
- **标记空间/输出空间**：所有标记结果的集合。
- **预测**：根据已有的众多样例判断某一样本的输出结果。
- **分类**：当结果预测值为离散值时，例如表格中的"成熟""未成熟"，此类的任务称为分类。当只涉及两个类别时，称为"**二分类**"，通常其中一个称为"**正类**"，另一个称为"**反类**"。当涉及多个类别时，称为"**多分类**"。
- **回归**：当结果预测值为连续值时，例如预测西瓜的成熟度，此类任务称为回归。
- **测试**：通过学习得到模型后，使用样本进行检测的过程。
- **测试样本**：用于进行检测的样本。
- **新样本**：没有用于模型训练的样本都可认为是该模型的新样本。
- **泛化**：指训练的模型不仅适用于训练样本，同时适用于新样本。
- **聚类**：将训练集中的西瓜分成若干组，每一个组称为"**簇**"。通过学习，其自动形成的"**簇**"可能对应一些潜在概念的划分，例如"浅色瓜""深色瓜"等，这样的学习过程有助于用户了解数据内在的规律。值得注意的是，大家在聚类学习中对"浅色瓜""深色瓜"这些概念事先是不知道的，它们是在学习过程中得到的，并且使用的训练样本不拥有标记信息。
- **监督学习**：学习任务为分类和回归问题，且样本具有标记信息。
- **无/非监督学习**：学习任务为聚类问题，且样本不具有标记信息。

1.3 机器学习的任务及算法分类

1.2 节已经介绍过"分类""回归""聚类"的概念。对于机器学习的任务而言，主要就是指这三方面的任务以及策略型任务。对于用于解决"分类""回归"任务的机器学习称为"监督学习"；对于用于解决"聚类"任务的机器学习称为"无/非监督学习"；对于用于解决策略型任务的机器学习称为"强化学习"[7,8]。

依据上述机器学习的分类，表 1.2 中列出了各类机器学习中所包含的典型算法。

表 1.2 机器学习算法的分类

监督学习	
k 近邻算法(KNN)	线性回归(Line Regression)
决策树(CART、C4.5、随机森林等)	逻辑回归(Logistic Regression)
支持向量机(SVM)	神经网络(ANN)
朴素贝叶斯(Naive Bayes)	AdaBoost 算法(隶属集成学习)

续表

无/非监督学习	
k 均值算法(k-means) k 中心点算法(k-medoids) 高斯混合模型算法(GMM)	最大期望算法(EM) Apriori 算法(隶属关联规则挖掘) DBSCAN 聚类算法(基于密度聚类方法)
强化学习	
策略迭代和值迭代	Q 学习算法和 SARSA 算法

值得注意的是,随着机器学习技术的发展,越来越多的算法被研究者创造,其中依靠经典算法衍生出的算法更是数量众多,但由于作者自身经历及水平有限,在此不能全部列出,感兴趣的读者可深入探索。另外,算法的分类不是绝对的,随着经典算法的衍生,其分类出现了大量的交叉,例如,在神经网络算法衍生出的众多深度学习算法中,典型的卷积神经网络(CNN)是有监督学习,而稀疏编码(Sparse Coding)算法是无监督学习。

在企业数据应用的场景下,人们最常用的可能就是监督式学习和无/非监督式学习的模型。无监督学习是在大数据时代科学家们用来处理数据挖掘的主要工具。无监督学习用于解决大数据无法给每个数据样本加标签,以及人工不知如何加标签的问题,期望通过算法自身对数据进行分类。目前,应用较多的是半监督学习,即仅对一部分数据加标签进行标注。在图像识别等领域,由于存在大量的非标识的数据和少量的可标识数据,所以在这些领域半监督学习是一个很热门的话题。强化学习更多地应用在机器人控制及其他需要进行系统控制的领域。

1.4 如何学习和运用机器学习

前面介绍了机器学习的概念、发展历史、基本术语及算法分类等,相信有兴趣的读者已经想了解如何学习机器学习这一技术,并希望快速实现各算法的应用。另外,部分读者可能在面对众多的机器学习算法时产生畏惧,不知如何下手,也不知何时才能掌握这么多算法。对此,作者依据自身的经验总结出两条经验分享给各位读者:首先,了解算法的基本实现流程,并通过任意软件平台(算法是核心,算法实现的平台只是实现手段)实现某一算法,要相信所有的算法都是触类旁通的;其次,各有所专,不要渴望掌握所有的算法,并了解其优点和缺点,机器学习本身是一种通用性的算法,研究者需要根据实际的应用选择合适的算法,并总结经验、不断探索。

本节将介绍如何选择算法的软件平台,以及机器学习算法应用的实现流程。本书第三部分将具体介绍算法的理论与应用,选择其中的任意章节进行学习即可实现相应机器学习算法,从而对机器学习算法的实现有一定的感性认识。

1.4.1 软件平台的选择

“不要重复造轮子”(Stop Trying to Reinvent the Wheel)可能是每个程序员入行被告知的第一条准则,同样,对于实现机器学习算法也非常适合这一准则。对于机器学习而言，其涉及大量的数学计算，如矩阵计算、微积分等，研究者不能在实现算法的时候将大量精力用于实现数学计算方面，而是应该选择合适的计算平台，在平台上实现算法计算。目前常用的计算软件如下[8]：

1. MATLAB

MATLAB是一种用于数值计算、可视化及编程的高级语言和交互式环境。使用MATLAB可以分析数据、开发算法、创建模型和应用程序，通过矩阵运算、绘制函数和数据、实现算法、创建用户界面、连接其他编程语言等方式完成计算，比使用电子表格和传统编程语言（如C/C++、Java）更加方便、快捷。MATLAB具有强大的数值计算功能，可完成矩阵分析、线性代数、多元函数分析、数值微积分、方程求解等常见数值计算，同时也能够进行符号计算。另外，需要特别注意，MATLAB提供了大量的工具箱和算法的调用接口函数，便于用户使用。

2. GNU Octave

GNU Octave与MATLAB相似，它是由软件基金会开发的一个开源软件，John W. Eaton和一些志愿者共同开发了叫作GNU Octave的高级语言，这种语言与MATLAB兼容，主要用于数值计算，同时它还提供了一个方便的命令行方式，可以用数值求解线性和非线性问题，以及做一些数值模拟。

3. Mathematica

Mathematica系统是美国Wolfram公司开发的一个功能强大的计算机数学系统。它提供了范围广泛的数学计算功能，支持在各领域工作的人们做科学研究时涉及的各种计算。这个系统是一个集成化的计算软件系统，它的主要功能包括演算、数值计算和图形三方面，可以帮助人们解决各领域中比较复杂的符号计算和数值计算的理论和实际问题。

4. Maple

1980年9月，加拿大滑铁卢大学的符号计算研究小组研制出一种计算机代数系统，取名为Maple，如今Maple已演变成为优秀的数学软件，它具有良好的使用环境、强有力的符号计算能力、高精度的数学计算、灵活的图形化显示和高效的编程功能。

5. SPSS

SPSS预测分析软件是IBM公司的产品，它提供了统计分析、数据和文本挖掘、预测模型和决策优化等功能。IBM公司宣称，使用SPSS可获得以下五大优势：商业智能，即利用简单的分析功能控制数据爆炸，满足组织灵活部署商业智能的需求，提升用户期望值；绩效管理，即指导管理战略，使其朝着最能盈利的方向发展，并提供及时准确的数据、场景建模和浅显易懂的报告等；预测分析，即通过发现细微的模式关联开发和部署预测模型，以优化决策的制定；分析决策管理，即一线业务员工可利用该系统与每位客户沟通，从中获得丰富的信息，提高业务成绩；风险管理，即在合理的前提下利用智能的风险管理程序和技术制定规避风险的决策。

6. R 语言

R 语言主要用于统计分析、绘图和操作环境。R 语言是基于 S 语言开发的一个 GNU 项目，语法来自 Scheme，所以也可认为是 S 语言的一种实现。虽然 R 语言主要用于统计分析或者开发与统计相关的软件，但是也可以做矩阵计算，其分析速度堪比 GNU Octave 甚至 MATLAB。R 语言主要是以命令行操作，网上也有几种图形界面可供用户下载。

7. Python

Python 是一种面向对象的、动态的程序设计语言，它具有非常简洁且清晰的语法，既可以用于快速开发程序脚本，也可以用于开发大规模的软件，特别适合完成各种高层任务。随着 NumPy、SciPy、Matplotlib 等众多程序库的开发，Python 越来越适合用于科学计算。NumPy 是一个基础科学的计算包，包括一个强大的 N 维数组对象，其封装了 C++ 和 Fortran 代码的工具、线性代数、傅里叶变换和随机数生成函数等复杂功能的计算包。SciPy 是一个开源的数学、科学和工程计算包，其能够完成最优化、线性代数、积分、插值、特殊函数快速傅里叶变换、信号处理、图像处理等计算。Matplotlib 是 Python 最著名的绘图库，十分适合交叉式绘图，它也可以作为绘图空间嵌入 GUI 应用程序中。

另外，接触过机器学习算法的同学可能了解 Caffe、Torch、Caffe2Go、Anaconda、TensorFlow、Theano 等相关软件平台，它们大多是针对某一种或者某一类机器学习算法适用的平台，其平台内一般集成适合某一算法的框架，由于这些平台不在本书探讨范围内，这里不再赘述。

机器学习的核心是算法，因此选择以上任意数据计算平台都可以，但是考虑到用户量、通用性、易学性及便捷性，在本书中将选择 Python 作为实现语言。本书的读者定位主要是机器学习的初学者，利用 Python 帮助初学者快速入门。在未来，当读者需要具体实现机器学习算法的应用时，则需要选择与应用相符的软件平台进行开发。本书使用 Python 进行进一步学习的原因是 Python 有众多的第三方安装包，且 Python 具有跨平台的特点。

1.4.2 机器学习应用的实现流程

在使用机器学习进行应用程序开发时通常遵循以下步骤。

(1) 收集数据。

研究者可以使用很多方法收集样本数据，如制作网络爬虫从网站上抽取数据、从 RSS 反馈或者从 API 中得到信息、接收设备发送过来的测试数据等。

(2) 准备输入数据。

在得到数据后需要对数据进行录入，并对数据进行一定的预处理，再保存成符合要求的数据格式，以便进行数据文件的使用。

(3) 分析输入数据。

此步骤主要是人工分析前面得到的数据，以保证前两步有效，最简单的方法是打开数据文件进行查看，确定数据中是否存在垃圾数据等。此外，还可以通过图形化的方式对数据进行显示。

(4) 训练算法。

此时，运用机器学习算法调用第(2)步生成的数据文件进行自学习，从而生成学习机模型。对于无/非监督学习，由于不存在目标变量值，所以不需要训练算法模型，其与算法相关的内容在第(5)步中。

(5) 测试算法。

为了评估算法，必须测试算法的工作效果。对于监督学习，需要使用第(4)步中得到的学习机，并且需要已知用户评估算法的目标变量值；对于无/非监督学习，用其他的评测手段来检验算法的效果。如果不满意算法的输出结果，可以回到第(4)步进一步地改进算法和测试。当问题与数据收集和准备相关时，则需要回到第(1)步。

(6) 使用算法。

将机器学习算法转换为应用程序，执行实际任务，以检验算法在实际工作中是否能够正常工作。

1.5　数据预处理

在一个实际的机器学习系统中，数据预处理部分一般占整个系统设计中工作量的一半以上。用于机器学习算法的数据需要具有很好的一致性以及较高的数据质量，但是在数据采集的过程中，由于各种因素的影响以及对属性的相关性并不了解，采集的数据不能够直接应用。直接采集的数据具有以下两个特点：

(1) 采集的数据是杂乱的，数据内容常出现不一致或不完整问题，且数据中常存在错误或者异常数据。

(2) 采集的数据由于数据量大，数据的品质不统一，需要提取高品质数据，以便利用高品质数据得到高品质的结果。

对于数据的预处理过程，大致可分为5步，即数据选取、数据清理、数据集成、数据变换和数据规约。这些数据预处理方法需要根据项目需求和原始数据的特点单独使用或者综合使用[9]。

1.5.1　数据选取

数据选取是面向应用时进行数据处理的第一步，在从服务器等设备得到大量的源数据时，由于并不是所有的数据都对机器学习有意义，并且往往会出现重复性数据，此时需要对数据进行选取，基本原则如下：

(1) 选择能够赋予属性名和属性值明确含义的属性。

(2) 避免重复性选取数据。

(3) 合理选择与学习内容关联性高的属性数据。

1.5.2 数据清理

数据清理是数据预处理中最为花费时间和精力且极为乏味的步骤，但是也是最重要的一步。该步骤可以有效减少机器学习过程中出现自相矛盾的现象。数据清理主要包括处理缺失数据、噪声数据以及识别和删除孤立点等。

1. 缺失数据的处理

目前最常用的方法是对缺失值进行填充，依靠现有的数据信息推测缺失值，尽量使填充的数值接近遗漏的实际值，相应的方法有回归、贝叶斯等。另外，也可以利用一个全局常量填充、利用属性平均值填充，或者将源数据进行属性分类，然后用同一类中样本属性的平均值填充等。在数据量充足的情况下可以忽略有缺失值的样本数据。

2. 噪声数据的处理

噪声是指测量值由于错误或者偏差，严重偏离期望值，形成了孤立点值。目前最广泛的处理噪声的方法是利用平滑技术处理，具体包括分箱技术、回归方法、聚类技术。通过计算机检测出噪声点后，可将数据点作为垃圾数据删除，或者通过拟合平滑技术进行修改。

1.5.3 数据集成

数据集成就是将多个数据源中的数据合并在一起形成数据仓库/数据库的技术和过程。数据集成需要解决数据中的以下 3 个主要问题。

(1) 多个数据集匹配：当一个数据库的属性与另一个数据库的属性匹配时，必须注意数据的结构，以便于两者匹配。

(2) 数据冗余：两个数据集有两个命名不同但实际数据相同的属性，那么其中的一个属性就是冗余的。

(3) 数据冲突：由于表示、比例、编码等不同，现实世界中的同一实体在不同数据源中的属性值可能不同，从而产生数据歧义。

1.5.4 数据变换

1. 数据归一化

数据归一化(标准化)处理是数据挖掘的一项基础工作，不同评价指标往往具有不同的量纲和量纲单位，这样的情况会影响数据分析的结果，为了消除指标之间的量纲影响，需要进行数据归一化处理，以解决数据指标之间的可比性。原始数据经过数据归一化处理后，各指标处于同一数量级，适合进行综合对比评价。以下是 3 种常用的归一化方法：

1) min-max 标准化(min-max normalization)

该方法也称为离差标准化，是对原始数据的线性变换，使结果值映射到[0,1]区间。转换函数如式 (1.1)所示：

$$x^{*}=\frac{x-\min}{\max-\min} \tag{1.1}$$

其中，max 为样本某一属性数据的最大值，min 为样本某一属性数据的最小值。这种方法有个缺陷，就是当有新数据加入时可能导致 max 和 min 变化，需要重新定义。

2）Z-score 标准化

该方法将原始数据的均值（mean）和标准差（standard deviation）进行数据标准化。经过处理的数据符合标准正态分布，即均值为 0，标准差为 1。Z-score 标准化方法适用于样本属性的最大值和最小值未知的情况，或有超出取值范围的离群数据的情况。转化函数如式（1.2）所示：

$$x^{*}=\frac{x-\mu}{\sigma} \tag{1.2}$$

其中，μ 为样本某一属性数据的均值，σ 为样本数据的标准差。

3）小数定标标准化

该方法是通过移动数据的小数点的位置来进行标准化，小数点移动多少位取决于属性取值的最大值。其计算公式如式（1.3）所示：

$$x^{*}=\frac{x}{10^{j}} \tag{1.3}$$

其中，j 为属性值中绝对值最大的数据的位数。例如，假设最大值为 1345，则 $j=4$。

2. 数据白化处理

在进行数据的归一化后，白化通常会被用来作为接下来的数据预处理步骤，实践证明，很多算法的性能提高都要依赖于数据的白化。白化的主要目的是降低输入数据的冗余性，一方面减少特征之间的相关性，另一方面使不同维度特征方差相近或相同。在通常情况下，对数据进行白化处理和不对数据进行白化处理相比，算法的收敛性会有较大的提高。

白化处理分 PCA（Principal Component Analysis，主成分分析）白化和 ZCA（Zeromean Component Analysis，零均值成分分析）白化，PCA 白化保证数据各维度的方差为 1，而 ZCA 白化保证数据各维度的方差相同。PCA 白化可以用于降维也可以去相关性，而 ZCA 白化主要用于去相关性，且尽量使白化后的数据接近原始输入数据。两种方法有各自适用的数据场景，但相对而言，在机器学习中 PCA 方法应用更多。

1.5.5　数据归约

数据归约通常用维归约、数值归约方法实现。维归约指通过减少属性的方式压缩数据量，通过移除不相关的属性提高模型效率。常见的维归约方法有：通过分类树、随机森林判断不同属性特征对分类效果的影响，从而进行筛选；通过小波变换、主成分分析把原数据变换或投影到较小的空间，从而实现降维。

本章参考文献

[1] Langley P. Elements of machine learning[M]. Morgan Kaufmann,1996.

[2] Mitchell T. Machine Learning[M]. MacGraw-Hill Companies. Inc,1997.

[3] Alpaydin E. Introduction to machine learning (adaptive computation and machine learning series) [M]. The MIT Press Cambridge,2004.

[4] 陆汝钤. 人工智能(上册、下册)[M]. 北京:科学出版社,1996.

[5] http://baike. baidu. com/item/%E6%9C%BA%E5%99%A8%E5%AD%A6%E4%B9%A0?sefr=enterbtn.

[6] http://blog. csdn. net/jdbc/article/details/44602147.

[7] 周志华. 机器学习[M]. 北京:清华大学出版社,2016.

[8] 麦好. 机器学习实践指南:案例应用解析[M]. 北京:机械工业出版社,2014.

[9] Schutt R, O'Neil C. Doing data science: Straight talk from the frontline [M]. O'Reilly Media, Inc,2013.

第二部分

Python机器学习基础篇

对于有一定编程基础，但未系统学习 Python 的读者，或者没有编程基础的读者而言，可认真阅读本部分的 Python 基础入门章节，本部分将详细介绍在本书中使用到的 Python 相关知识，希望读者阅读和实践后，能够在后续章节中对 Python 编程实践进行有效操作。对于已经掌握 Python 编程的读者而言可跳过本书的第二部分。

本部分将介绍 Python 的机器学习库——scikit-learn 和人工智能工具集——OpenAI Gym。其中，scikit-learn 能够用于统计和机器学习，其通过图形化界面让使用者能够更加方便地使用机器学习进行数据分析；OpenAI Gym 是一款研发和比较学习算法的工具包，可用于增强学习(Reinforcement Learning，RL)算法的研发和测试。本书第 3 章将对 scikit-learn 和 OpenAI Gym 的功能、使用过程进行介绍，并通过实例的方式带领读者了解这些机器学习工具的使用过程。

第 2 章

Python基础入门

Python 是一门编程语言，具有非常丰富且强大的库。它是一种解释型、面向对象、动态数据类型的高级程序设计语言。Python 由 Guido van Rossum 于 1989 年年底发明，第一个公开发行版发行于 1991 年。目前 Python 有 Python 2 和 Python 3 两个版本，2020 年 1 月 1 日，官方宣布停止对 Python 2 的更新。Python 2.7 被确定为最后一个 Python 2.x 版本。

Python 语言之所以如此受人推崇是因为它有以下几个优点：①Python 语言的语法简单、易学、容易上手，它有很多现成的库可以供使用者直接调用，以满足不同领域的需求，并且有很多免费和开源的资料可以供初学者学习；②Python 是一种高级语言，具有可解释性，没有 Python 基础的人也能看懂代码，可读性强；③可移植性和可扩展性强，Python 被称为胶水语言，因为它能够把用其他语言制作的各种模块(尤其是 C/C++)轻松地连在一起；④具有丰富的库，其常用的库有很多，例如 NumPy 库是 Python 中实现科学计算的库，SciPy 库是 Python 的一个开源算法库和数学工具包，Matplotlib 库和 OpenCV 库可实现 Python 的绘图和可视化。由于 Python 在数据分析、机器学习以及人工智能等领域的优势，它受到越来越多编程人士的喜欢，也正因如此，在 2018 年 7 月的编程语言排行榜中 Python 超过 Java 成为第一名。

本章将对 Python 的基础知识进行介绍，使 Python 初学者能够快速掌握 Python 的基本应用。掌握了本章的内容，读者将能够完全读懂和应用后续的机器学习算法。本章内容包括 Python 的安装方法、Python 学习工具介绍、Python 语法介绍和 Python 基本绘图。

2.1 Python 的安装方法

Ubuntu 等 Linux 系统自带了 Python 2.7 和 Python 3.5，用户在使用 Linux 系统时

可以不安装 Python。对于 Windows 用户和 iOS 用户而言，需要安装 Python 软件才能使用 Python。本章没有介绍官方 Python 版本的下载和安装方法，而是介绍 Python 开源版本 Anaconda 的下载和安装方法，原因在于 Anaconda 对刚开始学习 Python 的人较为友好。众所周知，Python 有很多现成的库可以直接调用，但是在调用之前要先进行安装。如果下载 Python 官方版本，需要手动安装自己需要使用的库，而 Anaconda 自带了一些常用的 Python 库，不需要自己再安装。本章以 Windows 系统为例介绍 Anaconda 的安装过程。

(1) 查看计算机系统的版本。在设置中查看自己计算机系统的类型是 32 位操作系统还是 64 位操作系统。

(2) 下载 Anaconda 安装包。进入 Anaconda 官网，下载对应系统版本的 Anaconda 软件安装包，其下载地址为 https://www.anaconda.com/ products/individual。在 2020 年之后，官网已不再支持 Python 2，所以建议读者选择 Python 3，且本书展示的代码都是基于 Python 3 编写的。根据计算机操作系统的位数(64 位)选择对应的版本，如图 2.1 中的方框所示。

图 2.1　Anaconda 安装分类图

如果下载速度过慢，用户也可以到清华大学开源软件镜像站进行下载，网址为 https://mirrors.tuna.tsinghua.edu.cn/anaconda/archive/，下载界面如图 2.2 所示。

tuna 清华大学开源软件镜像站　HOME　EVENTS　BLOG　RSS　PODCAST　MIRRORS

Index of /anaconda/archive/

Last Update: 2022-09-27 05:43

File Name ↓	File Size ↓	Date ↓
Parent directory/	-	-
Anaconda-1.4.0-Linux-x86.sh	220.5 MiB	2013-07-04 01:47
Anaconda-1.4.0-Linux-x86_64.sh	286.9 MiB	2013-07-04 17:26
Anaconda-1.4.0-MacOSX-x86_64.sh	156.4 MiB	2013-07-04 17:40
Anaconda-1.4.0-Windows-x86.exe	210.1 MiB	2013-07-04 17:48
Anaconda-1.4.0-Windows-x86_64.exe	241.4 MiB	2013-07-04 17:58
Anaconda-1.5.0-Linux-x86.sh	238.8 MiB	2013-07-04 18:10
Anaconda-1.5.0-Linux-x86_64.sh	306.7 MiB	2013-07-04 18:22
Anaconda-1.5.0-MacOSX-x86_64.sh	166.2 MiB	2013-07-04 18:37
Anaconda-1.5.0-Windows-x86.exe	236.0 MiB	2013-07-04 18:45
Anaconda-1.5.0-Windows-x86_64.exe	280.4 MiB	2013-07-04 18:57
Anaconda-1.5.1-MacOSX-x86_64.sh	166.2 MiB	2013-07-04 19:11

图 2.2　清华大学开源软件镜像站

(3) 下载后对安装包进行安装,安装步骤如下。

① 在安装包上右击选择“以管理员身份运行”命令,出现如图 2.3(a)所示的界面,单击 Next 按钮。

② 之后出现如图 2.3(b)所示的界面,阅读 License 内容之后单击 I Agree 按钮。

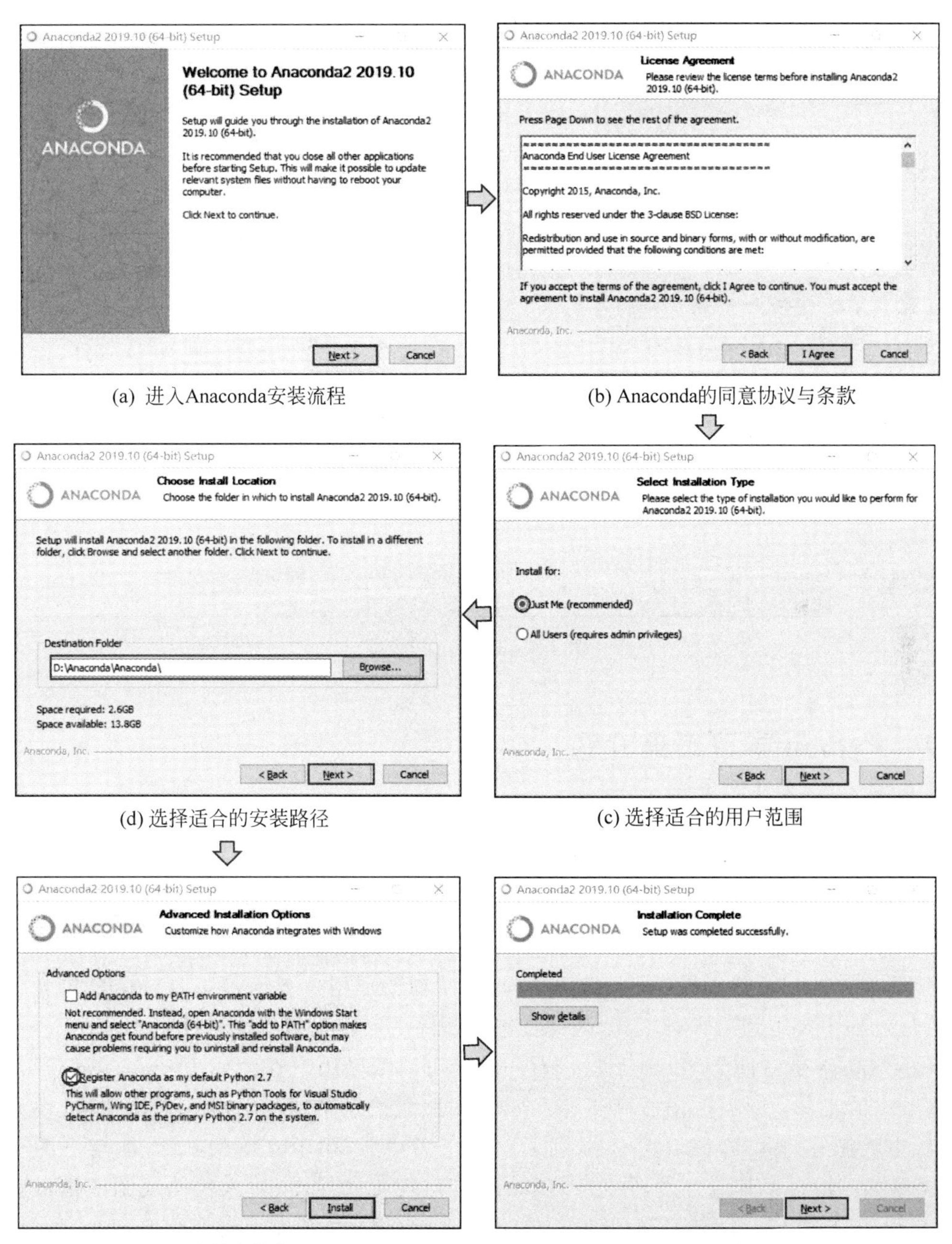

(a) 进入Anaconda安装流程

(b) Anaconda的同意协议与条款

(c) 选择适合的用户范围

(d) 选择适合的安装路径

(e) 选择安装选项

(f) 正在安装的Anaconda

图 2.3　Anaconda 软件的安装流程

③ 出现如图 2.3(c)所示的界面,选择 Just Me (recommended)单选按钮后单击 Next 按钮。

④ 选择安装位置,然后单击 Next 按钮继续,如图 2.3(d)所示。

⑤ 选择安装选项,如图 2.3(e)所示,这里选择第二个选项——Register Anaconda as my default Python 2.7,然后单击 Install 按钮进行软件的安装。

⑥ 待软件安装完成,先单击 Next 按钮,然后单击 Finish 按钮,结束安装。

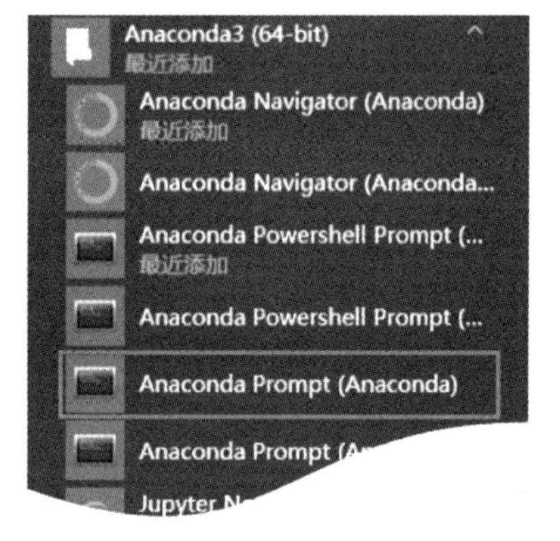

图 2.4 Anaconda 目录

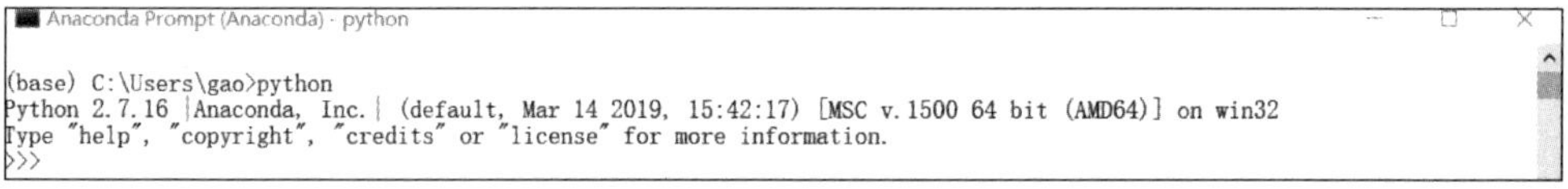

(4) Anaconda 的运行。安装完成之后,通过开始菜单打开 Anaconda3 文件夹,选择启动 Anaconda Prompt,如图 2.4 所示。

打开软件后,在命令行中输入"python",如果显示 Python 的版本和输入标志,则说明安装成功,可以在里面输入 Python 指令,如图 2.5 所示。

虽然在图 2.5 所示的环境下可以输入 Python 指令,但如果读者要编写和开发一些大型项目,使用该环境多有不便,故推荐读者使用 PyCharm 等集成开发环境(2.2 节中会进行介绍),以便于完成代码书写、调试等环节。

```
Anaconda Prompt (Anaconda) - python

(base) C:\Users\gao>python
Python 2.7.16 |Anaconda, Inc.| (default, Mar 14 2019, 15:42:17) [MSC v.1500 64 bit (AMD64)] on win32
Type "help", "copyright", "credits" or "license" for more information.
>>>
```

图 2.5 Python 指令框

2.2 Python 学习工具介绍

在程序运行的过程中,首先需要一个编辑器来编写代码,在编写完代码以后又需要一个编译器把代码编译给计算机,让计算机执行。代码在运行的过程中难免会出现一些错误,这个时候就需要用调试器去调试代码。集成开发环境(Integrated Development Environment,IDE)是用于提供程序开发环境的应用程序,该程序一般包括代码编辑器、编译器、调试器和图形用户界面等工具。IDE 包含了程序编写过程中要用到的所有工具,因此在编写程序的时候一般都会选择用 IDE。

PyCharm 是一种 Python IDE,带有一整套可以帮助用户在使用 Python 语言开发时提高效率的工具,如调试、语法高亮、Project 管理、代码跳转、智能提示、自动完成、单元测试、版本控制等。此外,该 IDE 还提供了一些高级功能,用于支持 Django 框架下的专业 Web 开发。相对于其他开发环境,PyCharm 有可视化的界面,输入代码及调试都极为方便,有利于调试以及大型项目的开发。本书以 PyCharm 为开发平台介绍 Python 的学习。

2.2.1　PyCharm 的安装

在 PyCharm 官网下载对应软件，本书以 Windows 系统为例进行介绍。其下载地址为 https://www.jetbrains.com/pycharm/download/#section=windows，打开界面后选项如图 2.6 所示，Professional 表示专业版，Community 表示社区版，推荐用户安装社区版（免费）。

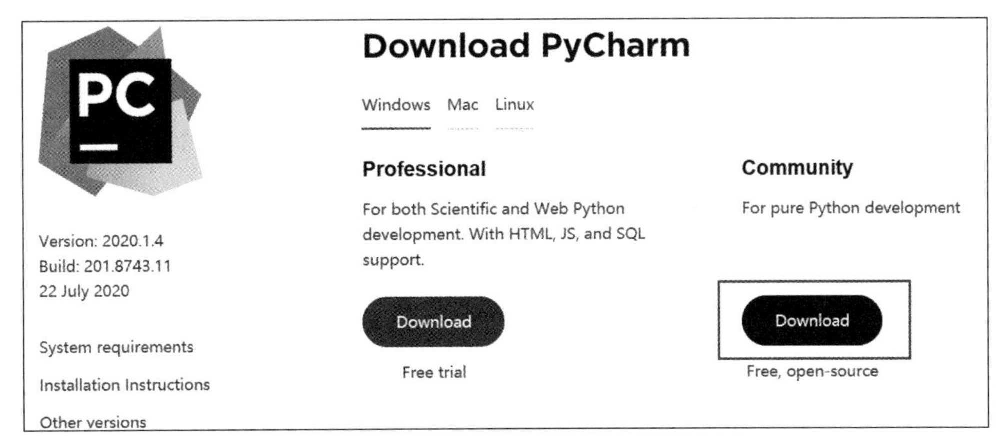

图 2.6　PyCharm 下载界面

下载后右击安装包，选择“以管理员身份运行”命令，对软件进行安装，安装步骤如下：

（1）其安装界面如图 2.7(a)所示，单击 Next 按钮继续。

（2）界面如图 2.7(b)所示，选择软件安装位置，然后单击 Next 按钮继续。

（3）选择对应的系统版本，如图 2.7(c)所示，因为安装 Windows 系统为 64 位，所以选择 64-bit launcher 复选框，然后选择 Create Associations 下面的 .py 复选框，接着单击 Next 按钮继续。

（4）单击 Install 按钮进行安装，几分钟之后安装完毕，单击 Finish 按钮完成软件的安装。

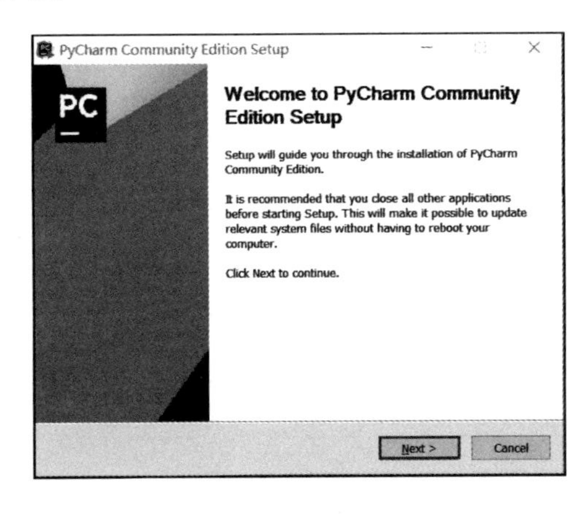

(a) 进入PyCharm安装流程

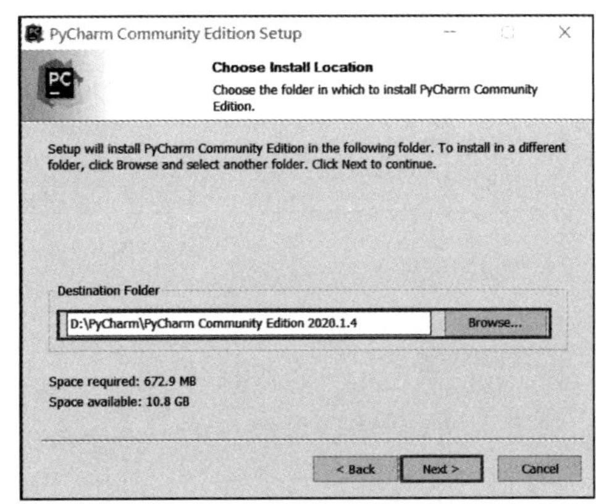

(b) 选择适合的路径

图 2.7　PyCharm 安装流程

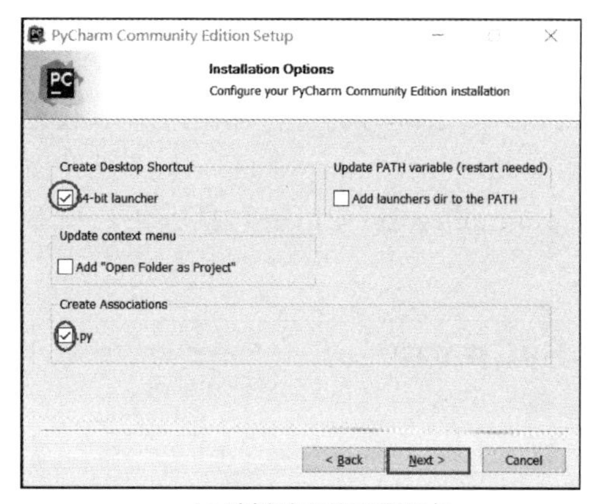

(c) 选择对应的系统版本

(d) 安装完毕

图 2.7 （续）

图 2.8 创建新项目选项

2.2.2 PyCharm 界面介绍

通过开始菜单启动 PyCharm 软件，进入如图 2.8 所示的界面，单击 Create New Project 创建一个新的项目。

进入如图 2.9 所示的界面，在方框中的 Location 部分选择保存项目的位置，下面的第二个 Location 不需要改动，是默认的。在 Base interpreter 中可以看到 PyCharm 已经自动获取了 Anaconda 的 Python。其他不需要改动，然后单击 Create 按钮。

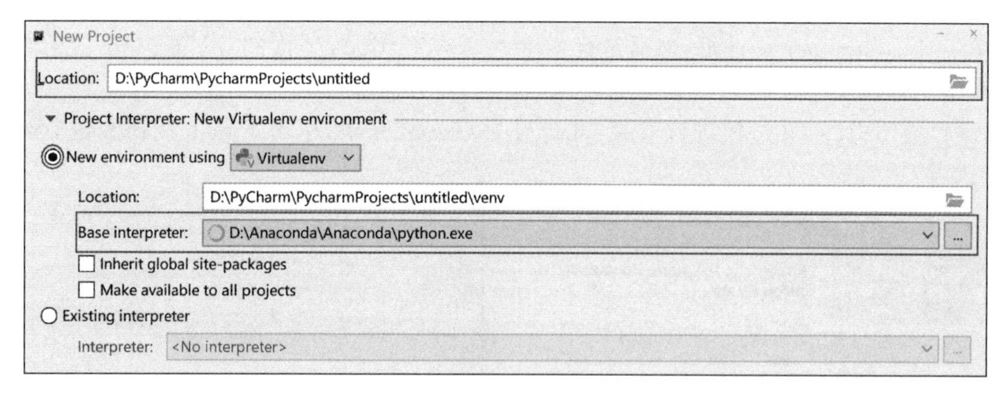

图 2.9 保存位置选项

出现如图 2.10 所示的界面，这是 PyCharm 在配置环境，静静等待。

在 Project_test 上右击选择 New→Python File 命令，然后给文件取名，本例中取名为 test，接着双击，系统会生成一个 test. py 文件，如图 2.11 所示。该界面分为工具栏、编码区、项目树和运行日志几个部分。其中，工具栏是整个界面的导航和操作栏，可进行文件、编辑、视图等相关操作；项目树显示 Project_test 的文件列表；编码区显示当前 Python 文件的代码；运行日志包含 TODO、Terminal 和 Python Console 几个部分，其中 TODO

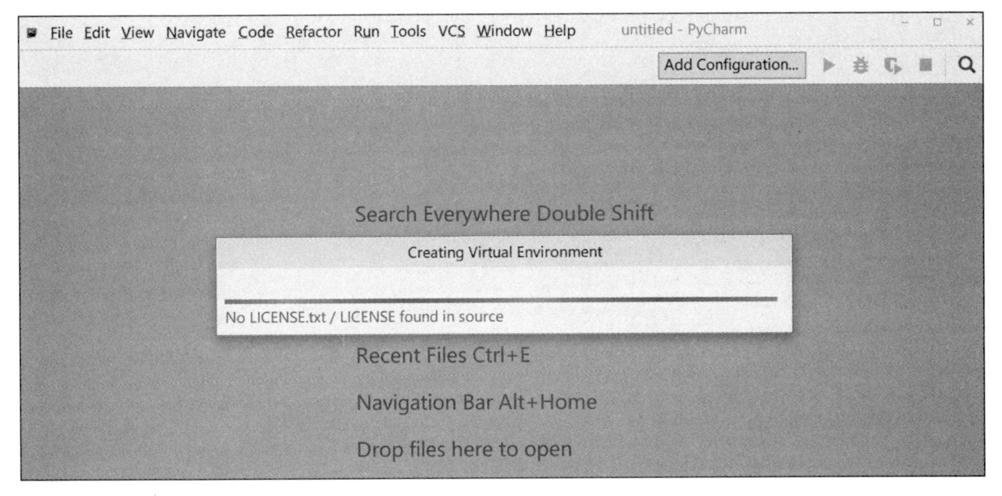

图 2.10　配置环境等待界面

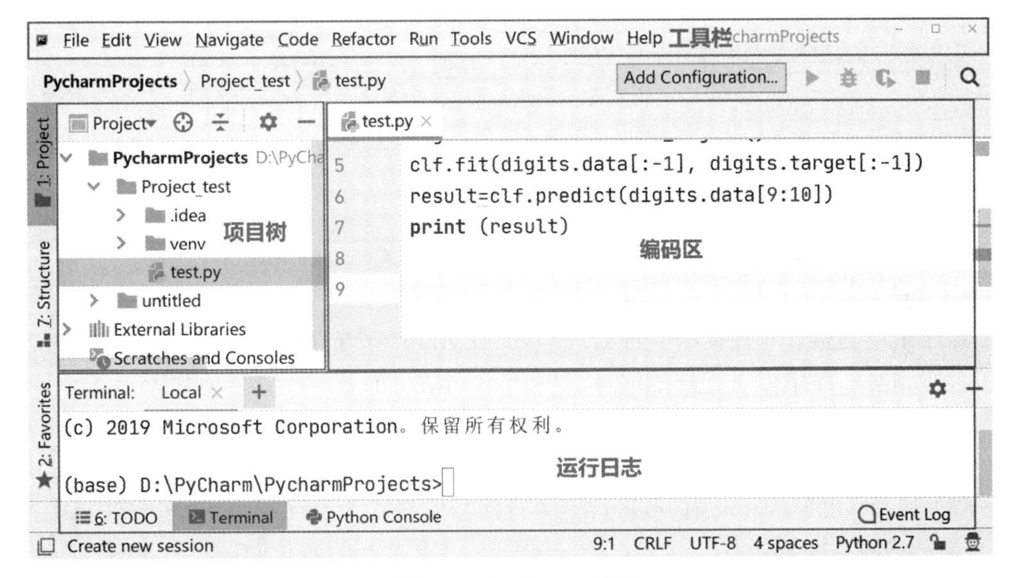

图 2.11　PyCharm 界面

显示和定位注释中出现的所有 TODO 关键字；Terminal 是命令行模式，与系统的 CMD（命令提示符）一样，可以运行各种系统命令；Python Console 是 Python 交互式模式，可以直接输入代码，然后执行，并立刻得到结果。

2.2.3　PyCharm 例程的运行

在编码区中进行程序的编写，这里进行简单的程序演示，在编码区中输入以下代码：

```
i = 10
print(i)
```

然后在运行日志区间输入(注意运行路径)“python test. py”,回车运行程序,可以得到输出为10,如图2.12所示。

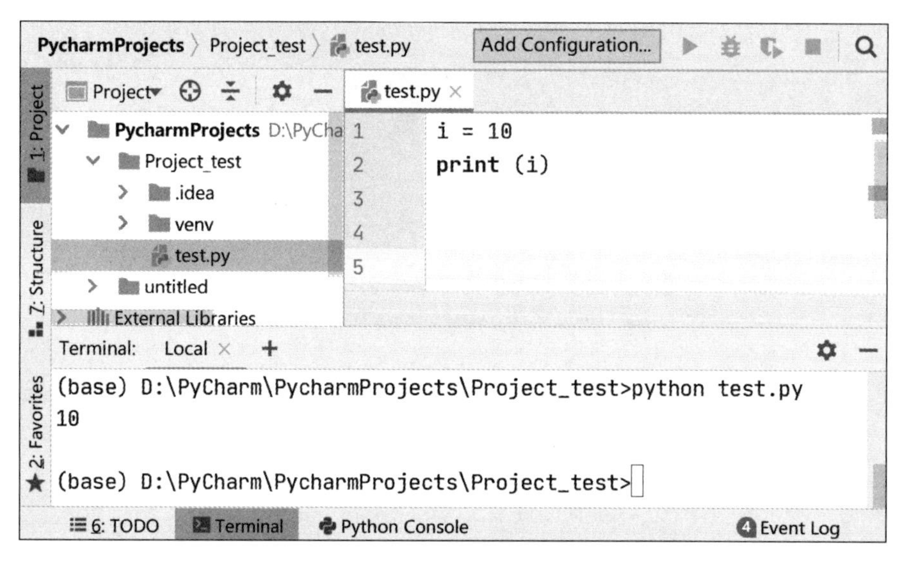

图2.12 PyCharm运行结果

2.3 Python语法介绍

2.3.1 语法的基本注意事项

程序本质上是针对数据的一种处理流程。Python有着自己的固定使用方法,以确保使用者所编写的程序可以有效地运行。Python语法中的基本注意事项如下。

(1) Python句末无“,”和“.”。

(2) 代码:代码及代码中的符号严格要求使用英文格式。

(3) 注释:用于解释说明,不运行。单行注释的格式为#注释内容,多行注释中两个“'”之间的内容为注释内容。

(4) 缩进:缩进是Python的基础语法,表示了层次关系,一般用4个空格或者一个Tab键表示一层关系。

(5) 命名:由大小写字母、数字、下画线和汉字等组成,首字符不能是数字,不能与保留字(即Python内预定好的标识符)一样。

(6) 数据类型:整数类型,例如1234;浮点数,例如1.234(带小数点);字符串,例如"123"(英文单、双引号包着字符,可以进行索引,编号从0开始);列表类型,例如[1,2,3];布尔值,例如True/False。

(7) 函数:print()为将输出内容显示给用户;a = input()表示将用户输入的内容保存在a中。

(8) 索引:返回字符串中的单个字符(正向编号为0,1,2,3,反向编号为-1,-2,-3),<字符串>[编号]表示返回字符串中序号为编号的单个字符,例如s[0]。

(9) 切片：返回字符串中的一个字符串，格式为<字符串>[编号 1:编号 2]，例如 s[0:6] 表示的切片是字符串中序号为 0～5 的字符。

(10) 赋值语句：利用赋值符号"＝"将右侧数据赋值给左侧变量，例如 n＝ 1 ，表示将 1 赋值给变量 n。

针对上述 Python 基本注意事项举例如下：

```
'''
This is a demo for Python basic gramma
A test for multi - line comments
'''
a = 1234        # int
b = 1.234       # float
c = "1234"      # string
d = [1,2,3]     # list
e = True        # boolean
f = c[0]        # index
g = c[0:2]      # slice
print(a)        # print function
print(b)
print(c)
print(d)
print(e)
print(f)
print(g)
```

得到的结果如下：

```
1234
1.234
1234
[1, 2, 3]
True
1
12
```

2.3.2 运算符

Python 在科学记数方面有着得天独厚的优势，接下来介绍 Python 的运算符。

1. 算术运算符

Python 中的常用算术运算符如下。

- **：求幂运算。
- //：整除运算，向下取接近商的整数。
- /：除法运算，结果可以为小数。
- %：取余运算。

常用算术运算符的优先级为 ** ＞ * ＞ /、//、% ＞ +、-。

- 赋值运算符：=。
- 复合运算符：+=、-= 、*= 、/=。
- 关系比较：==、!=、＞=、＜=等。

2. 逻辑运算符

Python 中的常用逻辑运算符如下。

- and(x and y)：布尔"与"。举例：如果 x 为 False，x and y 返回 False。
- or(x or y)：布尔"或"。举例：如果 x 为 True，x and y 返回 True。
- not(not x)：布尔"非"。举例：如果 x 为 True，not x 返回 False；如果 x 为 False，not x 返回 True。
- &：按位与运算符，参与运算的两个值，如果两个相应位都为 1，则该位的结果为 1，否则为 0。
- |：按位或运算符，只要对应的两个二进制位有一个为 1，结果位就为 1。
- ^：按位异或运算符，当两个对应的二进制位相异时，结果为 1。
- ~：按位取反运算符，对数据的每个二进制位取反，即把 1 变为 0，把 0 变为 1。~x 类似于 -x-1(运算原理：计算补码，按位取反，转为原码，末尾加 1)。
- ≪：左移运算符，运算数的各二进位全部左移若干位，由"≪"右边的数指定移动的位数，高位丢弃，低位补 0。
- ≫：右移运算符：把"≫"左边的运算数的各二进位全部右移若干位，由"≫"右边的数指定移动的位数。

3. 成员及身份运算符

Python 中的成员及身份运算符如下。

- 成员运算符：in、not in。
- 身份运算符：is、is not。

2.3.3 基本语句

有一些程序并不按顺序执行，这种情况称为“控制转移”，它涉及另外两类程序控制结构——选择结构和循环结构。选择结构会根据给定的条件进行判断，决定执行哪个分支的程序段。如果要进行分支选择，需要用 if 语句和 if-else 语句来实现。在有些情况下还会重复做一件有规律的事情，这时需要使用循环结构。循环结构包括 for 循环和 while 循环，用户还可以使用嵌套循环完成复杂的程序控制操作。当然有循环就有跳出循环，在程序中如果希望跳出 for 循环或 while 循环，需要借助 break、continue 等语句。

1. if 语句(判断语句)

if 语句的格式如下：

```
# 1
```

```
if 条件表达式:
    代码块
# 2
if 条件表达式:
    代码块
elif 条件表达式:
    代码块
# 3
if 条件表达式:
    代码块
else:
    代码块
```

if 语句代码示例如下：

```
age = 20
if age > 18:        # 如果变量 age 所存储的值大于 18,那么条件成立输出下面的语句
    print('I can drink!')
```

2. for 语句(循环语句)

for 语句的格式如下：

```
for 变量 in 数据结构:
    循环体
```

for 语句代码示例如下：

```
# 9 * 9 乘法表
for i in range(10):
    for j in range(i + 1):
        print("%dx%d = %d" % (j,i,i * j),end = " ")   # %d 表示输出整数,x 表示乘
    print("")
```

3. while 语句(循环语句)

while 语句的格式如下：

```
while 条件表达式:
    代码块
```

while 语句代码示例如下：

```
# 9 * 9 乘法表
line = 0
while line < 10:
    temp = 1
    while temp <= line:
        print("%d x %d = %d" % (temp, line, temp * line),end = " ")
```

```
        temp += 1
    print("")
    line += 1
```

所得到的结果如下：

```
1 x 1  =  1
1 x 2  =  2 2 x 2  =  4
1 x 3  =  3 2 x 3  =  6 3 x 3  =  9
1 x 4  =  4 2 x 4  =  8 3 x 4  =  12 4 x 4  =  16
1 x 5  =  5 2 x 5  =  10 3 x 5  =  15 4 x 5  =  20 5 x 5  =  25
1 x 6  =  6 2 x 6  =  12 3 x 6  =  18 4 x 6  =  24 5 x 6  =  30 6 x 6  =  36
1 x 7  =  7 2 x 7  =  14 3 x 7  =  21 4 x 7  =  28 5 x 7  =  35 6 x 7  =  42 7 x 7  =  49
1 x 8  =  8 2 x 8  =  16 3 x 8  =  24 4 x 8  =  32 5 x 8  =  40 6 x 8  =  48 7 x 8  =  56 8 x 8  =  64
1 x 9  =  9 2 x 9  =  18 3 x 9  =  27 4 x 9  =  36 5 x 9  =  45 6 x 9  =  54 7 x 9  =  63 8 x 9  =  72
9 x 9  =  81
```

4. break 和 continue 语句

- break：直接跳出当前循环。
- continue：结束当前正在执行的循环，继续下一次循环。

5. range()函数

使用 range()函数可以生成一个数值序列，其格式如下：

```
range(start,stop[,step])
```

计数从 start 开始，到 stop 结束，但不包括 stop，step(步长)在不输入的情况下默认为 1。接下来用 for 循环结合内置函数 range()给 a 赋值：

```
for a in range(5, 10):
    print(a)
```

得到的结果如下：

```
5
6
7
8
9
```

如果给定步长，则会得到不一样的结果。

```
for a in range(5,10,2):
    print(a)
```

得到的结果如下：

```
5
7
9
```

如果需要迭代链表索引,可以结合使用 range()和 len():

```
a = ['Mary', 'had', 'a', 'little', 'lamb']
for i in range(len(a)):
     print (i, a[i])
```

得到的结果如下:

```
0 Mary
1 had
2 a
3 little
4 lamb
```

6. pass 语句

pass 语句用于语法上必须要有什么语句,但程序什么也不做的场合。例如:

```
while True:
       pass # 忙碌 - 等待键盘中断(Ctrl + C)
```

2.4 Python 基本绘图

Python 画图主要用到 Matplotlib 库,具体来说是 pylab 和 pyplot 两个子库。这两个库可以满足基本的画图需求。

用于绘图的函数主要有 scatter 和 plot。scatter 是离散点的绘制程序,plot 准确来说是绘制线图的,当然也可以绘制离散点。scatter/scatter3 做散点的能力更强,因为它可以对散点进行单独设置,所以消耗也比 plot/plot3 大。如果每个散点都一致,用 plot/plot3 绘图更好;如果要做一些 plot 没法完成的事情,那就只能用 scatter 了。

2.4.1 建立空白图

建立空白图的示例如下:

```
#在 Python 中使用任何第三方库时必须先将其引入,具体方式如下
import matplotlib.pyplot as plt
#或者:from matplotlib.pyplot import *
#建立一张空白图:fig = plt.figure()
#或者指定空白图的大小:fig = plt.figure(figsize = (4,2))
#也可以建立一个包含多个子图的图,使用如下语句:
plt.figure(figsize = (12,6))
```

```
plt.subplot(2, 3, 1)
plt.subplot(2, 3, 2)
plt.subplot(2, 3, 3)
plt.subplot(2, 3, 4)
plt.subplot(2, 3, 5)
plt.subplot(2, 3, 6)
plt.show()
```

输出如图 2.13 所示。

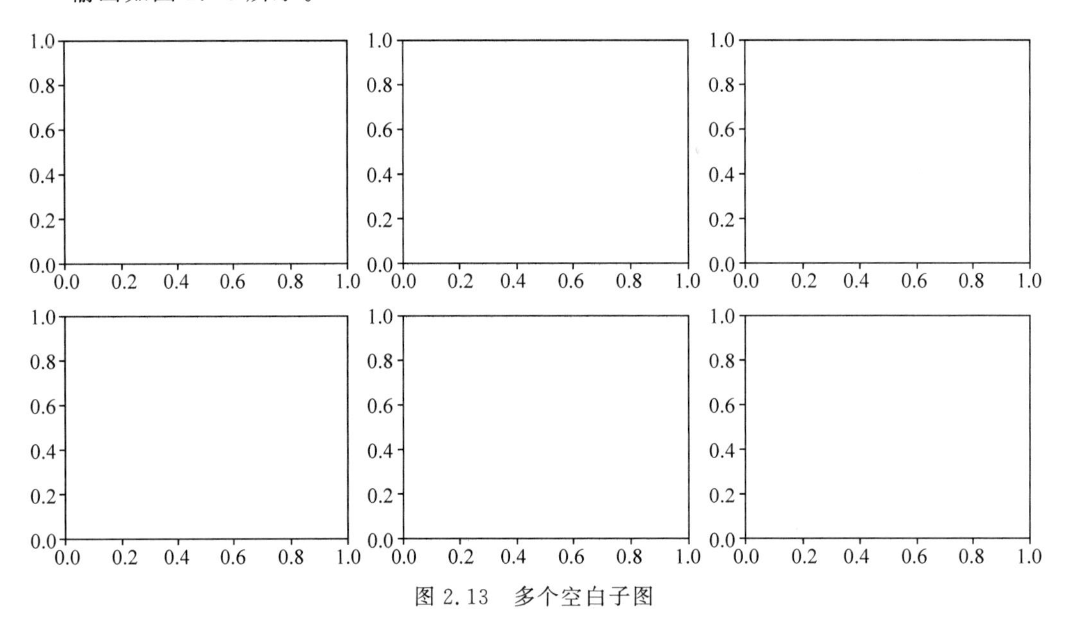

图 2.13 多个空白子图

subplot()函数中的 3 个数字，第一个表示 Y 轴方向的子图个数，第二个表示 X 轴方向的子图个数，第三个表示当前要画图的焦点。

可以看到图中 X 轴、Y 轴的坐标都是从 0 到 1，当然有时候用户会需要其他的坐标起始值，此时可以使用如下语句指定：

```
plt.xlim(x1, x2)
plt.ylim(y1, y2)
```

其中，x1、x2、y1、y2 分别为 X 轴和 Y 轴的起始值和终止值。

2.4.2 散点图

在可视化图形应用中，散点图的应用范围也很广泛。例如，采用散点图绘图方式，如果出现某一个点或者几个点偏离大多数点成为孤立点，用户可以一目了然地观察到。在机器学习中，散点图常用在分类、聚类中，以便显示不同类别。

首先给出一组数据：

```
x = [1, 2, 3, 4, 5]
y = [2, 3, 1, 6, 7]
#通过 scatter 函数绘制散点图
plt.scatter(x, y, color='r', marker='+')
```

输出如图 2.14 所示。

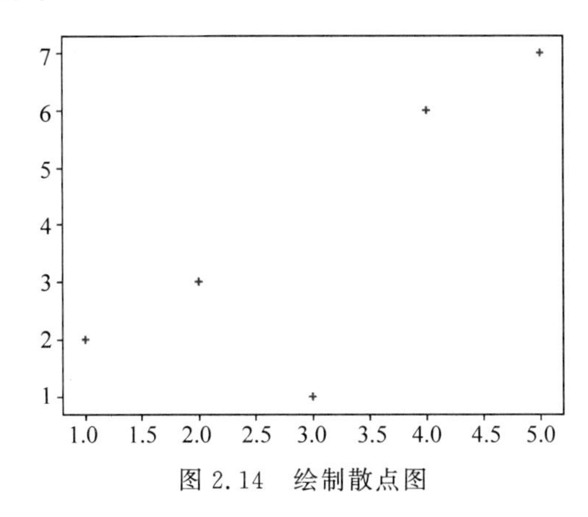

图 2.14　绘制散点图

这里参数的含义在表 2.1 中给出。

表 2.1　颜色与形状参数列表

颜色		标记符号				线性	
b	蓝色	.	点	∧	上三角	—	实线
g	绿色	o	圆圈	<	左三角	:	虚线
r	红色	×	叉号	>	右三角	—.	点画线
c	青色	+	加号	p	五角星	——	双画线
m	品红	*	星号	h	六角星		
y	黄色	s	方块				
k	黑色	d	菱形				
w	白色	∨	朝下三角				

2.4.3　函数图

使用 plot 函数绘制函数图，即折线图，数据和上述散点图示例相同：

```
x = [1, 2, 3, 4, 5]
y = [2, 3, 1, 6, 7]
fig = plt.figure(figsize=(12, 6))
plt.subplot(1, 2, 1)
plt.plot(x, y, color='r', linestyle='-')
plt.subplot(1, 2, 2)
plt.plot(x, y, color='b', linestyle='--')
plt.show()
```

输出结果如图 2.15 所示。

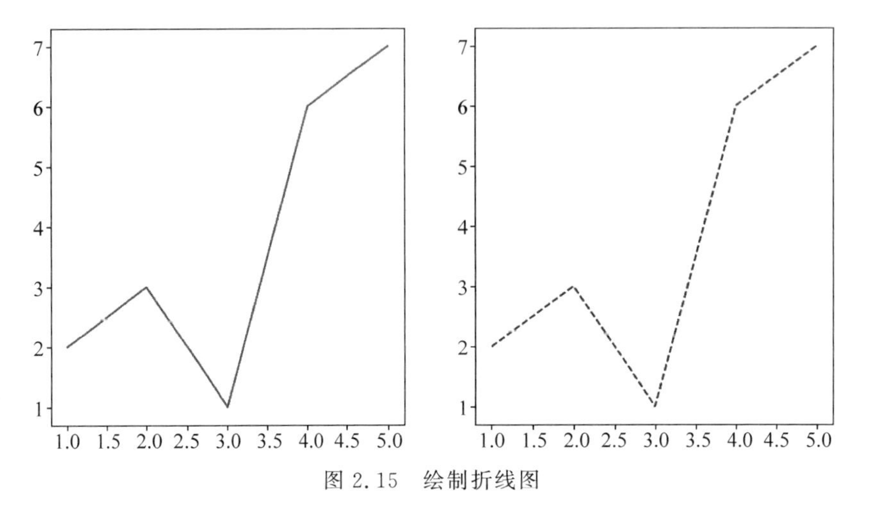

图 2.15 绘制折线图

参数 linestyle 控制的是线型的格式,即符号和线型之间的对应关系,具体如下。

- —:实线。
- ——:短线。
- —.:短点相间线。
- ::虚点线。

另外,除了给出数据画图之外,用户也可以利用函数表达式进行画图。例如:

```
import matplotlib.pyplot as plt
from math import *
from numpy import *
y = sin(x)
x = arange(-math.pi, math.pi, 0.01)
y = [sin(xx) for xx in x]
plt.figure()
plt.plot(x, y, color = 'r', linestyle = '-.')
plt.show()
```

输出结果如图 2.16 所示。

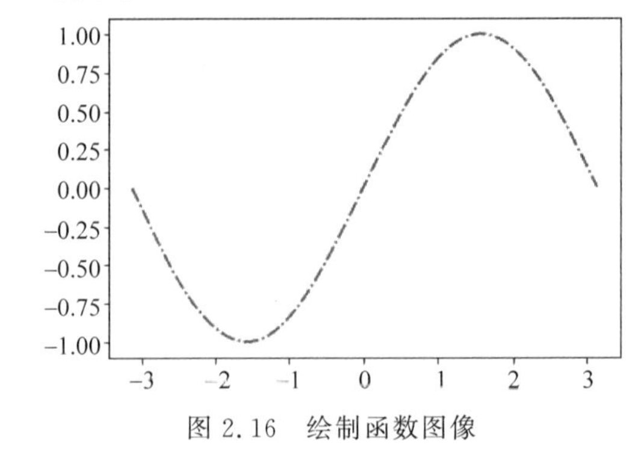

图 2.16 绘制函数图像

2.4.4　扇形图

使用 pie()函数绘制扇形图,示例代码如下:

```
import matplotlib.pyplot as plt
y = [1.2, 7.0, 2.3, 6.6, 3.4]
plt.figure()
plt.pie(y)
```

图 2.17　绘制扇形图

输出结果如图 2.17 所示。

2.4.5　柱状图

使用 bar()函数绘制柱状图,示例代码如下:

```
import matplotlib.pyplot as plt
x = [1, 2, 3, 4, 5]
y = [2, 3, 1, 6, 5]
plt.figure()
plt.bar(x, y)
```

输出结果如图 2.18 所示。

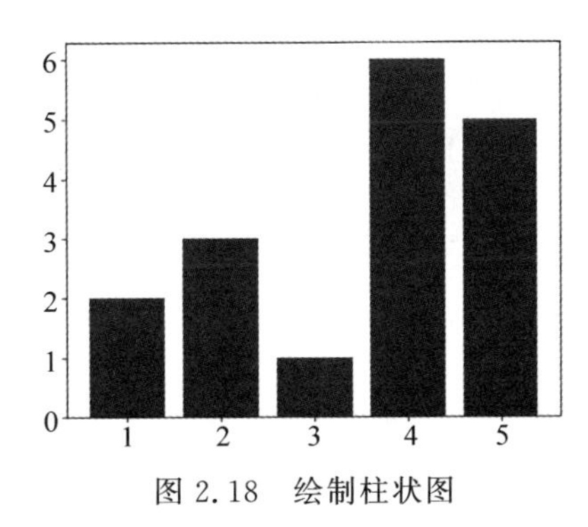

图 2.18　绘制柱状图

2.4.6　三维散点

在 Python 中使用 Axes3D 进行三维坐标轴的绘制。创建 Axes3D 主要有两种方式,一种是利用关键字 projection ='3d'来实现,另一种则是通过从 mpl_toolkits.mplot3d 导入对象 Axes3D 来实现,目的都是生成具有三维格式的对象 Axes3D。例如:

```
from matplotlib import pyplot as plt
from mpl_toolkits.mplot3d import Axes3D
fig = plt.figure()
ax = plt.axes(projection = '3d')          #使用关键字
#ax = Axes3D(fig)                         #使用 Axes3D
```

```
import numpy as np
z = np.linspace(0,10,1000)
x = 5 * np.sin(z)
y = 5 * np.cos(z)
zd = 10 * np.random.random(100)
xd = 5 * np.sin(zd)
yd = 5 * np.cos(zd)
ax.scatter3D(xd,yd,zd)              #绘制散点图
```

输出结果如图 2.19 所示。

2.4.7 三维曲线

和三维散点的绘制方式类似,三维曲线的绘制使用 plot3D()函数来实现。

```
from matplotlib import pyplot as plt
from mpl_toolkits.mplot3d import Axes3D
fig = plt.figure()
ax = plt.axes(projection = '3d')   #使用关键字
import numpy as np
z = np.linspace(0,10,1000)
x = 5 * np.sin(z)
y = 5 * np.cos(z)
zd = 10 * np.random.random(100)
xd = 5 * np.sin(zd)
yd = 5 * np.cos(zd)
ax.plot3D(x,y,z,'red')              #绘制曲线图
```

输出结果如图 2.20 所示。

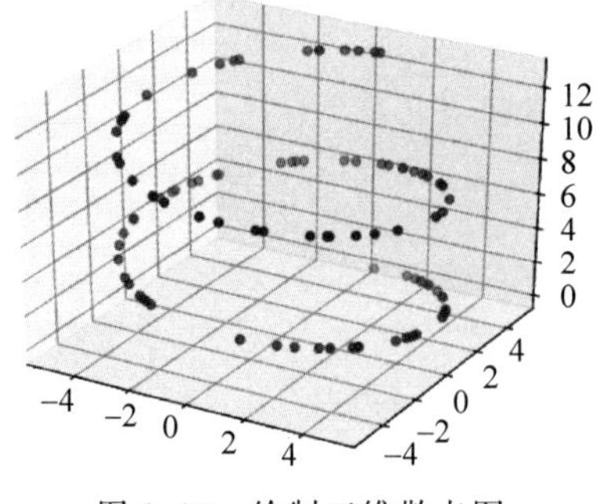

图 2.19 绘制三维散点图

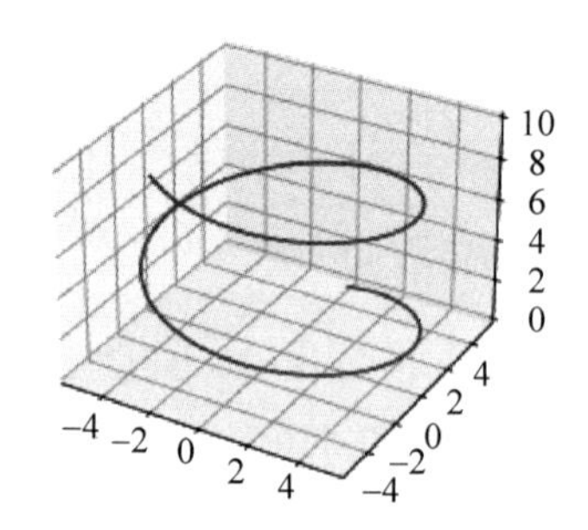

图 2.20 绘制三维曲线图

2.4.8 三维曲面

使用 plot_surface()函数实现三维曲面的绘制。

```
from matplotlib import pyplot as plt
from mpl_toolkits.mplot3d import Axes3D
import numpy as np
fig = plt.figure()
ax1 = plt.axes(projection='3d')            #使用关键字
xx = np.arange(-5,5,0.5)
yy = np.arange(-5,5,0.5)
X, Y = np.meshgrid(xx, yy)
Z = np.sin(X)+np.cos(Y)
ax1.plot_surface(X,Y,Z,cmap='rainbow')
```

输出结果如图 2.21 所示。

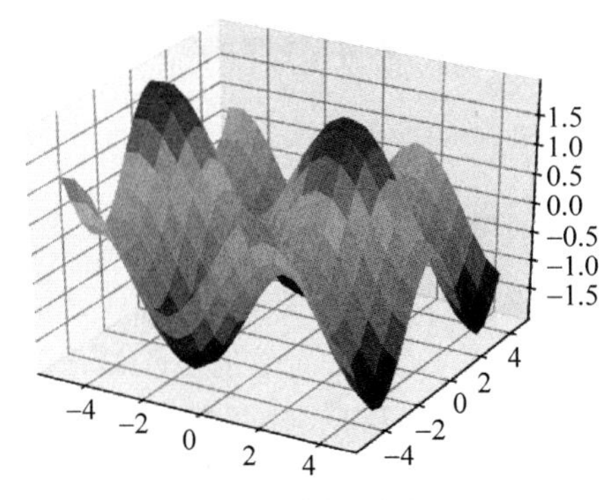

图 2.21 绘制三维曲面图

本章参考文献

[1] Fulvia Sinatra. Python Programming: Worked Examples[M]. LosAngeles, California, USA, 2018.

[2] 张玉宏. Python 极简讲义[M]. 北京：电子工业出版社，2020.

[3] Islam Q N. Mastering PyCharm[M]. Packt Publishing Ltd, 2015.

[4] 段小手. 深入浅出 Python 机器学习[M]. 北京：清华大学出版社，2018.

第 3 章

Python机器学习工具箱

用户自行实现机器学习的各种经典算法是好的，且好处很明显，能让自己对机器学习算法的细节了然于胸。但即使使用了简单、高效的 Python 来编写代码，实现起来代码量依然很大，更何况所写的代码可能并不专业，对很多意外情况可能考虑不足，算法的性能难以保证。这时用户可能会有这样的需求：是否有成熟的机器学习框架，能让我们更加关注算法的业务逻辑，而不必事无巨细地重造“轮子”呢？如求方差、求均方根误差这类通用函数可否不必自己编写？事实上对于一些经典的机器学习算法，一些专家或工程师早已将其实现，大概率上，由他们实现的算法在各种条件下的完备性及数值计算的稳定性都要远胜于用户自己实现的算法。在机器学习领域，scikit-learn（简称 sklearn）就是由专业人士开发的久经考验的机器学习框架。另外，OpenAI Gym 是专门用于强化学习算法的工具包。

本章将介绍 scikit-learn 和 OpenAI Gym 的基础知识和基本使用方法，如功能、原理、安装和基本使用方法，其详细的使用方法将在本书的 Python 实践部分进行介绍。

3.1　机器学习的利器——scikit-learn

3.1.1　scikit-learn 的基础知识

scikit-learn 是 Python 的一个开源机器学习模块，它建立在 NumPy、SciPy 和 Matplotlib 模块之上，能够为用户提供各种机器学习算法接口。scikit-learn 最大的特点就是为用户提供各种机器学习算法接口，可以让用户简单、高效地进行数据挖掘和数据分析。

scikit-learn 包含众多顶级机器学习算法，主要有六大基本功能，分别是分类、回归、聚类、降维、模型选择和预处理。scikit-learn 拥有非常活跃的用户社区，基本上其所有的功能都有非常详尽的文档供用户查阅。大家可以研读 scikit-learn 的用户指南及文档，以便对其算法的使用有更充分的了解。其界面如图 3.1 所示，网址为 https://scikit-learn.org/dev/sklearn。

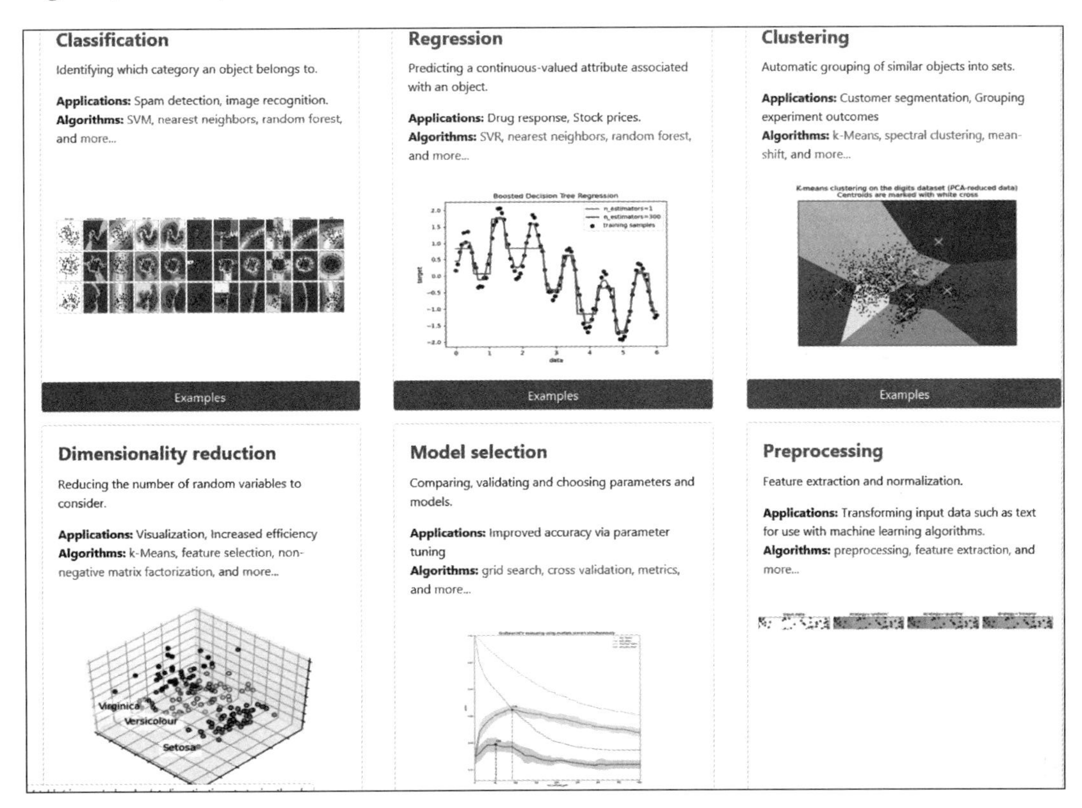

图 3.1　scikit-learn 界面

1. 分类（Classification）

识别某个对象属于哪个类别，常用的算法有 SVM（支持向量机）、nearest neighbors（最近邻）、random forest（随机森林），常见的应用有垃圾邮件识别、图像识别等。引入 scikit-learn 分类函数的代码如下：

```
from sklearn import SomeClassifier
from sklearn.linear_model import SomeClassifier
from sklearn.ensemble import SomeClassifier
```

2. 回归（Regression）

预测与对象相关联的连续值属性，常见的算法有 SVR（支持向量机）、ridge regression（岭回归）、Lasso，常见的应用有药物反应、预测股价。引入 scikit-learn 回归函数的代码如下：

```
from sklearn import SomeRegressor
from sklearn.linear_model import SomeRegressor
from sklearn.ensemble import SomeRegressor
```

3. 聚类(Clustering)

将相似对象自动分组，常用的算法有 k 均值、spectral clustering、mean-shift，常见的应用有客户细分、分组实验结果。引入 scikit-learn 聚类函数的代码如下：

```
from sklearn.cluster import SomeModel
```

4. 降维 (Dimensionality reduction)

减少要考虑的随机变量的数量，常见的算法有 PCA(主成分分析)、feature selection(特征选择)、non-negative matrix factorization(非负矩阵分解)，常见的应用有可视化、提高效率。引入 scikit-learn 降维函数的代码如下：

```
from sklearn.decomposition import SomeModel
```

5. 模型选择 (Model selection)

比较，验证，选择参数和模型，常用的模块有 grid search(网格搜索)、cross validation(交叉验证)、metrics(度量)。它的目标是通过参数调整提高精度。引入 scikit-learn 模块选择函数的代码如下：

```
from sklearn.model_selection import SomeModel
```

6. 预处理 (Preprocessing)

特征提取和归一化，常用的模块有 preprocessing、feature extraction，常见的应用是把输入数据(例如文本)转换为机器学习算法可用的数据。引入 scikit-learn 预处理函数的代码如下：

```
from sklearn.preprocessing import SomeModel
```

SomeClassifier、SomeRegressor、SomeModel 其实都叫作估计器 (estimator)，就像 Python 中“万物皆对象”那样，sklearn 中 “万物皆估计器”。

7. 数据集 (Dataset)

此外，sklearn 中还自带有很多数据集，引入它们的代码如下：

```
from sklearn.datasets import SomeData
```

3.1.2 scikit-learn 的安装

在安装 scikit-learn 之前需要安装以下依赖条件：

(1) Python，2.6 或 3.3 以上版本。

(2) NumPy,1.6.1 以上版本。

(3) SciPy,0.9 以上版本。

在 Linux 系统下,可以直接打开 terminal,使用 pip 进行安装,指令如下：

```
sudo pip install -U scikit-learn
```

在 PyCharm 中选择 File→Settings 命令,在打开的对话框中选择 Project Interpreter 选项,然后单击加号和 OK 按钮,如图 3.2 所示。

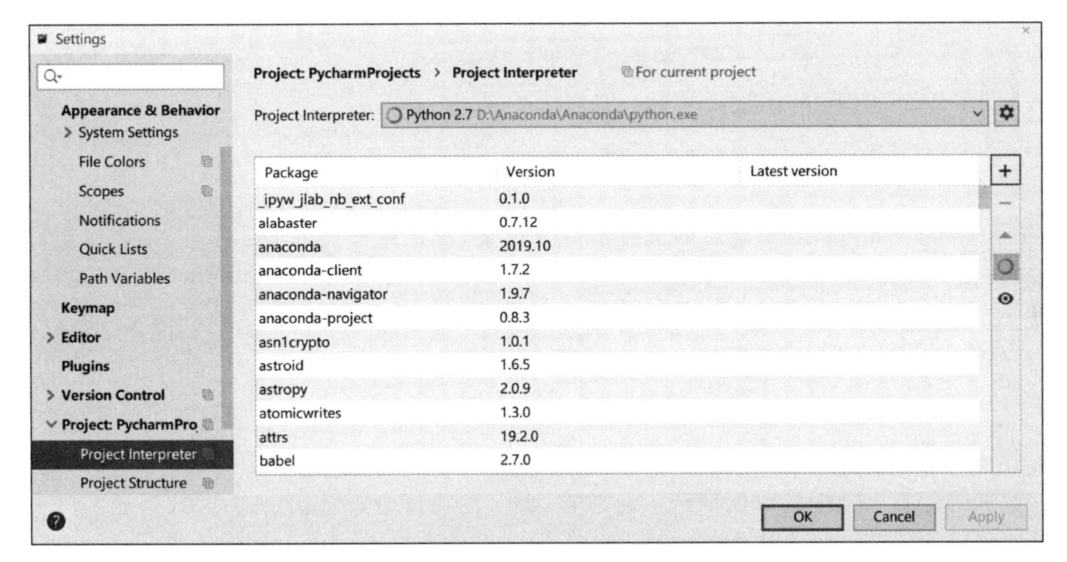

图 3.2 安装步骤图

在 Available Packages 对话框中搜索 scikit-learn,然后选择搜索到的 scikit-learn 版本,单击 Install Package 按钮进行安装,如图 3.3 所示。

安装后进行测试,在 Python 文件中输入以下代码：

```
from sklearn import preprocessing
```

或者 import 其他功能模块,如果程序不报错,则说明安装成功。

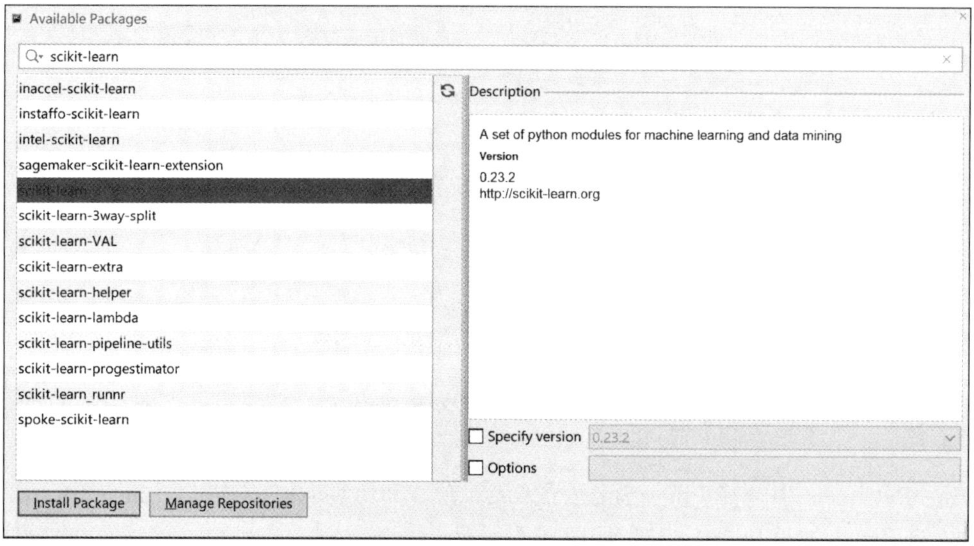

图 3.3　选择 scikit-learn 版本

3.1.3　基本功能的介绍

1. 载入数据

scikit-learn 内包含了常用的机器学习数据集，例如做分类的 iris 和 digit 数据集，用于回归的经典数据集 Boston house prices 等。导入 iris 数据集的代码如下：

```
from sklearn import datasets
iris = datasets.load_iris()
```

scikit-learn 载入的数据集是以类似于字典的形式存放的，该对象中包含了所有有关该数据的信息。其中的数据值统一存放在.data 的成员中，例如要将 iris 数据显示出来，只需显示 iris 的 data 成员即可，代码如下：

```
print(iris.data)
```

数据都是以 n 维（n 个特征）矩阵形式存放和展现的，iris 数据中每个实例有 4 维特征，分别为 sepal length、sepal width、petal length 和 petal width。显示的 iris 数据如下：

```
[[ 5.1  3.5  1.4  0.2]
[ 4.9  3  1.4  0.2]
      ...
[ 5.9  3  5.1  1.8]]
```

对于监督学习，比如分类问题，数据中会包含对应的分类结果，其存放在.target 成员中，代码如下：

```
print(iris.target)
```

对于 iris 数据而言，就是各个实例的分类结果：

```
[0 0 0 0 0 0 0 0 0 0 0 0 0 0 0 0 0 0 0 0 0 0 0 0 0 0 0 0 0 0 0 0 0 0 0 0 0
 0 0 0 0 0 0 0 0 0 0 0 0 0 1 1 1 1 1 1 1 1 1 1 1 1 1 1 1 1 1 1 1 1 1 1 1 1
 1 1 1 1 1 1 1 1 1 1 1 1 1 1 1 1 1 1 1 1 1 1 1 1 1 2 2 2 2 2 2 2 2 2 2 2 2
 2 2 2 2 2 2 2 2 2 2 2 2 2 2 2 2 2 2 2 2 2 2 2 2 2 2 2 2 2 2 2 2 2 2 2 2 2
 2 2]
```

接下来按照 6 个步骤将上面所得到的数据进行训练，进行一次最基础的机器学习。

(1) 加载训练模型所用的数据集。

(2) 采用合适的比例将数据集划分为训练集和测试集。

(3) 选取或者创建合适的训练模型。

(4) 将训练集中的数据输入模型中进行训练。

(5) 通过第(4)步的训练大致确定模型所用的合理参数。

(6) 将测试集中的数据输入模型中，将模型得到的结果和真实的结果进行比较，再次调整参数。

示例如下：

```
from sklearn import datasets
from sklearn.linear_model import LinearRegression
from sklearn.model_selection import train_test_split
iris = datasets.load_iris()
X = iris.data
y = iris.target
# 新建一个模型(参数默认)
iris_model = LinearRegression()
# 分割训练集、测试集
X_train, X_test, y_train, y_test = train_test_split(X, y, test_size=1/3., random_state=7)
# 训练该模型
iris_model.fit(X_train,y_train)
# 返回模型参数列表
print(iris_model.get_params())
# 模型在训练集上的评分
print(iris_model.score(X_train, y_train))
# 模型在测试集上的评分
print(iris_model.score(X_test, y_test))
# 使用模型进行预测
y_pred = iris_model.predict(X_test)
print('预测标签:', y_pred[:3])
print('真实标签:', y_test[:3])
```

最终得到的结果如下：

```
{'copy_X': True, 'fit_intercept': True, 'n_jobs': None, 'normalize': False}
0.9451696710635755
```

```
0.8959790715079212
预测标签：[ 1.66096074   1.39389456  -0.02571618]
真实标签：[2 1 0]
```

2. 学习与预测

scikit-learn 提供了各种机器学习算法的接口，允许用户很方便地使用。每个算法的调用就像一个黑箱，对于用户来说，只需要根据自己的需求设置相应的参数即可。

例如，调用最常用的支撑向量分类机(SVM)：

```
from sklearn import svm
clf  =  svm.SVC(gamma = 0.001, C = 100.)
print(clf)
```

输出为分类器的具体参数信息：

```
SVC(C = 100.0, cache_size = 200, class_weight = None, coef0 = 0.0,
decision_function_shape = 'ovr', degree = 3, gamma = 0.001, kernel = 'rbf',
  max_iter = -1, probability = False, random_state = None, shrinking = True,
  tol = 0.001, verbose = False)
```

分类器的学习和预测可以分别使用 fit(X,Y)和 predict(T)来实现。将 digit 数据划分为训练集和测试集，前 $n-1$ 个实例为训练集，最后一个为测试集。然后使用 fit 和 predict 分别完成学习和预测，代码如下：

```
from sklearn import datasets
from sklearn import svm
clf  =  svm.SVC(gamma = 0.001, C = 100.)
digits  =  datasets.load_digits()
clf.fit(digits.data[: -1], digits.target[: -1])
result = clf.predict(digits.data[9:10])
print(result)
```

输出结果为：

```
[9]
```

通过上述例子，简单地介绍了如何使用 scikit-learn 解决分类问题，实际上这个问题要复杂得多，更复杂、更具体的问题将在 Python 实践部分进行讲解。

3.2 强化学习的利器——OpenAI Gym

1. OpenAI Gym 简介

OpenAI Gym 是一款用于研发和比较强化学习算法的工具包，它支持训练智能体(agent)做任何事——从行走到围棋之类的游戏都在该范围中。它与其他的数值计算库兼容,例如 tensorflow 或者 theano 库。现在主要支持的是 Python 语言。

OpenAI Gym 官方提供的文档的网址为 https://gym.openai.com/docs/,读者可以访问官方网站对 OpenAI Gym 进行更详细的学习。

2. OpenAI Gym 的组成

OpenAI Gym 包含以下两个部分。

(1) gym 开源:包含一个测试问题集,每个问题称为一个环境(environment),可以用于用户的强化学习算法开发,这些环境有共享的接口,允许用户设计通用的算法,如 Atari、CartPole 等。

(2) OpenAI Gym 服务:提供一个站点和 api,允许用户对他们训练的算法进行性能比较。

3. 强化学习与 OpenAI Gym

强化学习(reinforcement learning,RL)是机器学习的一个分支,考虑的是做出一系列决策。它假定有一个智能体存在于环境中。在每一步中,智能体采取一个行动,随后从环境中收到观察与回报。RL 算法寻求的是,在一个原先毫无了解的环境中通过一段学习过程(通常包括许多试错)让智能体收到的总体回报最大化。

在强化学习中有两个基本概念,一个是环境(environment),称为外部世界,另一个是智能体 agent(写的算法)。agent 发送 action 至 environment,environment 返回观察和回报。OpenAI Gym 的核心接口是 Env,作为统一的环境接口。Env 包含以下核心方法。

(1) env.reset(self):重置环境的状态,返回观察。

(2) env.step(self,action):推进一个时间步长,返回 observation、reward、done、info。

(3) env.render(self,mode='human',close=False):重绘环境的一帧。默认模式一般比较友好,例如弹出一个窗口。

4. OpenAI Gym 的安装

(1) 安装 OpenAI Gym 所需要的所有依赖包。

```
$ apt-get install -y python-numpy python-dev cmake zlib1g-dev libjpeg-dev xvfb libav
-tools xorg-dev python-opengl libboost-all-dev libsdl2-dev swig
```

(2) 通过 git 方式安装 OpenAI Gym。

```
$ git clone https://github.com/openai/gym      #下载安装包
$ cd gym                                       #进入 gym 文件夹
$ pip install -e .                             #最小安装方式
or
$ pip install -e .[all]                        #全安装方式(需要 cmake 和 pip)
```

(3) 通过 pip 方式安装。

```
$ pip install gym                          #最小安装方式
or
$ pip install gym[all]                     #全安装方式(将 gym 视为一个安装包获取)
```

其中,步骤(2)和步骤(3)都是按照 OpenAI Gym 的方式,可任选一个,推荐选步骤(3)。

5. OpenAI Gym 的 demo 运行

为了让读者快速了解 OpenAI Gym 的操作,这里参考官方文档编写一个 demo,体验一下 OpenAI Gym 平台。以倒立摆(CartPole)为例,在工作目录中建立一个 Python 文件,将文件命名为 CartPole.py,代码如下:

```
import gym                                           #导入 OpenAI Gym 函数
env = gym.make('CartPole-v0')                        #建立一个 gym 环境
for i_episode in range(20):
    observation = env.reset()                        #重置环境的状态
    for t in range(100):
        env.render()                                 #重绘环境的一帧
        print(observation)                           #打印观察值
        action = env.action_space.sample()
        observation, reward, done, info = env.step(action)
        if done:
            print("Episode finished after {} timesteps".format(t+1))
            break
env.close()
```

运行 Python 函数:

```
$ python CartPole.py
```

显示一段倒立摆训练的视频,视频截图如图 3.4 所示:

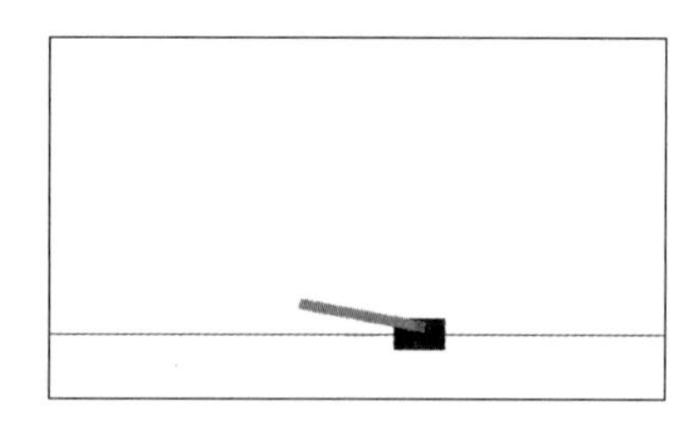

图 3.4 倒立摆视频

并输出观察值:

```
[-0.061586    -0.75893141  0.05793238  1.15547541]
[-0.07676463 -0.95475889  0.08104189  1.46574644]
[-0.0958598  -1.15077434  0.11035682  1.78260485]
```

```
[-0.11887529 -0.95705275  0.14600892  1.5261692 ]
[-0.13801635 -0.7639636   0.1765323   1.28239155]
[-0.15329562 -0.57147373  0.20218013  1.04977545]
Episode finished after 14 timesteps
[-0.02786724  0.00361763 -0.03938967 -0.01611184]
[-0.02779488 -0.19091794 -0.03971191  0.26388759]
[-0.03161324  0.00474768 -0.03443415 -0.04105167]
```

通过上述例子，简单地介绍了如何使用 OpenAI Gym 平台来做强化学习，实际上这个问题要复杂得多，更复杂、更具体的问题将在 Python 实践部分进行讲解。

本章参考文献

[1] https://scikit-learn.org/stable/.
[2] https://segmentfault.com/a/1190000013765279.
[3] https://gym.openai.com/docs/.

第三部分

机器学习算法与Python实践篇

在本书的表 1.2 中详细地对经典的机器学习算法进行了分类：监督学习、无/非监督学习和强化学习。本部分将详细地介绍三类算法中较为经典的算法。

第 4～11 章为监督学习算法；第 12～17 章为无/非监督学习算法；第 18 章和第 19 章为强化学习算法。每一章节都对最基本的算法进行了原理介绍与公式推导，同时，利用具体实例讲解算法的实现过程及步骤，最后，基于 Python 平台编写机器学习算法，或者调用 Python 内部集成的机器学习算法函数，详细介绍参数含义，并进行代码分析。

第 4 章

k 近邻算法

4.1 k 近邻算法的原理

k 近邻算法(k-nearest neighbor，KNN)是经典的监督学习算法，位居十大数据挖掘算法之列。在本节中作者将基于 sklearn 展示 k 近邻算法的应用。该算法的思路是：如果一个样本在特征空间中的 k 个最相似(即特征空间中最邻近)的样本大多数属于某一个类别，则该样本也属于这个类别[1,2]。

k 近邻算法的工作机制并不复杂：给定某个待分类的测试样本，基于某种距离(例如欧氏距离)度量，找到训练集中与测试样本最接近的 k 个训练样本，然后基于这 k 个最近的“邻居”(k 为正整数，通常较小)进行预测分类。预测策略通常采用的是多数表决的“投票法”。也就是说，将这 k 个训练样本中出现最多的类别标记为预测结果。

4.1.1 k 近邻算法的实例解释

为了便于读者，以下使用实例的方法进行讲解。如图 4.1 所示，有两类不同的样本数据，分别用小正方形和小三角形表示，而图正中间的圆表示的数据则是待分类的数据。也就是说，现在并不知道中间的数据从属于哪一类(小正方形或者小三角形)，下面需要解决的问题是给这个圆分类。

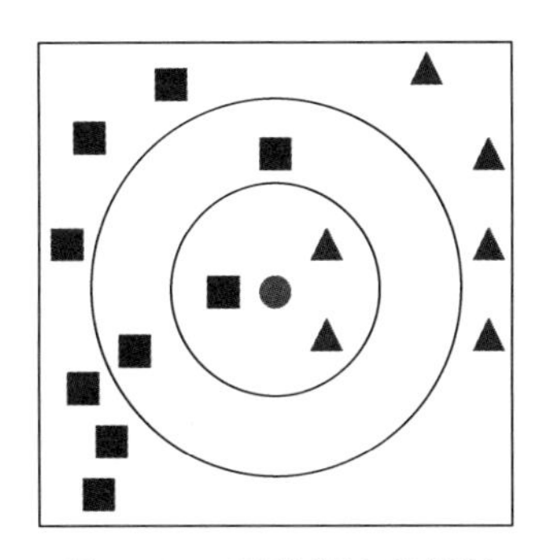

图 4.1 k 近邻算法实例图

古人常说，物以类聚，人以群分，判别一个人是一个什么品质特征的人，经常可以从他/她身边的朋友入手，所谓观其友而识其人。在图 4.1 中要判别正中间的圆属于哪一类数据，可以从它的邻居下手，但一次能看多少个邻居呢？从该图中可以看到：

如果 $k=3$，离圆点最近的 3 个邻居是两个小三角形和一个小正方形，少数从属于多数，基于统计的方法，判定这个待分类的点属于三角形一类。

如果 $k=5$，离圆点最近的 5 个邻居是两个小三角形和三个小正方形，还是少数从属于多数，基于统计的方法，判定这个待分类的点属于正方形一类。

因此，当无法判定当前待分类的点从属于已知分类中的哪一类时，可以依据统计学的理论看它所处的位置特征，衡量它周围邻居的权重，而把它归(或分配)到权重更大的那一类。这就是 k 近邻算法的核心思想。在 KNN 算法中，所选择的邻居都是已经正确分类的对象。该方法在判定属于哪一类的决策时，只依据最邻近的一个或者几个样本的类别来决定待分类样本所属的类别。

k 近邻算法使用的模型实际上对应于特征空间的划分。k 值的选择、距离的度量和分类决策规则是该算法的 3 个基本要素。

k 值的选择会对算法的结果产生重大影响。k 值较小，意味着只有与输入实例较近的训练实例才会对预测结果起作用，但容易发生过拟合；如果 k 值较大，优点是可以减少学习的估计误差，缺点是学习的近似误差增大，这时与输入实例较远的训练实例也会对预测起作用，使预测发生错误。在实际应用中，k 值一般选择一个较小的数值，通常采用交叉验证[①]的方法来选择最优的 k 值。

算法中的分类决策规则往往是多数表决，即由输入实例的 k 个最临近的训练实例中的多数类决定输入实例的类别。

距离的度量一般采用 L_p(欧氏距离)表示，在度量之前，应该将每个属性的值规范化，这样有助于防止具有较大初始值域的属性比具有较小初始值域的属性的权重大。

4.1.2 k 近邻算法的特点

KNN 算法的优点如下：

(1) 简单、有效、复杂度低，无须参数估计、无须训练。

(2) 精度高，对噪声不敏感。

(3) 由于 KNN 算法主要靠周围有限的邻近样本，而不是靠判别类域的方法来确定所属类别，所以对于类域交叉或重叠较多的待分类样本集来说，KNN 算法比其他方法更适合。

(4) 特别适合于多分类问题，其表现性能比 SVM 效果更好。

KNN 算法的缺点如下：

(1) 在对计算样本分类时，计算量大，每一个待分类的样本要与全体已知样本计算距离，才能得到 k 个最邻近点。

(2) 可解释性差，无法像决策树算法(第 5 章将介绍)一样有效解释。

(3) 样本不均衡时，如果一个类样本容量很大，而其他样本容量很小，有可能导致当

---

① 交叉验证也称为循环估计，是将一个样本集分割成两个子集，一个作为训练数据用，一个作为测试数据用。之所以说循环，是因为分割操作不会只进行一次，而是会循环进行，保证所有样本均有测试数据和训练数据的机会。

输入一个新样本时,在该样本的 k 个邻近样本中该类占大多数。

(4) 该算法适用于样本容量比较大的类域的自动分类,而样本容量较小的类域采用该算法比较容易产生误分。

(5) k 值的选取对分类效果有较大的影响。

通过前面叙述的优/缺点可以看出:k 近邻算法虽然简单、易用,但也有不足之处。首先多数表决分类会在类别分布偏斜时出现缺陷,也就是说 k 的选取非常重要,因为出现频率较高的样本将会主导对测试样本的预测结果。从图 4.1 中可以看到,当 k 取值不同时,分类的结果明显不同。其次少数服从多数的原则容易产生多数人的暴政问题,什么是多数人的暴政呢?最早提出多数人的暴政的概念是法国历史学家托克维尔,他将这种以多数人的名义行使无限权力的情况称为多数人的暴政。类似的 k 近邻算法,如果简单地实施众点平等的少数服从多数的原则,也可能误判新样本的类别归属,那么怎样才能缓解这一不利趋势呢?俗话说得好,远亲不如近邻,事实上需要给不同的投票人赋予不同的权重,越靠近数据点的投票权重越高,这样才能在投票原则下更为准确地预测数据的类别。接下来将在 4.2 节中对 k 近邻算法的改进进行描述。

4.2 基于 k 近邻算法的算法改进

4.1 节中提到 KNN 算法的缺点,针对这些缺点,研究者不断地进行算法改进,如改进距离函数、改进近邻距离大小等,并衍生出一系列算法,如快速 KNN 算法(Fast KNN,FKNN)、k-d 树 KNN 算法(k-dimensional tree KNN)、基于属性值信息熵的 KNN 算法(Entropy-KNN)、基于直推信度机的 KNN 算法(Transductive Confidence Machines KNN,TCM-KNN)等[3,4]。

由于在算法运行时,测试样本需要将所有样本的属性进行计算,然而属性中往往包含不相关属性或者相关性较低的属性,此时标准的欧氏距离将会变得不准确,且消耗大量的计算资源。当出现许多不相关属性时称为维数灾难,KNN 对此特别敏感。对此可进行如下改进:

(1) 消除不相关属性,即进行特征选择,该步骤在数据预处理时进行。

(2) 属性加权,即将属性的权值引入 KNN 算法中。原始的 KNN 算法计算距离的公式如式(4.1)所示,引入权值后,其距离公式如式(4.2)所示。

$$d_{ij}=\left[\sum_{h=1}^{n}(a_{ih}-a_{jh})^2\right]^{1/2} \tag{4.1}$$

$$d_{ij}=\left[\sum_{h=1}^{n}w_h(a_{ih}-a_{jh})^2\right]^{1/2} \tag{4.2}$$

式中,d_{ij} 表示样本 i 与样本 j 之间的距离;n 表示属性总值;a_{ih} 表示样本 i 中的第 h 个属性;w_h 表示第 h 个属性的权重。引入权重的一个好处是均衡属性值,假设样本的属性 a 和属性 b 对分类的影响是一样的,但属性 a 的值变化区间为 1~10,属性 b 的值变化区间为 1~100,通过欧氏距离计算的方法,此时很明显属性 b 对分类的影响大于属性 a 的影响,这种情况是不合理的。因此,通过引入权重可以起到属性均衡的作用,类似于归一化处理。

为了在一定程度上解决上述缺点(3),KNN算法通过引入改进近邻距离大小的方法进行改善,原始KNN算法中实例邻近的类别被认为概率相同,该方法是引入与距离成反比的相似度参数。在用原始的KNN算法计算分类时,每类权重的计算公式如式(4.3)所示,引入相似度参数后,其权重计算公式如式(4.4)所示。

$$p(x,C_j)=\sum_{i=1}^{k}P_a(a_i,C_j) \tag{4.3}$$

$$p(x,C_j)=\sum_{i=1}^{k}\mathrm{Sim}(a_i,x)P_a(a_i,C_j) \tag{4.4}$$

假设待分类样本x的k个最近邻样本共分为j类,式中,$p(x,C_j)$表示待分类样本x属于j类的权值。$\mathrm{Sim}(a_i,x)$表示最近邻样本a_i与x之间的相似度,其可表示为a_i与x之间欧氏距离的倒数,另外,

$$P_a(a_i,C_j)=\begin{cases}1 & a_i\text{ 是类别 }C_j\text{ 的样本}\\ 0 & a_i\text{ 不是类别 }C_j\text{ 的样本}\end{cases}$$

4.2.1 快速KNN算法

快速KNN(Fast KNN,FKNN)算法主要用于解决计算速度问题,使KNN算法在大样本数据时不产生计算爆炸的现象。FKNN算法的主要思想是将样本进行排序,在有序的样本队列中搜索k个最近邻样本,从而减少搜索时间。

FKNN算法首先确定一个基准点R,根据各样本到R的距离建立有序的队列[①],并建立一张有序的索引表[②]。在给定待分类样本x后,首先计算x到R的距离d_{xR},然后在有序的样本索引表中查找与R距离最接近d_{xR}的样本q,之后以样本q为中心,确定q在索引表中的前后样本q_1和q_2,然后根据这两个样本截取有序队列中所有属于这两个样本间的样本,并计算其与待测样本x的距离,最终选取k个距离最近样本,此时即找到了k个近邻样本。

假设样本属性空间为二维,通过实例分析FKNN算法的原理。由于样本属性空间为二维,所以其样本可表示在二维平面上,如图4.2所示。FKNN算法的具体执行步骤如下:

(1) 随机选择一个样本作为基准点,假设选择点$R(r_1,r_2)$,r_1和r_2为属性值。

(2) 计算每个样本到R的距离d,并采用排序的方法形成一个有序的队列。

(3) 为了实现读盘查找及搜索的快速性,在大样本情况下可建立索引表。索引表中登记有序样本队列中的第$1、1+L、1+2L、\cdots、1+iL、\cdots(1\leqslant i\leqslant [m/L])$列,其中[]表示取整。

(4) 给定待分类样本x,计算x到R的距离d_{xR},在索引表中查找与R最接近的样本q,以样本q为中心,确定q在索引表中的前后样本q_1和q_2,然后根据这两个样本截取有

① 队列中包含所有样本到R的距离d、样本类别、特征向量。

② 在大样本情况下,索引表并不是包含所有样本,而是每间隔一段距离选取一个样本。

序队列中所有属于这两个样本间的样本，并计算其与待测样本 x 的距离，最终选取 k 个距离最近样本。

(5) 根据式(4.4)确定样本 x 的分类。

在图 4.2 中，虚线圆是以 R 为圆心，以索引表中的各个体与 R 的距离为半径绘制的距离分界线；方框为待分类样本，圆圈及三角为已知类别的样本。

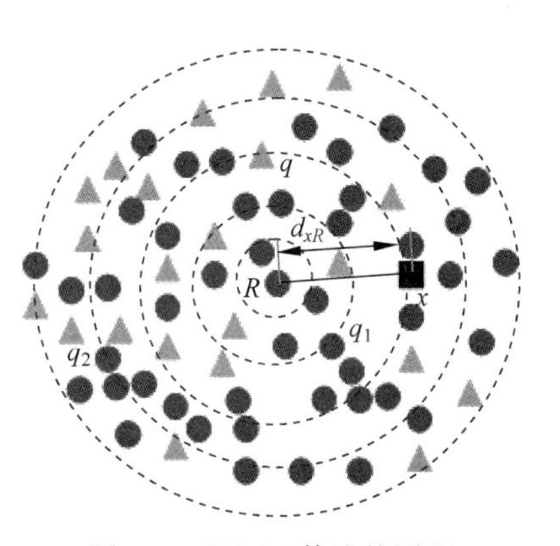

图 4.2 FKNN 算法的原理

相对于传统的 KNN 算法，通过 FKNN 算法减少了大量的关于待分类样本与样本间距离的计算，在保证精度的前提下提高了算法的执行效率。

4.2.2 *k*-d 树 KNN 算法

k-d 树(*k*-dimensional 树的简称)是一种分割 k 维数据空间数据结构的方法，主要应用于多维空间关键数据的搜索(例如范围搜索和最近邻搜索)。*k*-d 树是二进制空间分割树的特殊情况。*k*-d 树 KNN 算法是将 *k*-d 树的方法运用到 KNN 算法中，目的是实现快速计算[5,6]。

这里以一个简单、直观的实例来介绍 *k*-d 树算法。假设有 6 个二维数据点，即{(2,3)，(5,4)，(9,6)，(4,7)，(8,1)，(7,2)}，数据点位于二维空间内，如图 4.3(a)中的黑点所示。*k*-d 树算法就是要确定图 4.3 中这些分割空间的分割线(多维空间即为分割平面，一般为超平面)。下面将一步步展示 *k*-d 树是如何确定这些分割线的。

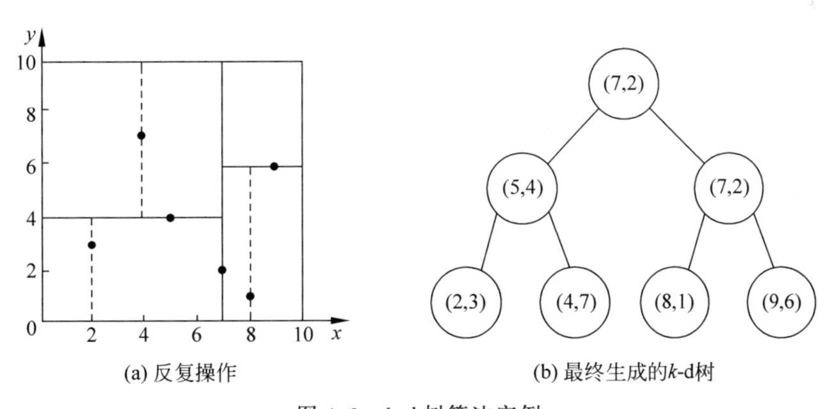

图 4.3 *k*-d 树算法实例

因为数据维度只有二维，所以可以简单地给 x、y 两个方向轴编号为 0 和 1，即 split={0,1}。

(1) 确定 split 域首先该取的值。分别计算 x、y 方向上数据的方差得知 x 方向上的方差最大，所以 split 域首先取 0，也就是 x 方向。

(2) 确定节点域值(Node-data)。根据 x 轴方向的值 2、5、9、4、8、7 排序选出中值为 7，所以 Node-data =(7,2)。这样，该节点的分割超平面就是通过(7,2)并垂直于 split = 0(x 轴)的直线，即 $x=7$。

(3) 确定左子空间和右子空间。分割超平面 $x=7$ 将整个空间分为两部分,如图 4.3 所示。$x\leqslant 7$ 的部分为左子空间,包含 3 个节点,即{(2,3),(5,4),(4,7)};另一部分为右子空间,包含两个节点,即{(9,6),(8,1)}。

(4) k-d 树的构建是一个递归的过程。然后对左子空间和右子空间内的数据重复根节点的过程就可以得到下一级子节点(5,4)和(9,6)(也就是左、右子空间的'根'节点),同时将空间和数据集进一步细分。如此反复,直到空间中只包含一个数据点为止,如图 4.3(a)所示。最后生成的 k-d 树如图 4.3(b)所示。

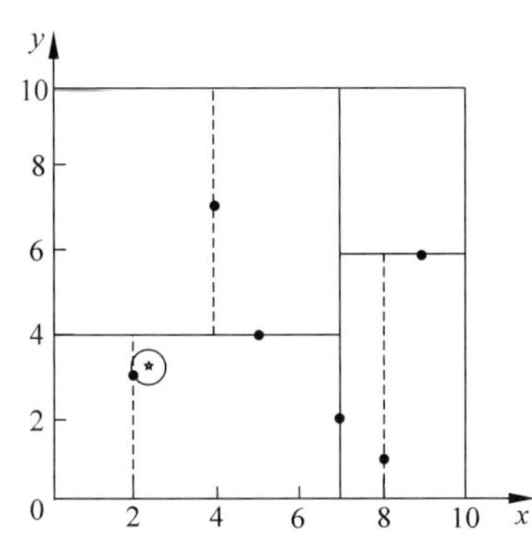

图 4.4 k-d 树 KNN 算法实例

将 k-d 树算法的事项运用到 KNN 算法中,形成 k-d 树的 KNN 算法,其思想是用 k-d 树快速查找近邻点。同样运用实例进行讲解,如图 4.4 所示。

星号表示要待分类的点(2.1,3.1)。通过二叉搜索,顺着搜索路径很快就能找到最邻近的近似点,也就是先从(7,2)点开始进行二叉查找,通过计算距离的方法,先到达(5,4),最后到达叶子节点(2,3)。而找到的叶子节点并不一定就是最邻近的,最邻近肯定距离查询点更近,应该位于以查询点为圆心且通过叶子节点的圆域内。为了找到真正的最近邻,还需要进行"回溯"操作。首先以(2,3)作为当前最近邻点,计算其到待分类点(2.1,3.1)的距离为 0.1414,然后回溯到其父节点(5,4),并判断在该父节点的其他子节点空间中是否有距离查询点更近的数据点。以(2.1,3.1)为圆心,以 0.1414 为半径画圆,如图 4.4 所示。发现该圆并不和超平面 $y=4$ 交割,因此不用进入(5,4)节点的右子空间中去搜索(换而言之,如果有交割,则需要进入(5,4)节点的右子空间中去搜索)。即点(2,3)为待分类点(2.1,3.1)的最近邻点。之后,将找到的最近邻点去掉,进行往复查找,即可找到 k 个邻近点。

4.3 k 近邻算法的 Python 实践

本节通过 Python 实例的方法演示 KNN 算法的具体应用。假设有一个具体应用为区分某一电影是动作片还是爱情片。首先需要建立已知标签的样本,通过人工统计或者数字图像处理技术统计电影中的打斗镜头和接吻镜头数,并对相应的电影用标签标注。之后,如果有一部未看过的电影,如何通过机器计算的方式判断其是动作片还是爱情片?此时就可以使用 KNN 算法解决。

为方便起见,设置带标签的训练样本的数据如表 4.1 所示。

表 4.1 颜色与形状参数列表

	样本 1	样本 2	样本 3	样本 4	样本 5	样本 6	样本 7
打斗镜头	1	2	3	8	80	92	87
接吻镜头	99	98	90	85	4	3	5
电影种类	爱情片	爱情片	爱情片	爱情片	动作片	动作片	动作片

根据上述 KNN 算法和样本数据，编写 Python 程序(KNN.py)解决该电影分类问题。如果运行在 Linux 系统下，程序出现中文会报错，因此在程序中电影类别用英文表示，爱情片表示为 affectional movie，动作片表示为 action movie。为方便读者阅读，程序中的注释部分用中文编写，例如在 Linux 系统下报错请删掉注释或改成英文。具体程序如下：

```
#Python 采用 KNN 算法实现对电影类别的分类
#引入 numpy 函数库,它是 Python 的一种开源的数值计算扩展工具
import numpy as np
#引入 operator 模块,为 Python 提供一个"功能性"的标准操作符接口
import operator
#数据初始化函数,用作训练数据,data_X 为输入镜头类型数,data_Y 为电影类别
def init_data():
      data_X = np.array([[1,99],[2,98],[3,90],[8,85],[80,4],[92,3],[87,5]])
      data_Y = ['affectional movie','affectional movie','affectional movie','affectional
movie','action movie','action movie','action movie']
      return data_X,data_Y      #返回 data_X,data_Y
#KNN 算法函数
#Testdata:测试数据
#TrainInput:训练数据的输入,本例中为电影片段的类别数
#TrainOutput:训练数据的输出(lable),本例中为电影类别
#k:取最近数据的前 k 个
#def kNN(Testdata, TrainInput, TrainOutput, k):
     #获取训练输入数据的数量
     dataInputRow = TrainInput.shape[0]
#np.tile:表示数组沿各个方向复制
#计算测试数据的欧氏距离
     reduceData = np.tile(Testdata, (dataInputRow,1)) - TrainInput
     squareData = reduceData ** 2
     squareDataSum = squareData.sum(axis = 1)
     distance = squareDataSum ** .5
     sortDistance = distance.argsort()
     dataCount = {}
    #统计排名靠前的 k 个数据的接吻镜头和打斗镜头的次数,取次数最高的作为输出
     for i in range(k):
          TrainOutput_ = TrainOutput[sortDistance[i]]
          dataCount[TrainOutput_] = dataCount.get(TrainOutput_,0) + 1
     sortDataCount = sorted(dataCount.items(), key = operator.itemgetter(1), reverse =
True)
     return sortDataCount[0][0]
#主函数
if __name__ == '__main__':
#设置初始数据,即训练数据
   data_X,data_Y = init_data()
#输出打斗镜头为 2、接吻镜头为 93 的电影种类
   print(kNN([2,93], data_X, data_Y, 3))
```

最后在终端输入"python KNN.py"。

得到如下输出：

```
affectional movie
```

读者可以尝试修改主函数的“print(kNN([2,93],data_X,data_Y,3))”语句中的“[2,93]”部分，得到不同的电影类别的分类结果。

本章参考文献

[1] 李秀娟. KNN分类算法研究[J]. 科技信息，2009 (31)：81.

[2] 桑应宾. 基于 k 近邻的分类算法研究[D]. 重庆：重庆大学，2009.

[3] 张著英，黄玉龙，王翰虎. 一个高效的KNN分类算法[J]. 计算机科学，2008，35(3)：170-172.

[4] Hwang W J, Wen K W. Fast KNN classification algorithm based on partial distance search[J]. Electronics letters，1998，34(21)：2062-2063.

[5] 何婧，吴跃，杨帆，等. 基于KD树和R树的多维云数据索引[J]. 计算机应用，2014，11(3218)：3221-3278.

第5章

决 策 树

5.1 决策树算法概述

5.1.1 决策树算法的基本原理

决策树(Decision Tree)是一种特别简单的机器学习分类算法。决策树的想法来源于人类的决策过程,是在已知各种情况发生概率的基础上通过构成决策树来评价项目风险,判断其可行性的决策分析方法,是直观运用概率分析的一种图解法。由于这种决策分支画成图形很像一棵树的枝干,故称决策树。在机器学习中,决策树是一个预测模型,其代表的是对象属性与对象值之间的一种映射关系。

决策树可看作一个树状预测模型,它是由节点和有向分支组成的层次结构。树中包含3种节点,即根节点、内部节点、叶子节点。决策树只有一个根节点,是全体训练数据的集合。树中每个内部节点都是一个分裂问题:指定了对实例的某个属性的测试,它将到达该节点的样本按照某个特定的属性进行分割,并且该节点的每一个后继分支对应于该属性的一个可能值。每个叶子节点是带有分类标签的数据集合,即为样本所属的分类[1,2,3]。

为了便于读者理解,下面用实例的方法解释各概念及决策树算法的流程。假设一个应用为推断某个孩子是否出门玩耍,其相应的样本属性包括是否晴天、湿度大小、是否刮风,通过前期统计,带标签的数据如表5.1所示,序号1～6的数据为样本数据,序号为7的数据为待分类数据,即判断在该属性数据情况下是否出门。

表 5.1　孩子出门情况统计表

序　号	是否晴天	湿度大小	是否刮风	是否出门(标签)
1	是	大	否	不出门
2	是	小	否	出门
3	是	小	是	不出门
4	否	小	是	不出门
5	否	大	否	出门
6	否	大	是	不出门
7	是	小	否	?

通过表 5.1 建立决策树模型,如图 5.1 所示,从该图中可以看出,首先对数据整体样本(即根节点处)按照某一属性进行决策分支,形成中间节点,之后递归分支,直到样本划分到一类中,即形成叶子节点。对于表 5.1 中序号为 7 的待分类样本,将其代入决策树中,首先按是否晴天进行分支,当其属性值为"是"时,再依据其湿度值为"小",判断是否刮风为"否",可判断该数据划分到"出门"这一类中。

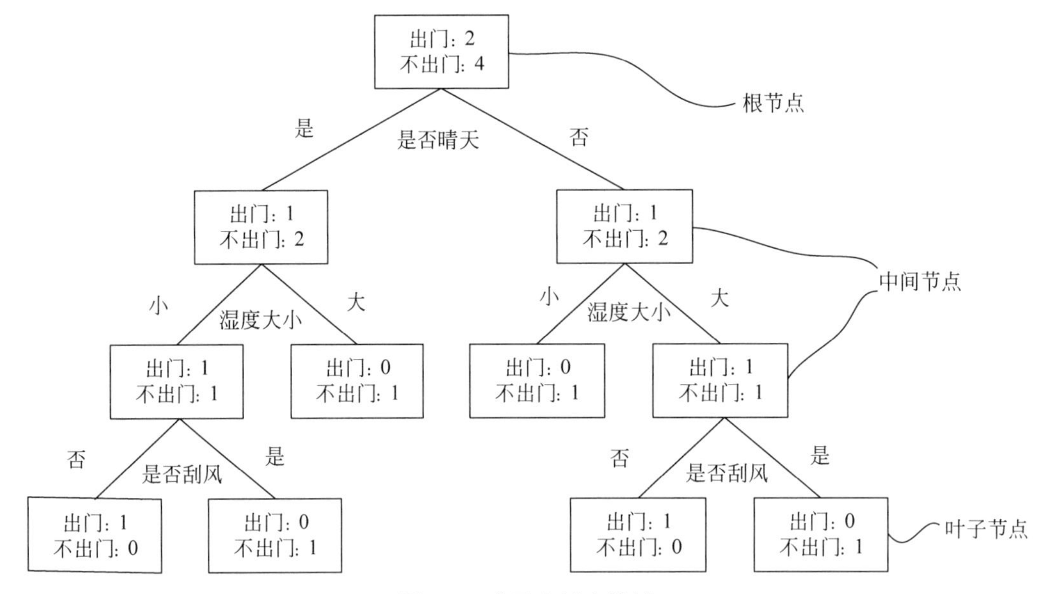

图 5.1　孩子出门决策树

决策树是一种十分常用的分类方法。其通过样本数据学习得到一个树形分类器,对于新出现的待分类样本能够给出正确的分类。对于创建决策树的过程,其步骤如下:

(1) 检测数据集中的每个样本是否属于同一分类。

(2) 如果是,则形成叶子节点,跳转到步骤(5);如果否,则寻找划分数据集的最好特征(5.2 节将介绍方法)。

(3) 依据最好的特征划分数据集,创建中间节点。

(4) 对每一个划分的子集循环步骤(1)、(2)、(3)。

(5) 直到所有的最小子集都属于同一类时即形成叶子节点,则决策树建立完成。

5.1.2 决策树算法的特点

决策树算法的优点如下：

(1) 决策树易于理解和实现,用户在学习过程中不需要了解过多的背景知识,其能够直接体现数据的特点,只要通过适当的解释,用户就能够理解决策树所表达的意义。

(2) 速度快,计算量相对较小,且容易转化成分类规则。只要沿着根节点向下一直走到叶子节点,沿途分裂条件是唯一且确定的。

决策树算法的缺点主要是在处理大样本集时易出现过拟合现象,降低分类的准确性。

5.1.3 决策树剪枝

决策树是一种分类器,使用ID3、C4.5和CART等方法(5.2节介绍)可以通过训练数据构建一个决策树。但是,算法生成的决策树非常详细并且庞大,每个属性都被详细地加以考虑,决策树的叶子节点所覆盖的训练样本都是绝对分类的。因此用决策树对训练样本进行分类时,会发现对于训练样本而言,这个树表现完好,误差率极低,且能够正确地对训练样本集中的样本进行分类。但是,训练样本中的错误数据也会被决策树学习,成为决策树的部分,并且由于过拟合,对于测试数据的表现并不佳,或者极差。

为解决上述出现的过拟合问题,需要对决策树进行剪枝处理。根据剪枝所出现的时间点不同,分为预剪枝和后剪枝。预剪枝是在决策树生成过程中进行的;后剪枝是在决策树生成之后进行的。后者的应用较广泛,而预剪枝具有使树的生长可能过早停止的缺点,因此应用较少。

1. 预剪枝(Pre-Pruning)

预剪枝指在构造决策树的同时进行剪枝。所有决策树的构建方法都是在无法进一步分支的情况下才会停止创建分支的过程,为了避免过拟合,可以设定一个阈值,当信息熵[①]减小到小于这个阈值时,即使还可以继续降低熵,也停止继续创建分支,而将其作为叶子节点。

2. 后剪枝(Post-Pruning)

后剪枝指在决策树构造完成后进行剪枝。剪枝的过程是对拥有同样父节点的一组节点进行检查,依据熵的增加量是否小于某一阈值决定叶子节点是否合并。后剪枝是目前最普遍的做法。

后剪枝的剪枝过程是删除一些子树,然后用其叶子节点代替,这个叶子节点所标识的类别通过大多数原则确定。所谓大多数原则,是指在剪枝过程中将一些子树删除而用叶子节点代替,这个叶子节点所标识的类别用这棵子树中大多数训练样本所属的类别(Majority Class)来标识。

---

① 信息熵,信息论之父克劳德·艾尔伍德·香农用数学语言阐明概率与信息冗余度的关系,5.2节将详细介绍。

比较常见的后剪枝方法有代价复杂度剪枝(Cost Complexity Pruning,CCP)、错误率降低剪枝(Reduced Error Pruning,REP)、悲观剪枝(Pessimistic Error Pruning,PEP)、最小误差剪枝(Minimum Error Pruning,MEP)等。下面介绍前两种剪枝方法,为读者提供一定的剪枝思路。

1) 代价复杂度剪枝(CCP)

CCP 方法的基本思想是从决策树 T_0 通过剪枝的方式不断地修剪决策树,其形成一个子树的序列$\{T_0,T_1,\cdots,T_n\}$。其中 T_{i+1} 是 T_i 通过修剪关于训练数据集误差增加率最小的分支得来。对于决策树 T,假设其误差为 $R(T)$,叶子节点数为 $L(T)$,在节点 t 处修剪后,误差为 $R(T_t)$,叶子节点数为 $L(T_t)$,修剪前后误差增加 $R(T_t)-R(T)$,误差增加率为

$$\alpha=\frac{R(T_t)-R(T)}{L(T)-L(T_t)} \tag{5.1}$$

决策树经过不断修剪,直到误差增加率大于某一设定阈值,则修剪结束。下面利用具体实例进行讲解,假设依靠样本数据形成的决策树如图 5.2 所示。其中 A、B 为样本类,x、y、z 为属性,用 t_i 表示节点位置。

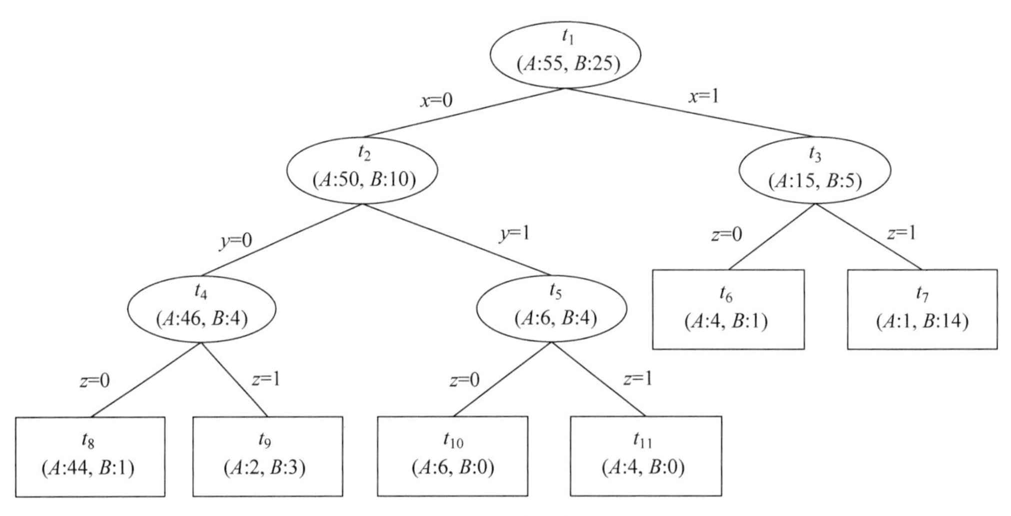

图 5.2 决策树

表 5.2 为图 5.2 所示决策树的剪枝数据的计算过程及结果。

表 5.2 决策树剪枝 α 计算值

T_0	$\alpha(t_4)=0.0125$	$\alpha(t_5)=0.050$	$\alpha(t_2)=0.0292$	$\alpha(t_3)=0.0375$
T_1	$\alpha(t_5)=0.050$	$\alpha(t_2)=0.0292$	$\alpha(t_3)=0.0375$	
T_2	$\alpha(t_3)=0.0375$			

从表 5.2 中可以看出,在原始决策树的 T_0 行,4 个非叶子节点中 t_4 的 α 值最小,因此裁剪 t_4 节点的分支,得到 T_1;在 T_1 行中,虽然 t_2 和 t_3 的 α 值相同,但是裁剪 t_2 能够得到更小的决策树,因此 T_2 是 T_1 裁剪 t_2 分支得到的。当然,假设误差增加率的阈值为

0.03，裁剪节点 t_4，形成决策树 T_1 后，裁剪结束。

2）错误率降低剪枝（REP）

REP 方法是根据错误率进行剪枝，如果决策树修剪前后子树的错误率没有下降，就可以认为该子树是可以修剪的。REP 方法需要用新的数据集进行效果验证。原因是如果用旧的数据集，不可能出现修剪后决策树的错误率比修剪前错误率高的情况。由于使用新的数据集没有参与决策树的构建，因此能够降低训练数据的影响，降低过拟合的程度，提高预测的准确率。

5.1.4 分类决策树与回归决策树

通过上述决策树的讲解，读者对于利用决策树进行分类问题的解决比较容易理解，对于利用决策树处理回归问题往往存在疑惑，下面通过两者的对比理解回归决策树。

以 C4.5 分类决策树为例，C4.5 分类决策树在每次分支时是穷举每个属性的每一个阈值，找到使得按照属性值≤阈值和属性值＞阈值分成的两个分支的熵最大的阈值，按照该标准分支得到两个新节点，用同样的方法继续分支，直到所有样本数据都被分入唯一的叶子节点，或达到预设的终止条件，若最终叶子节点中的标签类别不唯一，则以多数人的性别作为该叶子节点的性别。分类决策树常使用信息增益或增益比率来划分节点；每个节点样本的类别情况通过多数原则决定。

回归决策树的总体流程类似，区别在于，回归决策树的每个节点（不一定是叶子节点）都会得到一个预测值，以年龄为例，该预测值等于属于这个节点的所有人年龄的平均值。分支时穷举每个属性值的每一个阈值找最好的分割点，但衡量最好的标准不再是最大熵，而是最小化均方差。也就是被预测出错的人数越多，错的越离谱，均方差越大，通过最小化均方差能够找到最可靠的分支依据。分支，直到每个叶子节点上人的年龄都唯一或者达到预设的终止条件（例如叶子个数的上限），若最终叶子节点上人的年龄不唯一，则以该节点上所有人的平均年龄作为该叶子节点的预测年龄。回归决策树使用最大均方差划分节点；每个节点样本的均值作为测试样本的回归预测值。

5.2 基于决策树算法的算法改进

在 5.1 节介绍决策树的形成步骤时提到一个概念——数据集的最好特征，它是决策树形成时进行逐层划分的依据。为了描述这个最好特征，需要引入一个重要的概念——信息熵[4]。它是在 1948 年由香农提出的，用于表征信息量大小与其不确定性之间的关系。假设当前样本集合 D 中共包含 n 类样本，其中，第 k 类样本所占的比例为 $p_k(k=1,2,3,\cdots,n)$，则 D 的信息熵的定义为：

$$\mathrm{Info}(D)=-\sum_{k=1}^{n}p_k\log_2 p_k \tag{5.2}$$

对于信息熵 $\mathrm{Info}(D)$，也可以称为信息的混乱程度，其数值越大，表示不确定性越大。

5.2.1 ID3 决策树

ID3 决策树算法是指依据上述的信息熵 $\mathrm{Info}(D)$ 进行分支的算法。为了表征决策树在分支时属性选择的好坏，通过信息增益量(Information Gain)进行表示：

$$\text{Gain}(A)=\text{Info}(D)-\text{Info\_A}(D) \tag{5.3}$$

在该式中，Info(D)表示数据集 D 的信息量，Info_A(D)表示以属性 A 进行划分时得到的节点关于分类标签的信息量。一般而言，信息增益量越大，意味着使用属性 A 进行划分所获得的“纯度提升”越大。因此，可以用信息增益量来进行决策树的划分属性的选择。著名的 ID3 决策树学习算法就是以信息增益量为准则来选择划分属性的[5]。

同样用简单的实例进行讲解，以便读者能够具体地理解 ID3 算法的执行方法。假设样本数据如表 5.3 所示。

表 5.3 客户购买计算机的数据统计表

序号	年龄	收入	学生	信用	购买
1	青年	高	否	差	否
2	青年	高	否	优	否
3	中年	高	否	差	是
4	老年	中	否	差	是
5	老年	低	是	差	是
6	老年	低	是	优	否
7	中年	低	是	优	是
8	青年	中	否	差	否
9	青年	低	是	差	是
10	老年	中	是	差	是
11	青年	中	是	优	是
12	中年	中	否	优	是
13	中年	高	是	差	是
14	老年	中	否	优	否

依据上表数据进行决策树的建立，初学者开始一定迷惑，决策树第一次分支是选择年龄、收入、学生还是信用等级呢？读者在上文中了解了信息增益量这一概念，认为信息增益量大的属性越应该作为样本分支的属性。下面分别计算样本的信息熵 Info(D)以及以某属性进行划分时得到的节点的信息量 Info_A(D)。

$$\text{Info}(D)=-\frac{9}{14}\log_2\frac{9}{14}-\frac{5}{14}\log_2\frac{5}{14}=0.940$$

$$\text{Info\_年龄}(D)=\frac{5}{14}\left(-\frac{2}{5}\log_2\frac{2}{5}-\frac{3}{5}\log_2\frac{3}{5}\right)+\frac{4}{14}\left(-\frac{4}{4}\log_2\frac{4}{4}-\frac{0}{4}\log_2\frac{0}{4}\right)+\frac{5}{14}\left(-\frac{3}{5}\log_2\frac{3}{5}-\frac{2}{5}\log_2\frac{2}{5}\right)=0.694$$

用相同的方法计算 Info_收入(D)=0.911，Info_学生(D)=0.798，Info_信用(D)=0.892，相应的信息增益量分别为 Gain(年龄)=0.246，Gain(收入)=0.029，Gain(学生)=0.151，Gain(信用)=0.048。通过比较大小，可知年龄属性的信息增益量最大，因此这次分支属性选择年龄属性。分支后形成的节点包含的数据作为新的数据集，依据上述方法，以此类推，即可建立整个决策树。

5.2.2　C4.5 决策树

C4.5 是机器学习算法中的一个分类决策树算法，它是决策树核心算法 ID3 的改进算法。

C4.5 决策树在实现决策树分支时，属性的选择是依靠参数“信息增益率”进行选择。信息增益率使用“分类信息值”将信息增益规范化[6]。对于属性 A，信息增益率通过下式进行计算：

$$\text{GainRatio}(A)=\frac{\text{Gain}(A)}{\text{SplitInfo}(A)} \tag{5.4}$$

式中，Gain(A)可通过 5.2.1 节的介绍进行计算，SplitInfo(A)表示分类信息值，其公式如下：

$$\text{SplitInfo}(A)=-\sum_{j=1}^{n}\frac{D_j}{D}\times\log_2\frac{D_j}{D} \tag{5.5}$$

式中，D 表示数据集中的样本个数，n 表示数据集中属性 A 所具有的属性值的个数，j 表示数据集中属性 A 所具有的属性值的标号；D_j 表示数据集中属性 A 的值等于编号 j 对应值的样本的个数。

下面借助 5.2.1 节中表 5.3 的数据对 C4.5 算法进行实例讲解。首先，依据式(5.5)计算。

$$\text{SplitInfo}(年龄)=-\frac{5}{14}\log_2\frac{5}{14}-\frac{4}{14}\log_2\frac{4}{14}-\frac{5}{14}\log_2\frac{5}{14}=1.5774$$

$$\text{SplitInfo}(收入)=-\frac{4}{14}\log_2\frac{4}{14}-\frac{6}{14}\log_2\frac{6}{14}-\frac{4}{14}\log_2\frac{4}{14}=1.5567$$

$$\text{SplitInfo}(学生)=-\frac{7}{14}\log_2\frac{7}{14}-\frac{7}{14}\log_2\frac{7}{14}=1.0$$

$$\text{SplitInfo}(信用)=-\frac{6}{14}\log_2\frac{6}{14}-\frac{8}{14}\log_2\frac{8}{14}=0.9852$$

依据 5.2.1 节计算的 Gain(A)以及式(5.4)，可计算 GainRatio(年龄)＝0.156、GainRatio(收入)＝0.0186、GainRatio(学生)＝0.151、GainRatio(信用)＝0.049。GainRatio(年龄)的信息增益率最大，所以选择这一属性作为进行分支的属性。

C4.5 算法继承了 ID3 算法的优点，并在以下几个方面对 ID3 算法进行了改进：

(1) 用信息增益率来选择属性，克服了用信息增益选择属性时偏向选择取值多的属性的不足。

(2) 在树构造过程中进行剪枝。

(3) 能够完成对连续属性的离散化处理。

(4) 能够对不完整数据进行处理。

C4.5 算法的优点是产生的分类规则易于理解，准确率较高；缺点是在构造树的过程中需要对数据集进行多次顺序扫描和排序，因而导致算法低效。此外，C4.5 算法只适合能够驻留于内存的数据集，当训练集大得无法在内存中容纳时程序无法运行。

5.2.3 分类回归树

分类回归树(Classification And Regression Tree,CART)也属于一种决策树,CART模型最早由 Breiman 等人提出,已经在统计领域和数据挖掘技术中普遍使用。CART 决策树是通过引入 GINI 指数(与信息熵的概念相似)增益 GINI_Gain(A)进行分支时属性的选择[7]。

同样,以表 5.2 中的数据为例进行计算。先以年龄属性为例介绍计算过程,其中,青年群体中有 3 个未购买,两个购买,得到

$$\text{GINI(年龄:青年)}=1-\left[\left(\frac{3}{5}\right)^2+\left(\frac{2}{5}\right)^2\right]=0.48$$

中年群体中 4 个都购买了,得到

$$\text{GINI(年龄:中年)}=1-\left(\frac{4}{4}\right)^2=0$$

老年群体中有 3 个购买,两个未购买,得到

$$\text{GINI(年龄:老年)}=1-\left[\left(\frac{3}{5}\right)^2+\left(\frac{2}{5}\right)^2\right]=0.48$$

对于年龄属性,GINI 指数增益为

$$\text{GINI\_Gain(年龄)}=\frac{5}{14}\times 0.48+\frac{4}{14}\times 0+\frac{5}{14}\times 0.48=0.3429$$

利用同样的方法得到 GINI_Gain(收入)=0.4405,GINI_Gain(学生)=0.3673,GINI_Gain(信用)=0.4048。选择最小的 GINI 指数增益作为分支属性,即选择年龄属性进行分支。

5.2.4 随机森林

随机森林指的是利用多棵决策树(类似一片森林)对样本进行训练并预测的一种分类器。该分类器最早由 Leo Breiman 和 Adele Cutler 提出,并被注册成了商标。在机器学习中,随机森林是一个包含多个决策树的分类器,并且其输出的类别是由个别树输出的类别的众数而定。这个方法则是结合 Breimans 的"Bootstrap aggregating"想法和 Ho 的"random subspace method"来建造决策树的集合。

5.3 决策树算法的 Python 实现

下面通过 Python 的实例方法演示决策树算法的具体应用。本章例子为鸢尾花的分类问题。鸢尾花有 3 种不同的类别,分别为 Iris Setosa、Iris Versicolour、Iris Virginica,可以根据它们的 4 个特征进行区分,分别为萼片长度、萼片宽度、花瓣长度、花瓣宽度。

读者可以通过 UCI 机器学习数据集网站下载鸢尾花数据集,网址为 https://archive.ics.uci.edu/ml/datasets/iris。为了方便,本节直接使用 scikit-learn 导入该数据集。scikit-learn 是 Python 语言中专门针对机器学习应用发展起来的一款开源框架。用户不仅可以通过 scikit-learn 导入数据集,还可以直接调用该框架集成好的决策树算法函

数——DecisionTreeClassifier()。在 DecisionTreeClassifier()函数中包含了 4 个参数，分别如下。

- criterion = gini/entropy：可以选择用基尼指数或者熵来做损失函数。
- splitter = best/random：用来确定每个节点的分裂策略，支持“最佳”或者“随机”。
- max_depth = int：用来控制决策树的最大深度，防止模型出现过拟合。
- min_samples_leaf = int：用来设置叶子节点上的最少样本数量，用于对树进行修剪。

具体代码如下(Dectree.py)：

```
#采用决策树算法对鸢尾花数据集进行分类训练和测试
#使用 scikit-learn 框架导入数据集
from sklearn import datasets
#直接导入的数据集分布不均，是按顺序排列的，这会影响训练效果，因此用 train_test_split
#将数据的顺序打乱并拆分成训练集和测试集
from sklearn.model_selection import cross_val_score
from sklearn.model_selection import train_test_split
#数据初始化函数，即数据的获取以及训练集和测试集的划分
def init_data():
   #加载 iris 数据集
   iris = datasets.load_iris()
   #获得 iris 的特征数据，即输入数据
   iris_feature = iris.data
   #获得 iris 的目标数据，即标签数据
   iris_target = iris.target
   #将数据集打乱并划分测试集和训练集，test_size = 0.3 表示将整个数据的 30% 作为测试
   #集，其余 70% 作为训练集；random_state 为数据集打乱的程度
   feature_train, feature_test, target_train, target_test = train_test_split(iris_
feature, iris_target, test_size = 0.3, random_state = 42)
   return feature_train, feature_test, target_train, target_test
#主函数
if __name__ == '__main__':
   #获得数据
   feature_train, feature_test, target_train, target_test = init_data()
   #导入决策树分类函数
   from sklearn.tree import DecisionTreeClassifier
   #所有分类参数均设置为默认
   dt_model = DecisionTreeClassifier()
   #使用训练集训练模型
   dt_model.fit(feature_train,target_train)
   #用训练好的模型对测试集进行预测
   predict_results = dt_model.predict(feature_test)
   #导入评估方法
   from sklearn.metrics import accuracy_score
   #对测试的准确率进行评估
   print(accuracy_score(predict_results, target_test))
```

最后在终端输入"python Dectree. py"。

得到如下输出：

```
0.98
```

即测试的鸢尾花识别率为98%。输出结果可能是0.95～1.00的任意值，多次操作可能得到不同的结果，这取决于打乱数据以及划分训练和测试数据的随机性。

本章参考文献

[1] 刘小虎，李生. 决策树的优化算法[J]. 软件学报，1998，9(10)：797-800.

[2] 栾丽华，吉根林. 决策树分类技术研究[J]. 计算机工程，2004，30(9)：94-96.

[3] 周志华. 机器学习[M]. 北京：清华大学出版社，2016.

[4] 冯少荣. 决策树算法的研究与改进[J]. 厦门大学学报：自然科学版，2007，46(4)：496-500.

[5] 曲开社，成文丽，王俊红. ID3算法的一种改进算法[J]. 计算机工程与应用，2003，39(25)：104-107.

[6] 冯帆，徐俊刚. C4.5决策树改进算法研究[J]. 电子技术，2012，39(6)：1-4.

[7] 张立彬，张其前. 基于分类回归树（CART）方法的统计解析模型的应用与研究[J]. 浙江工业大学学报，2002，30(4)：315-318.

第 6 章

支持向量机

6.1 支持向量机算法概述

6.1.1 支持向量机概述

支持向量机(Support Vector Machine,SVM)是近年来受到广泛关注的一类机器学习算法,以统计学习理论(Statistical Learning Theory,SLT)为基础,由 Corinna Cortes 和 Vapnik 等于 1995 年首先提出,它在解决小样本、非线性及高维模式识别中表现出许多特有的优势,并能够推广应用到函数拟合等其他机器学习问题中。支持向量机可以分析数据、识别模式、分类和进行回归分析。

支持向量机算法在解决小样本模式识别中具有较强优势,并不是说样本的绝对数量少(实际上,对任何算法来说,更多的样本几乎总能带来更好的效果),而是说与问题的复杂度比起来,SVM 算法要求的样本数是相对比较少的。SVM 算法擅长应对样本数据线性不可分的情况,主要通过引用核函数技术来实现。

支持向量机将向量映射到一个更高维的空间,在这个空间里建立一个最大间隔的超平面①。在分开数据的超平面的两边建有两个互相平行的临界超平面,建立方向合适的分隔超平面将使两个与之平行的超平面间的距离最大化。其假定平行超平面间的距离或差距越大,分类器的总误差越小。

所以,支持向量机主要有以下几方面的优点:

---

① 机器学习过程中的数据点是 n 维实空间中的点。一般希望能够把这些点通过一个 $n-1$ 维的超平面分开,通常这被称为线性分类器,有很多分类器都符合这个要求。但是还希望找到分类最佳的平面,即使得属于两个不同类的数据点间隔最大的那个面,该面也称为最大间隔超平面。

(1) 算法专门针对有限样本设计,其目标是获得现有信息下的最优解,而不是样本趋于无穷时的最优解。

(2) 算法最终转化为求解一个凸二次规划问题,因而能求得理论上的全局最优解,解决了一些传统方法无法避免的局部极值问题。

(3) 算法将实际问题通过非线性变换映射到高维特征空间,在高维特征空间中构造线性最佳逼近来解决原空间中的非线性逼近问题。这一特殊性质保证了学习机器具有良好的泛化能力,同时巧妙地解决了维数灾难问题,特别值得注意的是支持向量机算法复杂性与数据维数无关[1]。

6.1.2 支持向量机算法及推导

1. SVM 数学模型的建立

支持向量机是一种通用机器学习算法,是统计学习理论的一种实现方法,其能够较好地实现结构风险最小化思想。将输入向量映射到一个高维的特征空间,并在该特征空间中构造最优分类面,能够避免在多层前向网络中无法克服的一些缺点,并且理论证明当选用合适的映射函数时,大多数输入空间线性不可分的问题在特征空间可以转化为线性可分的问题来解决。但是,在低维输入空间向高维特征空间映射的过程中,由于空间维数急速增长,这使得在大多数情况下难以在特征空间直接计算最佳分类平面。支持向量机通过定义核函数(Kernel Function),巧妙地利用原空间的核函数取代高维特征空间中的内积运算,即 $K(x_i, x_j)=\varphi(x_i)\cdot\varphi(x_j)$,避免了维数灾难。具体做法是通过非线性映射把样本向量映射到高维特征空间,在特征空间中维数足够大,使得原空间数据的像具有线性关系,然后在特征空间中构造线性最优决策函数,如图 6.1 所示。

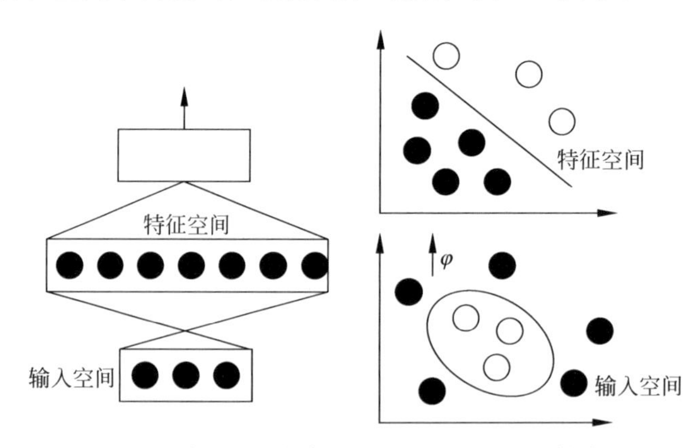

图 6.1 输入空间与高维特征空间之间的映射关系

支持向量机具有坚实的数学理论基础,是专门针对小样本学习问题提出的。从理论上来说,由于采用了二次规划寻优,所以可以得到全局最优解,解决了在神经网络中无法避免的局部极小问题。由于采用了核函数,巧妙地解决了维数问题,使得算法复杂度与样本维数无关,非常适合于处理非线性问题。另外,支持向量机应用了结构风险最小化原则,因而支持向量机具有非常好的推广能力[2]。

给定训练样本集 $\boldsymbol{D}=\{(\boldsymbol{x}_1,y_1),(\boldsymbol{x}_2,y_2),\cdots,(\boldsymbol{x}_m,y_m)\}$，$y_i\in\{-1,+1\}$，分类学习最基本的想法就是基于训练集 $\boldsymbol{D}$ 在样本空间中找到一个划分超平面，将不同类别的样本分开。但能将训练样本分开的划分超平面可能有很多，如图 6.2 所示，哪一个才是最优的？应该选择哪一个？

从直观上看，应该去找位于两类训练样本"正中间"的划分超平面，即图 6.2 最中间较粗的那个，因为该划分超平面对训练样本局部扰动的处理最好。例如，由于训练集的局限性或者噪声的因素，训练集外的样本可能比图 6.2 中的训练样本更接近两个类的分割界，这将使许多划分超平面出现错误，而中间的超平面受的影响最小。

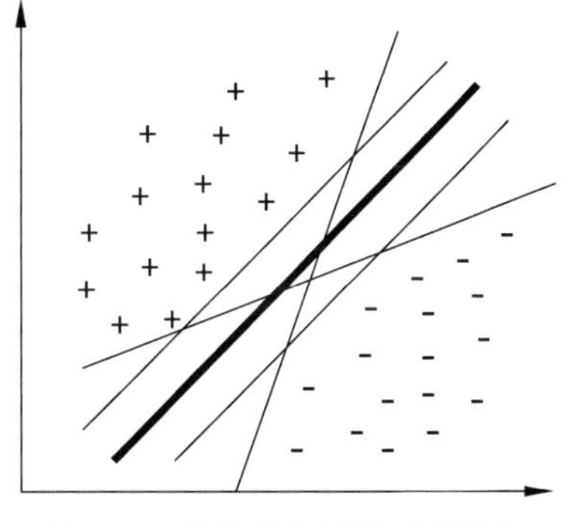

图 6.2 多个划分超平面将两类训练样本分开

在样本空间中，划分超平面可通过以下线性方程来描述：

$$\boldsymbol{w}^{\mathrm{T}}\boldsymbol{x}+b=0 \tag{6.1}$$

其中，$\boldsymbol{w}^{\mathrm{T}}=(w_1,w_2,\cdots,w_n)$为法向量，决定了超平面的方向；$b$ 为位移项，是一个标量常数，决定了超平面与原点之间的距离。显然，划分超平面可被法向量 $\boldsymbol{w}$ 和位移 b 确定，下面将其记为$(\boldsymbol{w},b)$。样本空间中任意点 $\boldsymbol{x}_i$ 到超平面$(\boldsymbol{w},b)$的距离可写为：

$$\gamma=\frac{|\boldsymbol{w}^{\mathrm{T}}\boldsymbol{x}_i+b|}{\|\boldsymbol{w}\|} \tag{6.2}$$

其中，$\|\cdot\|$表示二范数。假设超平面$(\boldsymbol{w},b)$能将训练样本正确分类，即对于$(\boldsymbol{x}_i,y_i)\in\boldsymbol{D}$，若 $y_i=+1$，则有 $\boldsymbol{w}^{\mathrm{T}}\boldsymbol{x}_i+b>0$；若 $y_i=-1$，则有 $\boldsymbol{w}^{\mathrm{T}}x_i+b<0$。

为了能够求出最大间隔的超平面，希望能够用$(\boldsymbol{w},b)$表示临界超平面，这样有助于进行求解。由于超平面满足式(6.1)，所以必然满足：

$$\zeta\boldsymbol{w}^{\mathrm{T}}\boldsymbol{x}+\zeta b=0$$

此时必然存在 ζ 使临界超平面能够建立等式方程，从而进行方程表示：

$$\zeta\boldsymbol{w}^{\mathrm{T}}\boldsymbol{x}+\zeta b=1,\text{当 } y_i=+1 \text{ 时}$$

$$\zeta\boldsymbol{w}^{\mathrm{T}}\boldsymbol{x}+\zeta b=-1,\text{当 } y_i=-1 \text{ 时}$$

将 $\zeta\boldsymbol{w}$ 重新定义为 $\boldsymbol{w}$，将 ζb 重新定义为 b。

如图 6.3 所示，令

$$\begin{cases}\boldsymbol{w}^{\mathrm{T}}\boldsymbol{x}_i+b\geqslant 1, & \text{当 } y_i=+1 \text{ 时}\\ \boldsymbol{w}^{\mathrm{T}}\boldsymbol{x}_i+b\leqslant -1, & \text{当 } y_i=-1 \text{ 时}\end{cases} \tag{6.3}$$

距离超平面最近的这几个训练样本点(也就是位于临界超平面上的点)使式(6.3)的等号成立，它们被称为"支持向量"(Support Vector)，两个异类支持向量到超平面的距离之和为：

$$\gamma=\frac{2}{\|\boldsymbol{w}\|} \tag{6.4}$$

$$\text{s.t. } y_i(\boldsymbol{w}^{\mathrm{T}}\boldsymbol{x}_i+b)\geqslant 1 \quad i=1,2,\cdots,m$$

γ 被称为"间隔"(margin),式中 s. t. 表示满足某种条件,m 表示样本数,$y_i(\boldsymbol{w}^{\mathrm{T}}\boldsymbol{x}_i+b)\geqslant 1$ 是对式(6.3)的一个变形,同样也可以用式(6.3)表示。

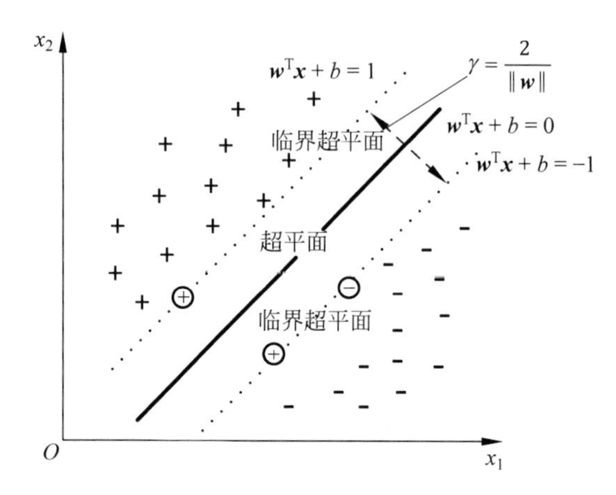

图 6.3 支持向量机与间隔

要找到具有"最大间隔"的划分超平面,也就是要找到能满足式(6.4)中约束的参数 $\boldsymbol{w}$ 和 b,使得 γ 最大,则仅需最大化 $\|\boldsymbol{w}\|^{-1}$,这等价于最小化 $\|\boldsymbol{w}\|^2$,所以得到

$$\min_{\boldsymbol{w},b}\frac{1}{2}\|\boldsymbol{w}\|^2 \tag{6.5}$$

$$\text{s.t. } y_i(\boldsymbol{w}^{\mathrm{T}}\boldsymbol{x}_i+b)\geqslant 1 \quad i=1,2,\cdots,m$$

这是支持向量机的基本型。希望求解式(6.5)得到最大间隔划分超平面所对应的模型,令

$$f(\boldsymbol{x})=\boldsymbol{w}^{\mathrm{T}}\boldsymbol{x}+b \tag{6.6}$$

其中,$\boldsymbol{w}$ 和 b 是模型参数。

2. 拉格朗日乘数法

注意到式(6.5)本身是一个凸二次规划问题,能直接用现成的优化计算方法求解,也可以通过如下的拉格朗日乘数法进行高效求解。拉格朗日乘数法(Lagrange Multiplier)和 KKT(Karush-Kuhn-Tucker)条件是求解约束优化问题的重要方法,在有等式约束时使用拉格朗日乘数法,在有不等式约束时使用 KKT 条件。前提是只有当目标函数为凸函数时,使用这两种方法才能保证求得的是最优解。具体来说,对式(6.5)的每条约束添加拉格朗日乘数 $C\geqslant\alpha_i\geqslant 0$,其中 C 称为惩罚系数,由用户自己设定。该问题的拉格朗日函数可写为:

$$\boldsymbol{L}(\boldsymbol{w},b,\boldsymbol{\alpha})=\frac{1}{2}\|\boldsymbol{w}\|^2+\sum_{i=1}^{m}\alpha_i\left[1-y_i(\boldsymbol{w}^{\mathrm{T}}\boldsymbol{x}_i+b)\right] \tag{6.7}$$

其中,$\boldsymbol{\alpha}=(\alpha_1,\alpha_2,\cdots,\alpha_m)$。此时求取 $\boldsymbol{L}(\boldsymbol{w},b,\boldsymbol{\alpha})$ 的极大值,就是式(6.5)的极小值。为了求取极值,令 $\boldsymbol{L}(\boldsymbol{w},b,\boldsymbol{\alpha})$ 对 $\boldsymbol{w}$ 和 b 的偏导为 0 可得:

$$w=\sum_{i=1}^{m}\alpha_i y_i \boldsymbol{x}_i \tag{6.8}$$

$$0=\sum_{i=1}^{m}\alpha_i y_i \tag{6.9}$$

将式(6.8)和式(6.9)代入式(6.7)，即可将 $\boldsymbol{L}(\boldsymbol{w},b,\boldsymbol{\alpha})$ 中的 $\boldsymbol{w}$ 和 b 消去，得到式(6.6)极值的另一种表示形式，也就得到了其对偶问题(用极大值表示极小值，或者用极小值表示极大值)的表达形式：

$$\max_{\boldsymbol{\alpha}}\left(\sum_{i=1}^{m}\alpha_i-\frac{1}{2}\sum_{i=1}^{m}\sum_{j=1}^{m}\alpha_i\alpha_j y_i y_j \boldsymbol{x}_i^{\mathrm{T}}\boldsymbol{x}_j\right) \tag{6.10}$$

$$\text{s. t.}\ \sum_{i=1}^{m}\alpha_i y_i=0$$

解出$\boldsymbol{\alpha}$ 后，求出 $\boldsymbol{w}$ 和 b 即可得到模型

$$f(\boldsymbol{x})=\boldsymbol{w}^{\mathrm{T}}\boldsymbol{x}+b=\sum_{i=1}^{m}\alpha_i y_i \boldsymbol{x}_i^{\mathrm{T}}\boldsymbol{x}+b \tag{6.11}$$

从对偶问题(6.10)中解出的 α_i 是拉格朗日的乘数，它与训练样本相对应。式(6.5)中的约束在求解 α_i 的过程中同样需要满足，从而求解过程需要满足的 KKT 条件为：

$$\begin{cases}\alpha_i\geqslant 0\\ y_i f(\boldsymbol{x}_i)-1\geqslant 0\\ \alpha_i[y_i f(\boldsymbol{x}_i)-1]=0\end{cases}$$

对于任意训练样本$(\boldsymbol{x}_i,y_i)$，总有 $\alpha_i=0$ 或者 $y_i f(\boldsymbol{x}_i)=1$。若 $\alpha_i=0$，则该样本将不会在式(6.11)的求和中出现，也不会对 $f(\boldsymbol{x})$有任何影响；若 $\alpha_i>0$，则必须有 $y_i f(\boldsymbol{x}_i)=1$，对应的样本是位于临界超平面上的点，此处点的属性值 $\boldsymbol{x}_i$ 被称为支持向量。可以看出训练时仅有位于临界超平面的点对训练的模型有影响。

下面将详细讲解如何求解$\boldsymbol{\alpha}$，从上一段的求解可知$\boldsymbol{\alpha}$ 的形式将是一个包含大量 0 的向量，在向量中同时会存在部分 α_i 不为 0，这些 α_i 对应的样本则是位于临界超平面上。将这些点代入式 $y_i(\boldsymbol{w}^{\mathrm{T}}\boldsymbol{x}_i+b)=1$ 中等号必然成立，但是不能作为求解 $\boldsymbol{w}$ 和 b 的充分必要条件。

3. 用 SMO 算法求解拉格朗日乘数

使用 1998 年由 Platt 提出的序列最小最优化算法(Sequential Minimal Optimization，SMO)可以高效地解决上述求解$\boldsymbol{\alpha}$ 的问题，它将原本求解 m 个参数的二次规划问题分解为很多个子二次规划分别进行求解，每个问题只需要求解两个参数即可，节省了计算时间，且降低了内存需求。下面对其进行详细的介绍。

依据式(6.9)可知，当假设某一个 α_i 未知，其他 α_i 为固定值时，可通过式(6.9)直接计算出 α_i。此时，假设选择 α_a 和 α_b 两个参数，且其他 α_i 固定，$\alpha_a y_a+\alpha_b y_b=\mathrm{Con}$。其中，Con 为常数，$0<a,b<m$。在编写程序时，上面的表述是指需要对$\boldsymbol{\alpha}$ 的初始值进行设置，且设置的初始值满足约束要求，之后依据 α 的初始值计算出 b 的初始值，再根据 SMO

算法进行迭代求解。

为了更好地理解，假设选择 α_1 和 α_2 作为可变的参数，也就是要对 α_1 和 α_2 在原有值的基础上进行一次迭代，从而进一步优化，类似于在三维曲面上求极值点（两个值为变量，其他值为固定值，求目标函数的极值）。其他参数 α_3、α_4、$\cdots\alpha_n$ 为固定参数，可将目标函数式(6.10)简化为只包含 α_1 和 α_2 的二元函数，化简后如下：

$$\max(\varphi(\alpha_1,\alpha_2))=$$

$$\max\left(\alpha_1+\alpha_2-\frac{1}{2}K_{11}\alpha_1^2-\frac{1}{2}K_{22}\alpha_2^2-y_1y_2K_{12}\alpha_1\alpha_2-y_1v_1\alpha_1-y_2v_2\alpha_2-\Delta\right) \tag{6.12}$$

其中，$v_i=\sum_{j=3}^{m}\alpha_jy_jK_{ij}, i=1,2$；$K_{ij}=\boldsymbol{x}_i^{\mathrm{T}}\boldsymbol{x}_j, i=1,2$；$j=3,4,\cdots,n$；$\alpha_1y_1+\alpha_2y_2=\Delta$。

将 $\alpha_1y_1+\alpha_2y_2=\Delta$ 转化为 $\alpha_1=(\Delta-\alpha_2y_2)y_1$，并代入式(6.12)中，则得到一个仅关于 α_2 的一元函数，由于在求极值过程中常数项不影响求解，所以在下式中将省略 Δ 项，得到：

$$\max(\varphi(\alpha_2))=\max\Big((\Delta-\alpha_2y_2)y_1+\alpha_2-\frac{1}{2}K_{11}(\Delta-\alpha_2y_2)^2-\frac{1}{2}K_{22}\alpha_2^2-$$

$$y_2K_{12}(\Delta-\alpha_2y_2)\alpha_2-v_1(\Delta-\alpha_2y_2)-y_2v_2\alpha_2\Big) \tag{6.13}$$

上式为仅关于 α_2 的函数，对上式求导并令其为0得：

$$\frac{\partial\varphi(\alpha_2)}{\partial\alpha_2}=1-(K_{11}+K_{22}-2K_{12})\alpha_2+K_{11}\Delta y_2-K_{12}\Delta y_2-y_1y_2+v_1y_2-v_2y_2=0 \tag{6.14}$$

由上式计算求得 α_2 的解，代入式 $\alpha_1=(\Delta-\alpha_2y_2)y_1$ 中可得 α_1 的解，分别标记为 α_1^{new} 和 α_2^{new}。可假设优化前的解为 α_1^{old} 和 α_2^{old}，由于满足约束等式(6.9)，所以

$$\alpha_1^{\text{old}}y_1+\alpha_2^{\text{old}}y_2=-\sum_{i=3}^{n}\alpha_iy_i=\alpha_1^{\text{new}}y_1+\alpha_2^{\text{new}}y_2=\Delta \tag{6.15}$$

依据原有的 α 和 b 的值，可计算出此时样本 $\boldsymbol{x}_i$ 对应的预测值为 $f(\boldsymbol{x}_i)$，y_i 表示样本 $\boldsymbol{x}_i$ 的真实值，定义 E_i 表示预测值与真实值之间的差值：

$$E_i=f(\boldsymbol{x}_i)-y_i \tag{6.16}$$

由于 $v_i=\sum_{j=3}^{m}\alpha_jy_jK_{ij}, i=1,2$，所以

$$v_1=f(\boldsymbol{x}_1)-\sum_{j=1}^{2}\alpha_jy_jK_{1j}-b \tag{6.17}$$

$$v_2=f(\boldsymbol{x}_2)-\sum_{j=1}^{2}\alpha_jy_jK_{2j}-b \tag{6.18}$$

将式(6.15)、式(6.17)、式(6.18)代入式(6.14)中，由于此时 α_2^{new} 未考虑约束，所以标记为 $\alpha_2^{\text{new,un}}$，化简得：

$$(K_{11}+K_{22}-2K_{12})\alpha_2^{\text{new,un}}=(K_{11}+K_{22}-2K_{12})\alpha_2^{\text{old}}+y_2[y_2-y_1+f(\boldsymbol{x}_1)-f(\boldsymbol{x}_2)] \tag{6.19}$$

将式(6.16)代入式(6.19)中，得

$$\alpha_2^{\text{new,un}}=\alpha_2^{\text{old}}+\frac{y_2(E_1-E_2)}{\eta} \tag{6.20}$$

其中，$\eta=K_{11}+K_{22}-2K_{12}$。

上述求解未考虑的约束条件包括：

$$\begin{cases}0\leqslant\alpha_1,\alpha_2\leqslant C\\ \alpha_1y_1+\alpha_2y_2=\Delta\end{cases}$$

在二维平面上直观地表达上述两个约束条件，如图6.4所示，其中k可根据y_1、y_2和Δ求出。

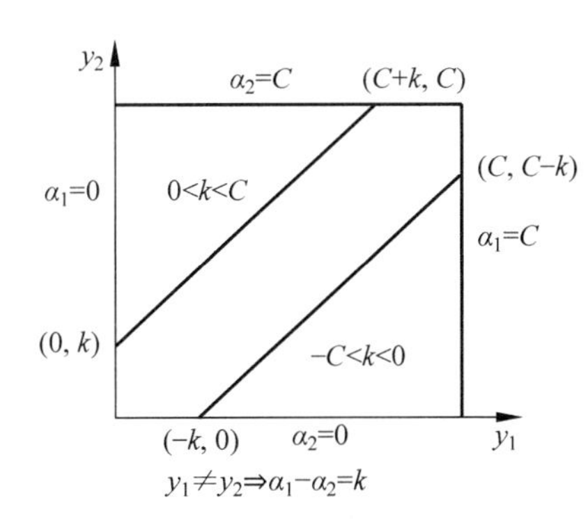

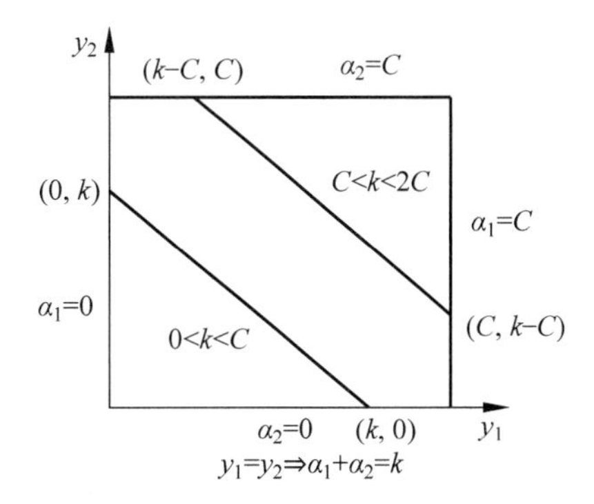

图6.4　k值求解的参考示意图

最优解必须在方框内，且在直线上取得，可定义$L\leqslant\alpha_2^{\text{new}}\leqslant H$。

当$y_1\neq y_2$时，$L=\max(0,\alpha_2^{\text{old}}-\alpha_1^{\text{old}})$；$H=\min(C,C+\alpha_2^{\text{old}}-\alpha_1^{\text{old}})$。

当$y_1=y_2$时，$L=\max(0,\alpha_2^{\text{old}}+\alpha_1^{\text{old}}-C)$；$H=\min(C,\alpha_2^{\text{old}}+\alpha_1^{\text{old}})$。

经过约束后，得到的最优解可记为α_2^{new}：

$$\alpha_2^{\text{new}}=\begin{cases}H, & \alpha_2^{\text{new,un}}>H\\ \alpha_2^{\text{new,un}}, & L\leqslant\alpha_2^{\text{new,un}}\leqslant H\\ L, & \alpha_2^{\text{new,un}}<L\end{cases}$$

依据式(6.15)可得α_1^{new}的求解公式：

$$\alpha_1^{\text{new}}=\alpha_1^{\text{old}}+y_1y_2(\alpha_2^{\text{old}}-\alpha_2^{\text{new}})$$

对式(6.13)求二阶导数，依据二阶导数值，可知函数的极大值状况。式(6.13)的二阶导数恰好为$\eta=K_{11}+K_{22}-2K_{12}$。

当$\eta<0$时，目标函数没有极小值，极值在定义域的边界处取得；当$\eta=0$时，目标函数为单调函数，极值在定义域的边界处取得。

4. 阈值 b 的计算

每完成对两个变量的优化后，对 b 值进行一次更新，因为 b 的值同样关系到 $f(\boldsymbol{x})$ 的计算，从而关系到 E_i 的计算。

如果 $0<\alpha_1^{new}<C$，由 KKT 条件可知，此时必须满足 $y_1(\boldsymbol{w}^T\boldsymbol{x}_1+b)=1$，将其两边同时乘以 y_1 变形为：

$$\sum_{i=1}^{m}\alpha_i y_i K_{i1}+b=y_1$$

从而得到：

$$b_1^{new}=y_1-\sum_{i=3}^{m}\alpha_i y_i K_{i1}-\alpha_1^{new}y_1K_{11}-\alpha_2^{new}y_2K_{21} \tag{6.21}$$

结合式(6.16)，可得：

$$y_1-\sum_{i=3}^{m}\alpha_i y_i K_{i1}=-E_1-\alpha_1^{old}y_1K_{11}+\alpha_2^{old}y_2K_{21}+b^{old} \tag{6.22}$$

将式(6.22)代入式(6.21)中，得：

$$b_1^{new}=-E_1-y_1K_{11}(\alpha_1^{new}-\alpha_1^{old})-y_2K_{21}(\alpha_2^{new}-\alpha_2^{old})+b^{old} \tag{6.23}$$

同理，如果 $0<\alpha_2^{new}<C$，则：

$$b_2^{new}=-E_2-y_1K_{12}(\alpha_1^{new}-\alpha_1^{old})-y_2K_{22}(\alpha_2^{new}-\alpha_2^{old})+b^{old} \tag{6.24}$$

由于上述的推导假设 $0<\alpha_1^{new}<C$ 和 $0<\alpha_2^{new}<C$，也就意味着求出的编号为 1 和 2 的样本在临界超平面上，对应求出的 b_1^{new} 和 b_2^{new} 即为超平面的 b^{new}，三者满足 $b^{new}=b_1^{new}=b_2^{new}$。

如果同时不满足 $0<\alpha_1^{new}<C$，$0<\alpha_2^{new}<C$，则选择 b_1^{new} 和 b_2^{new} 的中值作为 b^{new} 的取值。因为并不知道最优的 b^{new} 是更偏向于 b_1^{new} 还是 b_2^{new}，类似于在区间[b_1^{new}，b_2^{new}]内求解最优的 b^{new}（当然 b^{new} 有可能不在此区间内），此时需要采用一定的方式逼近最优的 b^{new}，取中值的做法类似于数值最优化方法中的二分法优化方法。

以上完成了对 α_1、α_2 和 b 的一次更新，循环多次得到取得极值点时的 α_1、α_2 和 b，然后选择另外两个 α_i 参数，进行 α_i 和 b 的更新，直到所有 α_i 和 b 更新至满足终止条件为止，如更新次数达到设定值、推导的模型满足一定的误差率等。通过已经得到的 $\boldsymbol{\alpha}$，利用式(6.8)可直接得到 $\boldsymbol{w}$，即得到了式(6.6)的 SVM 算法模型。

6.1.3 支持向量机的核函数

在前面的讨论中，假设训练样本是线性可分的，即存在一个划分超平面能将训练样本正确分类。然而在现实任务中，原始样本空间内也许并不存在一个能正确划分两类样本的超平面。例如图 6.5 中的问题就不是线性可分的。

对于这样的问题，可将样本从原始空间映射到一个更高维的特征空间，使得样本在这个特征空间内线性可分。例如在图 6.5 中，若将原始的二维空间映射到一个合适的三维空间，就能找到一个合适的划分超平面。

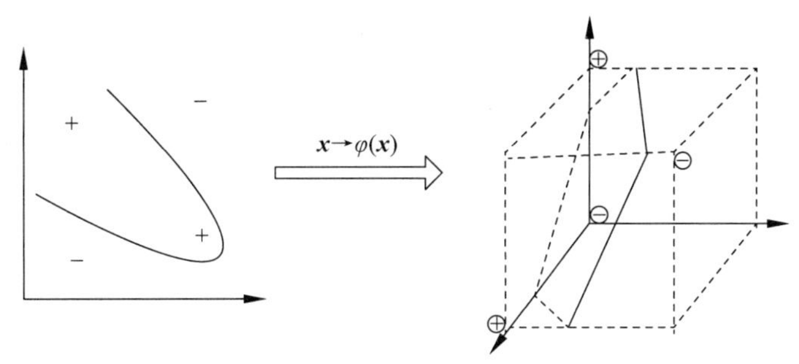

图 6.5　非线性映射

令 $\varphi(\boldsymbol{x})$ 表示将 $\boldsymbol{x}$ 映射后的特征向量，于是在特征空间中划分超平面所对应的模型可表示为

$$f(\boldsymbol{x})=\boldsymbol{w}^{\mathrm{T}}\varphi(\boldsymbol{x})+b \tag{6.25}$$

其中，$\boldsymbol{w}$ 和 b 是模型参数。有如下关系式：

$$\min_{\boldsymbol{w},b}\frac{1}{2}\|\boldsymbol{w}\|^2 \tag{6.26}$$

$$\text{s.t. } y_i\left[\boldsymbol{w}^{\mathrm{T}}\varphi(\boldsymbol{x}_i)+b\right]\geqslant 1,\quad i=1,2,\cdots,m$$

直接求解映射到特征空间之后的关系式是困难的，其对偶问题的目标函数为：

$$\max_{\boldsymbol{\alpha}}\sum_{i=1}^{m}\alpha_i-\frac{1}{2}\sum_{i=1}^{m}\sum_{j=1}^{m}\alpha_i\alpha_j y_i y_j\varphi(\boldsymbol{x}_i)^{\mathrm{T}}\varphi(\boldsymbol{x}_j) \tag{6.27}$$

其中，$\boldsymbol{\alpha}$ 为每条约束添加的拉格朗日乘数，$\boldsymbol{\alpha}=(\alpha_1,\alpha_2,\cdots,\alpha_m)$，$\alpha_i\geqslant 0(i=1,2,\cdots,m)$。由于求解 $\varphi(\boldsymbol{x}_i)^{\mathrm{T}}\varphi(\boldsymbol{x}_j)$ 是困难的，所以设想这样一个函数：

$$K(\boldsymbol{x}_i,\boldsymbol{x}_j)=\varphi(\boldsymbol{x}_i)^{\mathrm{T}}\varphi(\boldsymbol{x}_j) \tag{6.28}$$

这样就不用去计算高维特征空间中的内积，只需通过函数 $K(\cdot,\cdot)$ 计算结果即可。这里的函数 $K(\cdot,\cdot)$ 就是"核函数"[3]。

下面是常用的核函数。

(1) 线性核函数：$K(\boldsymbol{x}_i,\boldsymbol{x}_j)=\boldsymbol{x}_i^{\mathrm{T}}\boldsymbol{x}_j$

(2) 多项式核函数：$K(\boldsymbol{x}_i,\boldsymbol{x}_j)=(\boldsymbol{x}_i^{\mathrm{T}}\boldsymbol{x}_j+1)^q$

(3) 高斯核函数：$K(\boldsymbol{x}_i,\boldsymbol{x}_j)=\exp\left(-\dfrac{\|\boldsymbol{x}_i-\boldsymbol{x}_j\|^2}{g^2}\right)$

(4) Sigmoid 核函数：$K(\boldsymbol{x}_i,\boldsymbol{x}_j)=\tanh\left[\beta(\boldsymbol{x}_i^{\mathrm{T}}\boldsymbol{x}_j)+c\right]$

(5) 径向基核函数：$K(\boldsymbol{x}_i,\boldsymbol{x}_j)=\exp(-\gamma\|\boldsymbol{x}_i-\boldsymbol{x}_j\|^2)$，$\gamma>0$

其中，q、g、β、c、γ 为核参数，虽然 Sigmoid 核不是正定核，但在实际应用中发现它很有效。高斯核的泛化性能好，因此是目前使用最广泛的核函数。随着科研工作的不断深入以及应用性研究的推广，针对不同问题，核函数的选择也越来越广泛[4]。

6.2　改进的支持向量机算法

支持向量机(SVM)是数据分类的强大工具，传统的标准 SVM 需要求解一个二次规划问题，往往速度很慢且存在维数灾难，计算复杂度又高。为保证一定的学习精度和速度，本节介绍在处理不等式约束时用等式约束代替求解的最小二乘支持向量机算法(LSSVM)。

最小二乘支持向量机算法(Least Square Support Vector Machine, LSSVM)是Suykens和Vandewalb在1999年提出的一种支持向量机的变形算法。最小二乘算法在数学中通常代表分量差的平方和，所以这两位学者按照最小二乘的公式形式将支持向量机的优化公式进行变形，以期望得到更好的结果，而试验中恰好证明了这一点。

首先建立以下分类问题求解方程：

$$\min_{\boldsymbol{w},b,\boldsymbol{e}} F(\boldsymbol{w},b,\boldsymbol{e})=\frac{1}{2}\boldsymbol{w}^{\mathrm{T}}\boldsymbol{w}+\frac{1}{2}\gamma\sum_{i=1}^{m}e_i^2 \tag{6.29}$$

其中，$\boldsymbol{e}=(e_1,e_2,\cdots,e_m)$为偏差向量，$\gamma$ 表示权重，人为设定参数，用于保证寻找最优超平面时偏差量的影响最小，式(6.29)满足等价约束条件：

$$y_i[\boldsymbol{w}^{\mathrm{T}}\varphi(\boldsymbol{x}_i)+b]=1-e_i \tag{6.30}$$

根据式(6.30)可知 e_i 的物理含义，当样本 $\boldsymbol{x}_i$ 位于两个临界超平面以外时，e_i 为负数，表示的物理含义为样本 $\boldsymbol{x}_i$ 到最近的临界超平面距离的负数；当样本 $\boldsymbol{x}_i$ 位于两个临界超平面以内时，e_i 为正数，表示的物理含义为样本 $\boldsymbol{x}_i$ 到最近的临界超平面的距离。

定义拉格朗日函数，求解该函数的最大值条件，即为式(6.29)的极小值条件，拉格朗日函数为：

$$L(\boldsymbol{w},b,\boldsymbol{e},\boldsymbol{\alpha})=F(\boldsymbol{w},b,\boldsymbol{e})-\sum_{i=1}^{m}\alpha_i\{y_i[\boldsymbol{w}^{\mathrm{T}}\varphi(\boldsymbol{x}_i)+b]-1+e_i\} \tag{6.31}$$

其中，α_i 是拉格朗日乘数。其最优化条件为：

$$\begin{cases}\dfrac{\partial L}{\partial \boldsymbol{w}}=0\Rightarrow \boldsymbol{w}=\displaystyle\sum_{i=1}^{m}\alpha_i y_i\varphi(\boldsymbol{x}_i)\\ \dfrac{\partial L}{\partial b}=0\Rightarrow \displaystyle\sum_{i=1}^{m}\alpha_i y_i=0\\ \dfrac{\partial L}{\partial e_i}=0\Rightarrow \alpha_i=\gamma e_i \quad i=1,2,\cdots,m\\ \dfrac{\partial L}{\partial \alpha_i}=0\Rightarrow y_i[\boldsymbol{w}^{\mathrm{T}}\varphi(\boldsymbol{x}_i)+b-1+e_i]=0 \quad i=1,2,\cdots,m\end{cases} \tag{6.32}$$

根据式(6.32)转化为如下线性方程：

$$\begin{bmatrix}\boldsymbol{I} & 0 & 0 & -\boldsymbol{Z}^{\mathrm{T}}\\ 0 & 0 & 0 & -\boldsymbol{Y}^{\mathrm{T}}\\ 0 & 0 & \gamma\boldsymbol{I} & -\boldsymbol{I}\\ \boldsymbol{Z} & \boldsymbol{Y} & \boldsymbol{I} & 0\end{bmatrix}\begin{bmatrix}\boldsymbol{w}\\ b\\ \boldsymbol{e}\\ \boldsymbol{\alpha}\end{bmatrix}=\begin{bmatrix}0\\ 0\\ 0\\ \boldsymbol{I}\end{bmatrix} \tag{6.33}$$

其中，$\boldsymbol{Z}=(\varphi(\boldsymbol{x}_1)^{\mathrm{T}}y_1,\varphi(\boldsymbol{x}_2)^{\mathrm{T}}y_2,\cdots,\varphi(\boldsymbol{x}_m)^{\mathrm{T}}y_m)$，$\boldsymbol{Y}=(y_1,y_2,\cdots,y_m)$，$\boldsymbol{I}=(1,\cdots,1)$，$\boldsymbol{e}=(e_1,e_2,\cdots,e_m)$，$\boldsymbol{\alpha}=(\alpha_1,\alpha_2,\cdots,\alpha_m)$。同时，解也可由以下形式的方程解出：

$$\begin{bmatrix}\boldsymbol{O} & -\boldsymbol{Y}^{\mathrm{T}}\\ \boldsymbol{Y} & \boldsymbol{Z}\boldsymbol{Z}^{\mathrm{T}}+\gamma^{-1}\boldsymbol{I}\end{bmatrix}\begin{bmatrix}b\\ \boldsymbol{\alpha}\end{bmatrix}=\begin{bmatrix}\boldsymbol{O}\\ \boldsymbol{I}\end{bmatrix} \tag{6.34}$$

由上述过程可以发现，最小二乘支持向量机将支持向量机中的不等式约束转换为等式约束，其训练过程也由二次规划问题求解转化为线性方程组的求解，这种转变简化了计算的复杂性。但该算法的训练数据都称为支持向量，并且对于大型分类问题，该算法的速度过于缓慢。另外，值得注意的是，本节介绍的最小二乘支持向量机应用的核函数均为径向基核函数(RBF)[5]。

6.3　支持向量机算法的 Python 实践

在 Python 的 sklearn 中集成了 SVM 算法，用户可以直接调用 sklearn 中的 SVM 函数进行分类。sklearn 中最主要的 SVM 函数是 SVC(support vectors classification)，可以用来实现二分类问题。SVC 中包括 svm. SVC. fit()和 svm. SVC. predict()函数，svm. SVC. fit()函数实现对 SVM 模型的训练；svm. SVC. predict()函数实现对测试数据的预测。下面利用 svm. SVC. fit()和 svm. SVC. predict()编程进行 SVM 算法的分类实现(SVM_SVC. python 文件)。

```
import numpy as np                                  #导入 numpy 库
from sklearn import svm                             #导入 sklearn 的 SVM 库
#进行数据定义
X = [[0,1],[ - 1,0],[2,2],[3,3],[ - 2, - 1],[ - 4.5, - 4],[2, - 1],[ - 1, - 3]]
                                                    #训练数据的输入
Y = [1,1, - 1, - 1,1,1, - 1, - 1]                   #训练数据的输出
X_test = [[5,2],[3,1],[ - 4, - 3]]                  #测试数据
model  =  svm.SVC()                                 #导入 SVM 的 SVC 函数
model.fit(X, Y, sample_weight = None)               #对模型进行训练
result  =  model.predict(X_test)                    #对测试数据进行预测
print(result)                                       #输出预测结果
```

在终端输入“python SVM_SVC. python”。

得到的结果如下：

```
[ - 1  - 1 1]
```

SVM 不仅可以使用 SVC 来分类，还可以使用 SVR 来回归。在 sklearn 的 SVM 模块中也集成了 SVR 类。下面利用 svm. SVR. fit()和 svm. SVR. predict()编程进行 SVM 算法的回归实现(SVM_SVR. python 文件)。

```
import numpy as np                                  #导入 numpy 库
from sklearn import svm                             #导入 sklearn 的 SVM 库
X = [[0, 0], [1, 1]]                                #训练数据的输入
Y = [0.5, 1.5]                                      #训练数据的输出
X_test = [[2,2]]                                    #测试数据
model  =  svm.SVR()                                 #导入 SVM 的 SVR 函数
model.fit(X, Y, sample_weight = None)               #对模型进行训练
result  =  model.predict(X_test)                    #对测试数据进行预测
print(result)                                       #输出预测结果
```

在终端输入“python SVM_SVR. python”。

通过 SVR 算法训练得到的回归模型对输入数据 X_test 进行预测，得到的预测结果如下：

```
[1.0074629]
```

本章参考文献

[1] 王文剑，门昌骞. 支持向量机建模及应用[M]. 北京：科学出版社，2014.

[2] 张国云. 模式识别与智能信息处理[D]. 湖南：湖南大学，2006.

[3] 周志华. 机器学习[M]. 北京：清华大学出版社，2016.

[4] 常甜甜. 支持向量机学习算法若干问题的研究[D]. 西安：西安电子科技大学，2010.

[5] 程然. 最小二乘支持向量机的研究和应用[D]. 哈尔滨：哈尔滨工业大学，2013.

第 7 章

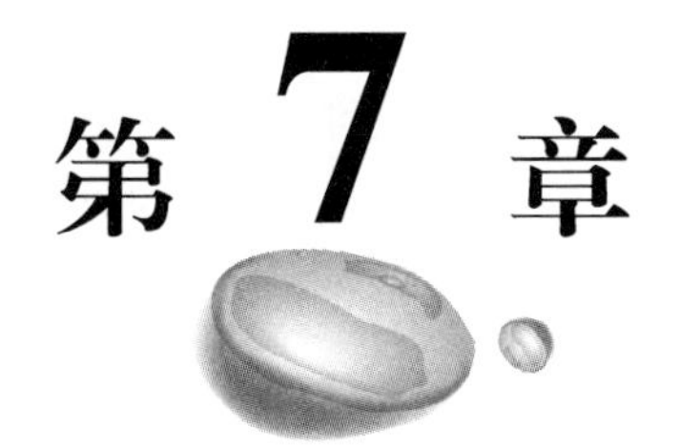

朴素贝叶斯

分类简单地说就是根据数据的不同特征将其划分为不同的类别。在数据挖掘中，分类算法有很多，例如 KNN 分类算法、贝叶斯分类算法、神经网络算法、决策树算法等。在实际应用中，通过对分类算法比较研究发现，贝叶斯分类算法有着其他许多算法都不具备的优点，在很多情况下，它的分类效果可以与决策树算法和神经网络算法相媲美，因此许多学者都热衷于对该算法进行研究。

贝叶斯分类算法是统计学分类方法，是建立在经典的贝叶斯概率理论基础之上的分类模型，朴素贝叶斯分类算法是贝叶斯分类算法中的一种。本章主要介绍贝叶斯基本理论、朴素贝叶斯分类模型以及朴素贝叶斯分类模型的改进。

7.1 贝叶斯定理

贝叶斯分类算法是一类分类算法的总称，这类算法均以贝叶斯定理为基础。朴素贝叶斯分类算法作为贝叶斯分类算法中的一种算法，自然也以贝叶斯定理为基础。因此，在讲解朴素贝叶斯分类算法之前，首先简单介绍一下贝叶斯分类算法的基础——贝叶斯定理。

贝叶斯定理(Bayes Theorem)由英国数学家贝叶斯(Thomas Bayes，1702—1761)提出，用来描述两个条件概率之间的关系，是概率论中的一个结果。

通常情况下，事件 A 在事件 B 发生的条件下发生的概率与事件 B 在事件 A 发生的条件下发生的概率是不一样的；然而，这两者是有确定关系的，贝叶斯定理就是对这种关系的描述。在这里不加证明，直接给出贝叶斯定理：

$$P(A \mid B)=\frac{P(B \mid A)P(A)}{P(B)} \tag{7.1}$$

其中，$P(A)$是 A 的先验概率或边缘概率。之所以称为“先验”，是因为它不考虑任何 B 方面的因素。$P(A|B)$是已知 B 发生后 A 发生的条件概率，由于取自 B 的取值而被称作 A 的后验概率。$P(B|A)$是已知 A 发生后 B 发生的条件概率，由于取自 A 的取值而被称作 B 的后验概率。$P(B)$是 B 的先验概率或边缘概率，也做标准化常量（Normalized Constant）[1-2]。

7.2 朴素贝叶斯分类算法

朴素贝叶斯分类算法（Naive Bayes Classifier，NBC）是贝叶斯分类模型中的一种最简单、有效的而且在实际使用中很成功的分类算法，其性能可以与神经网络、决策树相媲美，甚至在某些场合下优于其他分类模型。在对大型数据库的分类方面，朴素贝叶斯分类算法具有分类准确率高并且运算速度快的特点。

朴素贝叶斯分类算法是一种十分简单的分类算法，该算法的基本思想是：对于给出的待分类项，求解在此项出现的条件下各个类别出现的概率，哪个最大，就认为此待分类项属于哪个类别。

朴素贝叶斯分类模型的结构是一种网络形式，模型描述如图 7.1 所示。其中 A_1、A_2、…、A_n 是实例的属性变量，$\boldsymbol{C}$ 是取 m 个值的类变量。

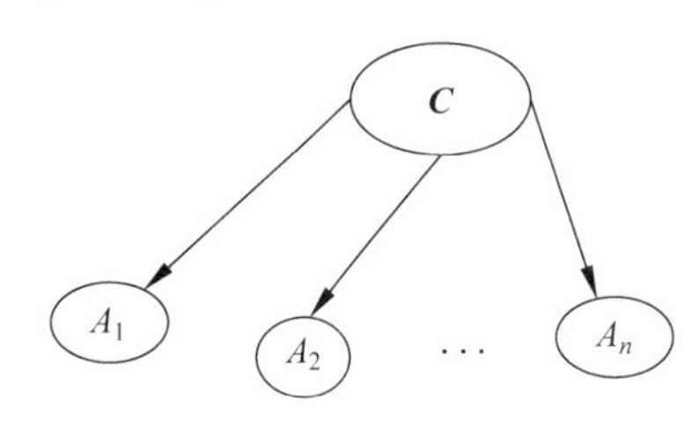

图 7.1 朴素贝叶斯分类算法的模型

朴素贝叶斯分类模型包含了一个属性独立性的假设，它假设所有的属性都独立于类变量 $\boldsymbol{C}$，即每一个属性都以类变量作为唯一的父节点。尽管这一假设在一定程度上限制了朴素贝叶斯分类模型的适用范围，但在实际应用中大大降低了贝叶斯网络构建的复杂性。

朴素贝叶斯分类模型的分类过程如下。

（1）把每个数据样本都用 n 维特征向量 $\boldsymbol{X}=\{a_1,a_2,\cdots,a_n\}$ 来表示，分别描述对 n 个条件属性$\{A_1,A_2,\cdots,A_n\}$的 n 个度量。同时假设类变量 $\boldsymbol{C}=\{C_1,C_2,\cdots,C_m\}$。

（2）给定一个未知的数据样本 $\boldsymbol{X}$（即没有类标签），朴素贝叶斯分类模型会将未知的样本 $\boldsymbol{X}$ 分配给类 C_i，当且仅当：

$$P(C_i \mid \boldsymbol{X}) > P(C_j \mid \boldsymbol{X}) \quad 1 \leqslant i,j \leqslant m, j \neq i \tag{7.2}$$

这样，把 $\boldsymbol{X}$ 归为类别 $\boldsymbol{C}$ 的过程就转化为了求解 $P(C_i|\boldsymbol{X})$ 最大值的过程。其中使 $P(C_i|\boldsymbol{X})$最大的类 C_i 称为最大后验假设。

（3）根据贝叶斯定理得：

$$P(C_i \mid \boldsymbol{X}) = \frac{P(\boldsymbol{X} \mid C_i)P(C_i)}{P(\boldsymbol{X})} \tag{7.3}$$

由于 $P(\boldsymbol{X})$对于所有的类为常数，称为证据因子，用于使所有类的先验概率之和为 1，所以 $P(C_i|\boldsymbol{X})$取最大值只需要满足 $P(\boldsymbol{X}|C_i)P(C_i)$达到最大即可。

如果类的先验概率 $P(C_i)(i=1,2,\cdots,m)$未知，则通常假设这些类是等概率的，即 $P(C_1)=P(C_2)=\cdots=P(C_m)=1/m$，这时最大化 $P(C_i|\boldsymbol{X})$ 等价于最大化 $P(\boldsymbol{X}|C_i)$。

又或者，类的先验概率还可以用 $P(C_i)=s_i/s$ 来计算，其中 s_i 是类 C_i 的训练样本数，s 是训练样本总数。

(4) 由于朴素贝叶斯分类算法包含条件属性相互独立的假设，计算 $P(\boldsymbol{X}|C_i)$ 的过程可以表示为：

$$P(\boldsymbol{X} \mid C_i)=\prod_{k=1}^{n} P(a_k \mid C_i) \tag{7.4}$$

概率 $P(a_1|C_i)$、$P(a_2|C_i)$、…、$P(a_n|C_i)$ 可以由训练样本估计求出。

① 如果 A_k 是离散属性，则 $P(a_k|C_i)=s_{ik}/s_i$，其中 s_{ik} 是在属性 A_k 上具有值 a_k 的类 C_i 的训练样本数，而 s_i 是 C_i 中的训练样本数。

② 如果 A_k 是连续值属性，则通常假设该属性服从高斯分布，因而

$$P(a_k \mid C_i)=g(a_k, \mu_{C_i}, \sigma_{C_i})=\frac{1}{\sqrt{2\pi\sigma_{C_i}^2}} e^{-\frac{(a_k-\mu_{C_i})^2}{2\sigma_{C_i}^2}} \tag{7.5}$$

其中，给定类 C_i 的训练样本属性 A_k 的值，$g(a_k, \mu_{C_i}, \sigma_{C_i})$ 是属性 A_k 的高斯密度函数，μ_{C_i}、σ_{C_i} 分别为平均值和标准差。

(5) 对未知样本 $\boldsymbol{X}$ 分类。对于每个类 C_i，计算 $\prod_{k=1}^{n} P(a_k \mid C_i)P(C_i)$，当且仅当 $P(\boldsymbol{X}|C_i)P(C_i)>P(\boldsymbol{X}|C_j)P(C_j)(1\leqslant i, j\leqslant m, j\neq i)$ 时样本 $\boldsymbol{X}$ 属于类别 C_i。至此分类结束。

根据上述过程可以得出朴素贝叶斯分类模型的数学表述为：

$$C_{\mathrm{NBC}}=\underset{C_i \in \boldsymbol{C}}{\arg\max} P(C_i)\prod_{k=1}^{n} P(a_k \mid C_i) \tag{7.6}$$

朴素贝叶斯分类算法的优点如下：

(1) 算法形式简单，所涉及的公式源于数学中的统计学，规则清楚、易懂，可扩展性强。

(2) 算法实施的时间和空间开销小，即运用该模型分类时所需要的时间复杂度和空间复杂度较小。

(3) 算法性能稳定，模型的健壮性比较好，无论是何种类型的数据，都可以利用朴素贝叶斯分类算法进行处理，而且分类预测效果在大多数情况下比较精确。

朴素贝叶斯分类算法的缺点如下：

(1) 算法假设属性之间都是条件独立的，然而在社会活动中，数据集中的变量之间往往存在较强的相关性，忽视这种性质会对分类结果产生很大的影响。

(2) 算法将各特征属性对于分类决策的影响程度都看作相同的，这不符合实际运用的需求，在实际应用中，各属性变量对于决策变量的影响往往是存在差异的。

(3) 算法在使用中通常要将定类数据以上测量级的数据离散化，这样很可能会造成数据中有用信息的损失，对分类效果产生影响。

7.3 朴素贝叶斯实例分析

本节通过根据身高、体重、脚尺寸判断一个人是男性还是女性的实例进一步具体化说明朴素贝叶斯算法的计算过程。样本数据如表 7.1 所示。

表 7.1 男性与女性数据

序　　号	性　　别	身高/英尺	体重/磅	脚尺寸/英寸
1	男	6	180	12
2	男	5.92	190	11
3	男	5.58	170	12
4	男	5.92	165	10
5	女	5	100	6
6	女	5.5	150	8
7	女	5.42	130	7
8	女	5.75	150	9

假设训练集的样本特征满足高斯分布，则得到表 7.2 中的数据。

表 7.2 特征值的高斯分布

性别	均值(身高)	方差(身高)	均值(体重)	方差(体重)	均值(脚尺寸)	方差(脚尺寸)
男	5.855	3.5e−02	176.25	1.23e+02	11.25	9.17e−01
女	5.4175	9.7e−02	132.5	5.58e+02	7.5	1.67e+00

由于样本中男、女的数量是一样的，所以可以假设两类别是等概率的，也就是 $P(\text{男})=P(\text{女})=0.5$。此时给出一个测试样本，数据如表 7.3 所示，求该样本的分类是男性还是女性。

表 7.3 测试样本

性别	身高/英尺	体重/磅	脚尺寸/英寸
?	6	130	8

对于上述数据可通过计算两类的后验概率进行判断，哪一类的后验概率大，则属于哪一类。男性和女性的后验概率可分别通过下式进行计算：

$$\text{Posterior}(\text{男})=\frac{P(\text{男})P(\text{身高}\mid\text{男})P(\text{体重}\mid\text{男})P(\text{脚尺寸}\mid\text{男})}{\text{evidence}} \tag{7.7}$$

$$\text{Posterior}(\text{女})=\frac{P(\text{女})P(\text{身高}\mid\text{女})P(\text{体重}\mid\text{女})P(\text{脚尺寸}\mid\text{女})}{\text{evidence}} \tag{7.8}$$

evidence 表示证据因子，用来使各类的后验概率之和为 1。在本实例中 $\text{evidence}=P(\text{男})P(\text{身高}\mid\text{男})P(\text{体重}\mid\text{男})P(\text{脚尺寸}\mid\text{男})+P(\text{女})P(\text{身高}\mid\text{女})P(\text{体重}\mid\text{女})P(\text{脚尺寸}\mid\text{女})$。

根据表 7.2 中的高斯分布均值与方差，计算式(7.7)和式(7.8)中的各参数：

$$P(\text{身高}\mid\text{男})=\frac{1}{\sqrt{2\pi\sigma^2}}\mathrm{e}^{-\frac{(6-\mu)^2}{2\sigma^2}}\approx 1.58$$

式中，$\sigma=3.5\mathrm{e}-02$，$\mu=5.855$。注意，这里的值大于1是允许的，因为这里表示的是概率密度，而不是概率。同理可得到：

$$P(\text{体重}\mid\text{男})=5.9881\mathrm{e}-06$$
$$P(\text{脚尺寸}\mid\text{男})=1.3112\mathrm{e}-03$$
$$P(\text{女})P(\text{身高}\mid\text{女})=2.2346\mathrm{e}-01$$
$$P(\text{体重}\mid\text{女})=1.6789\mathrm{e}-02$$
$$P(\text{脚尺寸}\mid\text{女})=2.8669\mathrm{e}-01$$

从而得到 $P(\text{男})P(\text{身高}|\text{男})P(\text{体重}|\text{男})P(\text{脚尺寸}|\text{男})=6.1984\mathrm{e}-09<P(\text{女})$，$P(\text{身高}|\text{女})P(\text{体重}|\text{女})P(\text{脚尺寸}|\text{女})=5.3778\mathrm{e}-04$，进一步得到 Posterior(男)＝1.15e－05＜Posterior(女)＝0.9999885，因此女性的后验概率大，样本预测为女性。

7.4 朴素贝叶斯分类算法的改进

朴素贝叶斯分类模型的条件属性独立性假设在很大程度上限制了其分类的性能，该领域的学者们一直致力于研究如何通过对算法的改进减弱这种独立性假设带来的影响。

目前提出的改进方法中总体趋势是将朴素贝叶斯分类模型的结构复杂化，从而更准确地描述训练数据。不过需要意识到，朴素贝叶斯分类模型的结构并不是越复杂越好。研究表明，如果模型的结构过于复杂，容易造成过拟合的后果。也就是说，当使用过于复杂的分类模型去分类一个新的实例时会有很高的误分率。这样会出现两种矛盾的情况：如果结构较简单，如最原始的朴素贝叶斯分类模型，则有很强的限制条件；如果结构太复杂，则会导致过拟合。本节主要通过介绍和分析几种目前较经典和较成熟的朴素贝叶斯分类模型改进方法来解决原始朴素贝叶斯分类模型限制性较强的问题[3]。

7.4.1 半朴素贝叶斯分类模型

半朴素贝叶斯分类(Semi Naive Bayes Classifier，SNBC)模型最早是由南斯拉夫的专家 Kononenko 于 1997 年提出的。它是朴素贝叶斯分类模型的一种改进模型。半朴素贝叶斯分类模型的基本思想是根据属性之间关联程度的大小将它们划分成几个没有交集的属性组，从而使各个属性组以独立的形式存在，并保证同组别内的属性之间存在一定的依赖关系。这样就可以将类条件的独立性放宽到属性的子集之间，从而有效地减少属性的独立性假设对分类性能产生的不良影响[4]。

半朴素贝叶斯分类模型的分类思想和分类过程属于朴素贝叶斯分类的范畴，它与传统的朴素贝叶斯分类模型类似，但结构比其紧凑。半朴素贝叶斯分类模型分类的关键是如何利用启发式搜索过程有效地将依赖关系较大的条件属性聚集到一组构成“组合属性”。它的模型图如图 7.2 所示。

通过对朴素贝叶斯分类模型的学习可以知道，在分类之前，已知的数据集合为 $\boldsymbol{D}=$

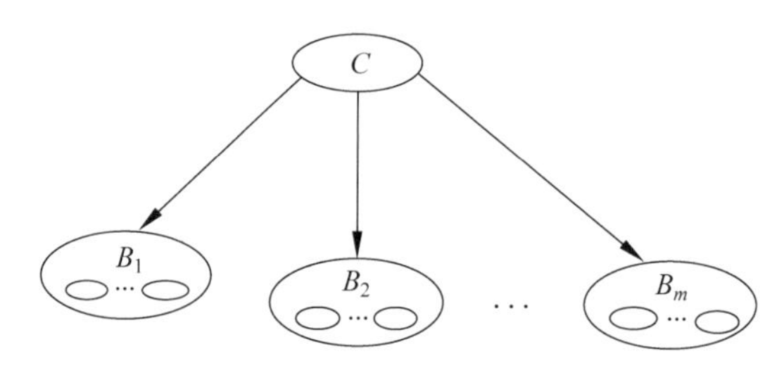

图 7.2 半朴素贝叶斯分类模型

$\{\boldsymbol{A}_1,\boldsymbol{A}_2,\cdots,\boldsymbol{A}_n,\boldsymbol{C}\}$，其中 $\boldsymbol{A}_1$、$\boldsymbol{A}_2$、…、$\boldsymbol{A}_n$ 表示条件属性，$\boldsymbol{C}$ 代表决策属性。接下来介绍半朴素贝叶斯分类模型的描述。

半朴素贝叶斯分类模型的描述为：

(1) 模型由新的 m 个节点 $\boldsymbol{B}_1$、$\boldsymbol{B}_2$、…、$\boldsymbol{B}_m$ $(1\leqslant i\leqslant m\leqslant n)$ 构成，其中 $\boldsymbol{B}_i$ 是 $\{\boldsymbol{A}_1,\boldsymbol{A}_2,\cdots,\boldsymbol{A}_n\}$ 的重新划分，是原属性集的一个子集。

(2) 划分到不同组的属性之间需要满足不相交的条件，且所有组的属性合并以后构成的集合是原属性集，即 $\boldsymbol{B}_i \cap \boldsymbol{B}_j = \varnothing, i \neq j, 1 \leqslant i, j \leqslant m$；$\boldsymbol{B}_1 \cup \boldsymbol{B}_2 \cup \cdots \cup \boldsymbol{B}_m = \{\boldsymbol{A}_1,\boldsymbol{A}_2,\cdots,\boldsymbol{A}_n\}$。

(3) 当 $i\neq j$ 时，$\boldsymbol{B}_i$ 和 $\boldsymbol{B}_j$ 相对于类变量 $\boldsymbol{C}$ 而言是条件独立的，即：

$$P(\boldsymbol{B}_i,\boldsymbol{B}_j \mid \boldsymbol{C}) = P(\boldsymbol{B}_i \mid \boldsymbol{C})P(\boldsymbol{B}_j \mid \boldsymbol{C}) \quad i \neq j, 1 \leqslant i, j \leqslant m \tag{7.9}$$

(4) 保证每个组属性节点 $\boldsymbol{B}_i$ $(1\leqslant i\leqslant m)$ 中条件属性的个数不大于 K，即它的值小于或者等于预先设定的 K 值。这里所说的 K 值是用来控制网络复杂度的：当 K 等于 1 时，半朴素贝叶斯分类模型就简化为原始的朴素贝叶斯分类模型；但当 K 值过大时，半朴素贝叶斯分类模型的结构就会变得很复杂，就会发生过拟合的情况。

根据上述过程可以得出半朴素贝叶斯分类模型的公式为：

$$\boldsymbol{C}_{\text{SNBC}} = \underset{C_i \in \boldsymbol{C}}{\operatorname{argmax}} P(C_i) \prod_{j=1}^{m} P(\boldsymbol{b}_j \mid C_i) \tag{7.10}$$

其中，$\boldsymbol{b}_j$ 是一组数值向量，是组属性 $\boldsymbol{B}_j$ 中包含的条件属性 $\boldsymbol{A}_{j1}$、$\boldsymbol{A}_{j2}$、…、$\boldsymbol{A}_{jk}$ 分别取值 a_{j1}、a_{j2}、…、a_{jk} 时的数值向量，即 $\boldsymbol{b}_j = \{a_{j1},a_{j2},\cdots,a_{jk}\}$。

半朴素贝叶斯分类模型的优点如下：

半朴素贝叶斯分类模型考虑了属性之间存在的关联，并根据属性之间的关联性分割成若干个不相交和独立的属性组，同时允许同一个属性组内的属性之间是相互依赖的。这样在很大程度上减少了属性的独立性假设对分类性能的不良影响。

半朴素贝叶斯分类模型的缺点如下：

半朴素贝叶斯分类模型的关键是如何利用启发式搜索过程获取条件互信息，从而有效、快速地构成"组合属性"。但是，如果目标数据集过于庞大，或者数据集中的属性太多，那么在计算条件互信息时就可能需要指数级的时间，这对运行环境有一定的要求，很可能会造成系统的崩溃。因此半朴素贝叶斯分类模型在使用上有一定的局限性。

7.4.2 树增强朴素贝叶斯分类模型

树增强朴素贝叶斯分类(Tree-Augmented Naive Bayes Classifiers，TAN)模型是一

种由 Friedman 等提出的改进朴素贝叶斯的树形贝叶斯网络模型，在实际应用中它的分类性能明显高于朴素贝叶斯分类模型。

TAN 的基本思路是考虑对朴素贝叶斯分类模型进行增强，在保留其结构特点、放松朴素贝叶斯的独立性假设条件的同时，允许一定的依赖关系出现在属性变量之间。TAN 要求属性节点除了类节点为父节点以外，最多只有一个其他的非类属性能够作为父节点。它的结构如图 7.3 所示。

在分类之前，已知数据集合为 $\boldsymbol{D}=\{\boldsymbol{A}_1,\boldsymbol{A}_2,\cdots,\boldsymbol{A}_n,\boldsymbol{C}\}$。其中 $\boldsymbol{A}_1$、$\boldsymbol{A}_2$、…、$\boldsymbol{A}_n$ 表示条件属性，$\boldsymbol{C}$ 代表类节点。在 TAN 树形结构中，属性 $\boldsymbol{A}_i$ 的父节点集合用 $\prod \boldsymbol{A}_i$ 表示。类作为树的根节点，是没有父节点的；条件属性最多只有一个非类的父节点。因此有 $\prod \boldsymbol{C}=\varnothing$，$\boldsymbol{C}\subset\prod \boldsymbol{A}_i$，$\prod \boldsymbol{A}_i \leqslant 2$。由此可得，待分类样本 $\boldsymbol{X}=\{a_1,a_2,\cdots,a_n\}$ 被 TAN 分类器判别给 $\boldsymbol{C}$ 中的某一个类 $C_i(0\leqslant i\leqslant m)$ 的公式可以表述为：

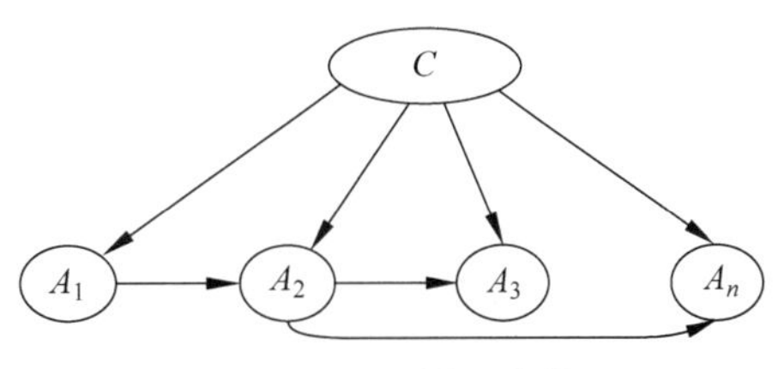

图 7.3　TAN 模型结构图

$$\boldsymbol{C}_{\mathrm{TAN}}(X)=\underset{C_i\in\boldsymbol{C}}{\operatorname{argmax}}P(C_i)\prod_{k=1}^{n}P\left(a_k \mid \prod a_k\right) \tag{7.11}$$

$\prod a_k$ 有两种形式：

(1) $\prod a_k=\{C_j\}\ (1\leqslant j\leqslant m)$，即 a_k 没有非类的父节点。

(2) $\prod a_k=\{C_j,a_l\}\ (1\leqslant j\leqslant m,1\leqslant l\leqslant n,k\neq l)$，即 a_k 有一个非类的父节点。

因此，当 a_k 有一个非类的父节点时就产生了如何确定 a_k 的非类父节点这一关键问题。

在这里主要介绍由 Friedman 等提出的基于分布的构造算法（记为 Distribution Based 算法）。其步骤为：

(1) 计算任意两个条件属性在类属性下的条件互信息值。

$$\boldsymbol{I}(\boldsymbol{A}_i,\boldsymbol{A}_j \mid \boldsymbol{C})=\sum_{\boldsymbol{A}_i,\boldsymbol{A}_j,\boldsymbol{C}}P(\boldsymbol{A}_i,\boldsymbol{A}_j,\boldsymbol{C})\log_2\frac{P(\boldsymbol{A}_i,\boldsymbol{A}_j \mid \boldsymbol{C})}{P(\boldsymbol{A}_i \mid \boldsymbol{C})P(\boldsymbol{A}_j \mid \boldsymbol{C})}\quad(1\leqslant i,j\leqslant n) \tag{7.12}$$

(2) 遍历所有的条件属性，构造一个完全无向图，图中的每个点代表一个属性，每两个属性间的弧用属性间的条件互信息 $\boldsymbol{I}(\boldsymbol{A}_i,\boldsymbol{A}_j|\boldsymbol{C})$ 标记。

(3) 首先按计算出的权重从大到小把弧排序，然后遵守选择的弧不能构成回路的原则，按照排好的序选择边，从而遍历构造出一棵最大权重跨度树。

(4) 在所有的属性节点中选择一个节点作为根节点，然后从根节点开始，将所有的边设置为由根节点指向其余节点的边，从而将无向无环树转化为有向无环树。

(5) 最后增加一个代表类变量的节点，并增加类变量到各个条件属性节点的弧，构成一个最终的树增强朴素贝叶斯分类模型。

最大权重跨度树的结构如图 7.4 所示。图中虚线表示从类别节点指向各个属性的边，实线表示从属性间的关系学习的最大支撑树。

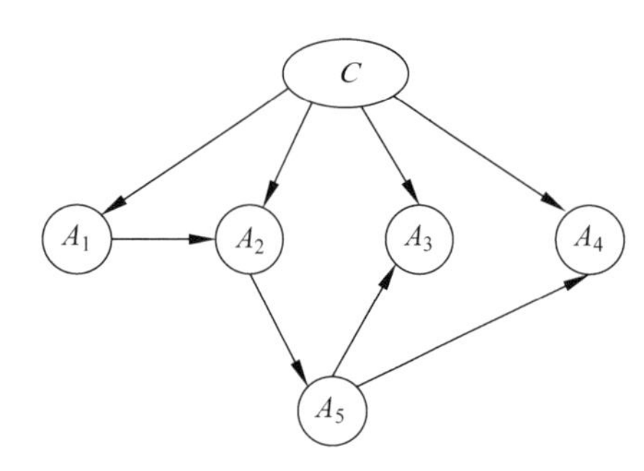

图 7.4 最大权重跨度树

在 TAN 中采用了信息论中的条件互信息概念，利用它来度量出属性间存在的依赖关系的程度。因为 $\boldsymbol{I}(\boldsymbol{A}_i,\boldsymbol{A}_j|\boldsymbol{C})=\boldsymbol{I}(\boldsymbol{A}_j,\boldsymbol{A}_i|\boldsymbol{C})$，所以在 $\boldsymbol{C}$ 给定以后，不论是从 $\boldsymbol{A}_j$ 处获得 $\boldsymbol{A}_i$ 的信息量，还是从 $\boldsymbol{A}_i$ 处获得 $\boldsymbol{A}_j$ 的信息量，都是相等的。$\boldsymbol{I}(\boldsymbol{A}_i,\boldsymbol{A}_j|\boldsymbol{C})$值越大，说明依赖程度越大。特别的情况是，当 $\boldsymbol{A}_i$ 和 $\boldsymbol{A}_j$ 在类属性 $\boldsymbol{C}$ 下独立时有 $\boldsymbol{I}(\boldsymbol{A}_i,\boldsymbol{A}_j|\boldsymbol{C})=0$。得出这些值后，可以通过条件弧信息值来确定依赖性较高或者较低的属性对。

树增强朴素贝叶斯分类模型的优点如下：

(1) 树增强朴素贝叶斯分类模型在很大程度上削弱了朴素贝叶斯模型的条件属性独立性假设。在数据集规模适中、额外开销不大的情况下，可以有效地提高分类的性能。

(2) 树增强朴素贝叶斯分类模型限制每个非类属性最多只能有一个非类别父节点，从而一方面可以减少搜索空间，另一方面可以有效缓解条件表的规模随着父节点的增加而急剧增长。这样不仅减轻了从数据估计概率的问题，也允许了一定数量的属性之间的依赖性。

树增强朴素贝叶斯分类模型的缺点如下：

(1) 在使用树增强朴素贝叶斯分类模型进行分类时，数据的属性必须是离散的。如果数据是连续的，则需要预先做离散化处理，且要离散多少值，离散成什么样的值，都比较难以界定，这在一定程度上增加了计算量。而且，离散过程也会相应地增加存储的空间，从而影响算法的性能。

(2) 树增强朴素贝叶斯分类模型需要用条件属性间的互信息值来度量属性之间的强弱关系，这就代表了树增强朴素贝叶斯分类模型与传统的朴素贝叶斯分类模型相比，需要更多的计算时间和更坚实的硬件条件(即模型的运行环境)。它以牺牲运行时间换取分类性能的提高。

(3) 树增强朴素贝叶斯分类模型是人为分开属性，使得每个非类别属性节点最多只能有一个非类别属性节点作为其父节点，而与其他非类别属性节点之间依旧需要满足独立性假设，仍然存在朴素贝叶斯模型独立性假设带来的问题。

综上所述，树增强朴素贝叶斯分类模型虽然有一定的缺陷，但是与传统的朴素贝叶斯分类模型相比，在额外开销不大的情况下，仍然具有较好的分类效果。

7.4.3 贝叶斯网络

贝叶斯网络(BN)又称为贝叶斯信念网络，它的概念在 1988 年由 Pearl 提出，后成为近几年来的研究热点。贝叶斯网络是一种更高级、应用范围更广的贝叶斯分类算法。它既是概率推理的图形化网络，又是模型的一种重要的扩展。其核心思想是将概率统计方法应用到复杂领域中进行不确定性推理以及数据的分析，它是目前表达不确定知识和推理的最有效果的理论模型之一。

与朴素贝叶斯分类算法的星形结构和TAN分类算法的树形结构相比，贝叶斯网络的结构能够避免有用信息的丢失，进而保证分类能力。贝叶斯网络分类算法使用联合概率的最优压缩展开式进行分类，充分利用了属性变量之间的依赖关系，能够更好地提高分类的正确率。其结构如图7.5所示。

贝叶斯网络分类算法的结构是由$\{\boldsymbol{A}_1,\boldsymbol{A}_2,\cdots,\boldsymbol{A}_n,\boldsymbol{C}\}$构成的网络结构。一个贝叶斯网络包括两个部分，第一部分是有向无环图(DAG)，第二部分是一个条件概率表集合，两者结合就是贝叶斯网络。图7.5所示就是一个有向无环图，它含有两个部分，一个部分是节点，另一个部分是节点间的有向边。在有向无环图中，用有向边来表示随机变量之间的条件依赖性，用每一个节点表示一个随机变量。条件概率表中的每一个元素对应有向无环图中唯一的节点。

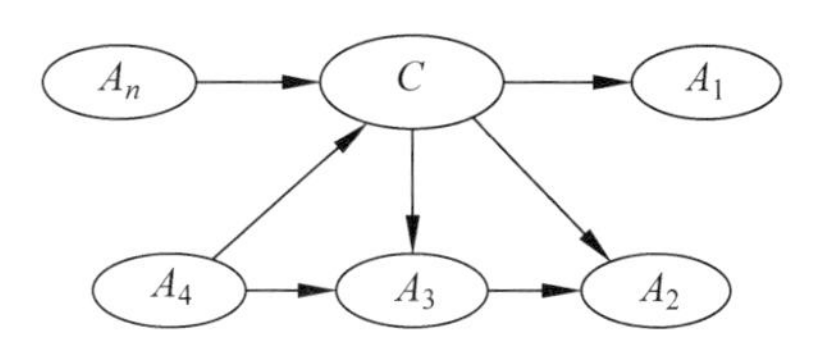

图7.5　贝叶斯网络分类算法结构图

构造与训练贝叶斯网络分为以下两个步骤：

(1) 确定随机变量之间的拓扑关系，形成有向无环图。这一步通常需要实际领域的专家来辅助完成，需要进行不断迭代和改进才能建立一个好的拓扑结构。

(2) 训练贝叶斯网络。这一步要完成算法中条件概率表的构造，如果每个随机变量的值都是可以直接观察的，那么这一步的训练可以较为简单地进行，方法类似于朴素贝叶斯分类。但是，如果贝叶斯网络中存在隐藏变量节点，在这种情况下训练方法就会比较复杂。

贝叶斯网络的优点如下：

(1) 贝叶斯网络采用了图像化的方式来表达数据之间的关系，给人更加直观、易懂的印象。

(2) 贝叶斯网络在继承贝叶斯分类算法的高分类精度的同时，基于联合概率分解的原理有效避免了贝叶斯分类算法的指数复杂性问题。

(3) 贝叶斯网络能够较好地处理不确定、不完备的数据集。贝叶斯网络模型体现出的是整个数据集之间的概率关系，因此它在数据存在缺失的情况下依然可以有效地进行建模。

贝叶斯网络的缺点如下：

(1) 贝叶斯网络结构中的有向无环图必须是无环且是静态的。无环表示该算法考虑的是变量之间的单向关系，但是在实际中的很多情况下，变量是会相互影响的。静态则表示贝叶斯网络模型是静态的，这意味着它忽略了时间的因素，然而因果之间也是存在时间关系的。这些都会对分类效果产生影响。

(2) 贝叶斯网络在结构上比朴素贝叶斯分类算法复杂太多，要构造和训练出一个好的贝叶斯网络通常是十分困难的。

7.4.4 朴素贝叶斯树

朴素贝叶斯树(NBTree)算法是由Kohavi提出的一种改进的朴素贝叶斯算法，它是决策树和朴素贝叶斯分类器的结合。这种算法保留了决策树和朴素贝叶斯分类器的易解释性和计算量相对不大的特点，并且分类效果通常较好，特别适用于大型数据集。

朴素贝叶斯树算法的基本思想是在树的构建过程中对产生的每个节点构建朴素贝叶斯分类器,并循环这个过程,直到所有节点都成为叶子节点,最后对每一个叶子节点构建一个朴素贝叶斯分类算法。朴素贝叶斯树算法的输入为一个类别实例集合 $\boldsymbol{T}$,输出是叶子为朴素贝叶斯分类的决策树。

朴素贝叶斯树算法的描述如下:

(1) 对于属性$(\boldsymbol{A}_1,\boldsymbol{A}_2,\cdots,\boldsymbol{A}_n)$,计算每个属性 $\boldsymbol{A}_i$ 的效用值$\mu(\boldsymbol{A}_i)$。如果是连续型属性,则计算阈值。

(2) 取得效用最高的属性,即

$$\mu_j = \underset{i}{\operatorname{argmax}}\, \mu_i$$

其中,$\mu_i=\mu(\boldsymbol{A}_i)$。

(3) 如果 μ_j 不是显著优于当前节点,则为当前节点创建一个朴素贝叶斯分类器,然后返回。

(4) 根据 $\boldsymbol{A}_j$ 分割 $\boldsymbol{T}$。如果 $\boldsymbol{A}_j$ 是连续的,则分割阈值;如果 $\boldsymbol{A}_j$ 是离散的,则对所有可能的值进行多向分割。

(5) 对每一个子节点递归调用前面的步骤,使得 $\boldsymbol{T}$ 中的一部分能与子节点匹配。

朴素贝叶斯树算法在实际中的应用并不广泛,这里简单介绍一下它的两个优点:第一,算法过程非常清晰、直观,可理解性很强;第二,在计算复杂度不高的前提下能保持较高的分类正确率,有利于在大型数据集中利用。

7.4.5 属性加权朴素贝叶斯分类算法

朴素贝叶斯算法基于条件独立性假设,认为每个属性对类属性的影响相同。但事实并非如此,如果把与分类无关的、冗余的以及被噪声污染的属性和其他属性视为同等地位,就会导致分类的准确率下降。为提高朴素贝叶斯算法的准确率、扩大其适用范围,人们将各种属性加权算法和朴素贝叶斯算法相结合,根据各属性对分类影响的大小赋予不同的权重,将朴素贝叶斯算法扩展为加权朴素贝叶斯算法(WNBC)。其中,加权朴素贝叶斯分类算法的模型大多为:

$$C(\boldsymbol{X})=\operatorname{argmax} P(C_i)\prod_{j=1}^{n}P(X_j \mid C_i)\omega_j \quad (1\leqslant j\leqslant n,1\leqslant i\leqslant m)$$

在上式中,ω_j 代表属性 $\boldsymbol{A}_k$ 的权值。属性的权值越大,表明该属性对分类的影响越大。

对于加权朴素贝叶斯分类算法而言,最重要的是对权值的测量,如何找到一个合适的权值是该类算法的核心内容。在这里简单介绍一下加权朴素贝叶斯分类算法,这种算法除了有权值的计算外,还保留了经典的朴素贝叶斯分类算法的其他流程。该算法的步骤如下。

(1) 数据预处理阶段:通常情况下进行填补缺失值、数据离散化和去除无用属性的操作,也可以根据权值计算的需求对本步骤做出调整。

(2) 概率统计参数学习:该步骤与朴素贝叶斯分类算法的学习过程相同。

(3) 权值参数学习:扫描训练样本集,根据权值的定义规则计算各属性 $\boldsymbol{A}_i$ 对应的权值 ω_i。

(4) 生成算法:生成加权朴素贝叶斯概率表、属性权值表,即为改进的分类算法。

（5）分类：对于测试样本 **X**，调用概率表以及特征权值列表，得到分类结果。

与朴素贝叶斯算法相比，加权朴素贝叶斯算法的分类能力往往会有比较明显的提升。可以看出，加权朴素贝叶斯算法更加有效地利用了样本数据信息，对属性与类别之间的关联性进行了进一步利用，这也是分类性能提升的一个主要原因。

7.5　朴素贝叶斯算法的 Python 实践

朴素贝叶斯算法是目前公认的一种简单、有效的分类方法，随着其分类模型的不断发展和完善，目前已被广泛地应用于模式识别、自然语言处理、机器人导航、规划、机器学习以及利用贝叶斯网络技术构建和分析软件系统等诸多领域。当属性之间的相关性较小时，分类效果好；当属性之间的相关性较大时，分类不如决策树。

在 Python 中，为方便用户对决策树算法的使用，在 sklearn 中针对朴素贝叶斯分类算法封装了 MultinomialNB 函数。该函数的使用方法为：

```
classsklearn.naive_bayes.MultinomialNB(alpha = 1.0,fit_prior = True,class_prior = None)
```

其中，alpha 是平滑因子，因为朴素贝叶斯也常用于自然语言处理中，这里的平滑是使用 add-one 方法，默认是 1，为了防止一些数据的概率是 0 而存在；fit_prior 是布尔型可选参数，默认为 True；class_prior 是可选参数，默认为 None。

利用 Python 的 sklearn 中自带的统计 3 种鸢尾属植物样本数据 fisheriris，其属性分别为花萼长度、花萼宽度、花瓣长度、花瓣宽度，标签分别为 setosa、versicolor 和 virginica。实例具体代码如下（NB. python 文件）：

```
#使用朴素贝叶斯算法对鸢尾花数据集进行分类训练和测试
#使用 sklearn 框架导入数据集
from sklearn import datasets
#直接导入的数据集分布不均，是按顺序排列的，这会影响训练效果，因此用 train_test_split 将
#数据的顺序打乱并拆分成训练集和测试集
from sklearn.model_selection import cross_val_score
from sklearn.model_selection import train_test_split
#数据初始化函数，即数据的获取以及训练集和测试集的划分
def init_data():
    #加载 iris 数据集
    iris = datasets.load_iris()
    #获得 iris 的特征数据，即输入数据
    iris_feature = iris.data
    #获得 iris 的目标数据，即标签数据
    iris_target = iris.target
    #将数据集打乱并划分测试集和训练集，test_size = 0.3 表示将整个数据的 30% 作为测试集，
    #其余 70% 作为训练集；random_state 为数据集打乱的程度
    feature_train, feature_test, target_train, target_test = train_test_split(iris_
feature, iris_target, test_size = 0.33, random_state = 42)
    return feature_train, feature_test, target_train, target_test
```

```
#主函数
if __name__ == '__main__':
  #获得数据
  feature_train, feature_test, target_train, target_test = init_data()
  #导入朴素贝叶斯分类函数
  from sklearn.naive_bayes import MultinomialNB
  #所有分类参数均设置为默认
  mnb_model = MultinomialNB()
  #使用训练集训练模型
  mnb_model.fit(feature_train,target_train)
  #用训练好的模型对测试集进行预测
  predict_results = mnb_model.predict(feature_test)
  #导入评估方法
  from sklearn.metrics import accuracy_score
  #对测试的准确率进行评估
  print(accuracy_score(predict_results, target_test))
```

最后在终端输入"python NB.py"。

得到测试的准确率为：

```
0.96
```

即测试数据集 target_test 通过朴素贝叶斯算法训练得到模型的鸢尾花识别率为 96%。由于打乱数据和训练集、测试集划分的随机性，输出结果可能是 0.95～1 的任意值，多次操作可能得到不同的结果。

本章参考文献

[1] 程克非，张聪．基于特征加权的朴素贝叶斯分类器[J]．计算机仿真，2006，23(10)：92-94．

[2] 余芳，姜云飞．一种基于朴素贝叶斯分类的特征选择方法[J]．中山大学学报：自然科学版，2004，43(5)：118-120．

[3] 李方．关于朴素贝叶斯分类算法的改进[D]．重庆：重庆大学，2009．

[4] 喻凯西．朴素贝叶斯分类算法的改进及其应用[D]．北京：北京林业大学，2016．

第 8 章

线性回归

回归是统计学中最有力的工具之一。机器学习中的监督学习算法分为分类算法和回归算法两种，其实就是根据类别标签的分布类型为离散型、连续型而定义的。顾名思义，分类算法用于离散型分布预测，如 KNN、决策树、朴素贝叶斯、AdaBoost、SVM 都是分类算法。回归算法用于连续型分布预测，针对的是数值型的样本，使用回归，可以在给定输入的时候预测出一个数值，这是对分类方法的提升，因为这样可以预测连续型数据而不仅仅是离散的类别标签。

回归的目的就是建立一个回归方程用来预测目标值，回归的求解就是求这个回归方程的回归系数。预测的方法十分简单，用回归系数乘以输入值再全部相加就得到了预测值。线性回归是利用数理统计中的回归分析来确定两种或两种以上变量之间相互依赖的定量关系的一种统计分析方法，运用十分广泛。其表达形式为 $y=\boldsymbol{w}^{\mathrm{T}}\boldsymbol{x}+e$，$e$ 为误差，服从均值为 0 的正态分布[1]。

8.1 线性回归的原理

8.1.1 简单线性回归

回归最简单的定义是，给出一个点集 D，用一个函数去拟合这个点集，并且使该点集与拟合函数之间的误差最小，如果这个函数的曲线是一条直线，那么就被称为简单线性回归。

简单线性回归就是很多做决定的过程，通常是根据两个或者多个变量之间的关系来建立方程模拟两个或者多个变量之间如何关联。被预测的变量叫作因变量(Dependent Variable)，或输出(Output)；被用来进行预测的变量叫作自变量(Independent Variable)，或输入(Input)。

简单线性回归包含一个自变量 x 和一个因变量 y，并且以上两个变量的关系可用一条直线来模拟。如果包含两个以上的自变量，则称作多元回归分析（Multiple Regression）。简单的线性回归模型是被用来描述因变量 y 和自变量 x 以及偏差 error 之间关系的方程。其模型为：

$$y=\beta_0+\beta_1 x+\varepsilon \tag{8.1}$$

其中，$\beta_i(i=1,2)$为参数，ε 为偏差，是一个随机变量，服从均值为零的正态分布。由于正态分布的偏差 ε 的期望值是零，所以简单的线性回归方程为：

$$E(y)=\beta_0+\beta_1 x \tag{8.2}$$

这个方程对应的图像是一条直线，称作回归线，其中 β_0 是回归线的截距，β_1 是回归线的斜率，$E(y)$是在一个给定的 x 值下 y 的期望值（均值）。所以 $E(y)$与 x 之间具有以下 3 种关系，分别如图 8.1～图 8.3 所示。

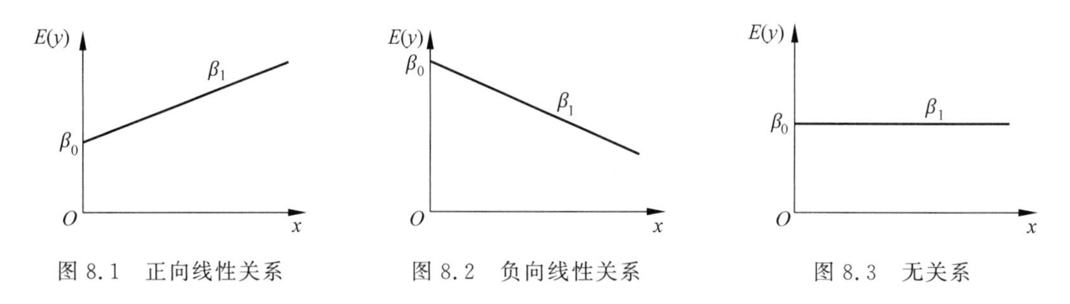

图 8.1　正向线性关系　　图 8.2　负向线性关系　　图 8.3　无关系

简单线性回归的估计方程为：

$$\hat{y}=b_0+b_1 x \tag{8.3}$$

这个方程叫作估计的线性回归方程，其中，b_0 是估计线性方程的纵截距，是对真实的 β_0 的一个估计，b_1 是估计线性方程的斜率，是对真实的 β_1 的一个估计，$\hat{y}$ 是在自变量 x 等于一个给定值的时候 y 的估计值。

8.1.2 线性回归实例

下面是某商家提供的做广告数量与卖出产品数量的关系，用于线性回归模型的举例，如表 8.1 所示。

表 8.1　广告数量与卖出产品数量表

广告数量(x)	卖出产品数量(y)
1	14
3	24
2	18
1	17
3	27
$\sum x=10$	$\sum y=100$
$\bar{x}=2$	$\bar{y}=20$

线性回归的目标就是找到一条最佳的直线来最好地表达 x 与 y 的关系，如图 8.4 所示。

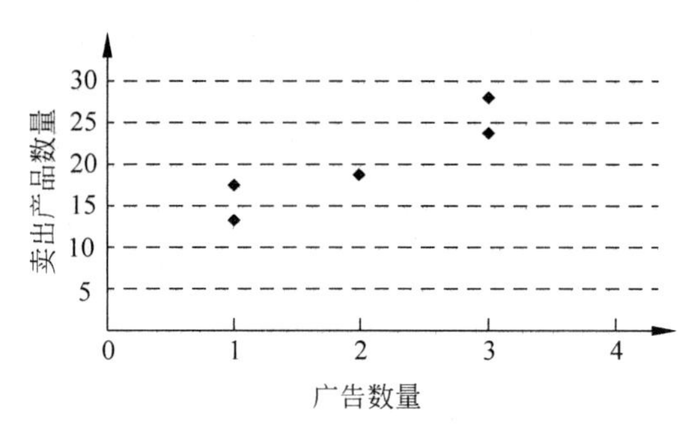

图 8.4 广告数量与卖出产品数量的关系

以式(8.4)为评价标准，可以找到这条直线。

$$\min\sum(y_i-\hat{y}_i)^2 \tag{8.4}$$

经过求导化简，可得

$$b_1=\frac{\sum(x_i-\bar{x})(y_i-\bar{y})}{\sum(x_i-\bar{x})^2} \tag{8.5}$$

$$b_0=\bar{y}-b_1\bar{x} \tag{8.6}$$

根据表 8.1 中的数据可得

$$b_1=\frac{(1-2)\times(14-20)+(3-2)\times(24-20)+\cdots}{(1-2)^2+(3-2)^2+\cdots}=\frac{20}{4}=5$$

$$b_0=20-5\times2=10$$

所以，线性回归方程为

$$\hat{y}=10+5x$$

得到的直线如图 8.5 所示。

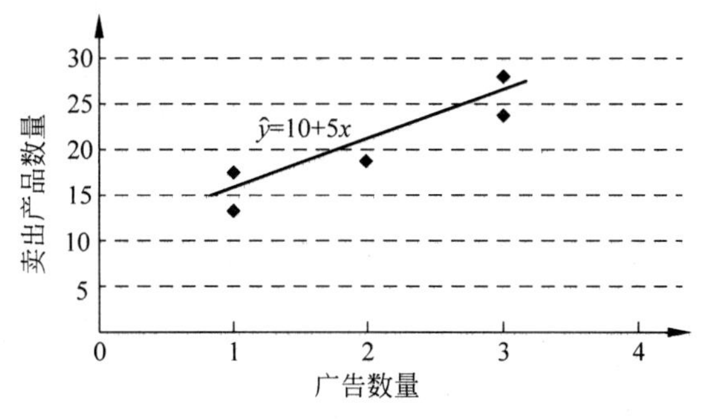

图 8.5 最优方程对应的直线

8.2 多元线性回归

8.1 节中的线性回归只有一个自变量 x，而多元线性回归有多个自变量，其形式为一个向量。给定由 d 个属性描述的实例 $\boldsymbol{X}=(x_1,x_2,\cdots,x_d)^{\mathrm{T}}$，其中 x_i 是 $\boldsymbol{X}$ 属性的第 i 个值，多元线性回归模型为[2]：

$$f(x)=w_1x_1+w_2x_2+\cdots+w_d+b \tag{8.7}$$

用向量表示的形式为：

$$f(x)=\boldsymbol{w}^{\mathrm{T}}\boldsymbol{X}+b \tag{8.8}$$

其中，$\boldsymbol{w}=(w_1,w_2,\cdots,w_d)^{\mathrm{T}}$。经过学习得到 $\boldsymbol{w}$ 与 $\boldsymbol{X}$，多元线性回归模型就确定了。多元线性回归模型形式简单、易于建模，其中蕴含着机器学习中的一些重要的基本思想。许多功能更为强大的非线性模型都以线性模型为基础。

给定数据集 $\boldsymbol{D}=\{(\boldsymbol{X}_1,y_1),(\boldsymbol{X}_2,y_2),\cdots,(\boldsymbol{X}_m,y_m)\}$，其中 $\boldsymbol{X}_i=(x_{i1},x_{i2},\cdots,x_{id})^{\mathrm{T}}$，$y_i\in\mathbf{R}$。多元线性回归试图用一个线性模型尽可能准确地预测实值输出。

多元线性回归试图学得的模型为：

$$f(\boldsymbol{X}_i)=\boldsymbol{w}^{\mathrm{T}}\boldsymbol{X}_i+b \tag{8.9}$$

多元线性回归模型就是通过确定 $\boldsymbol{w}$ 和 b 使 $f(\boldsymbol{X}_i)$无限接近 y_i。均方差有非常好的几何意义，它对应了常用的欧几里得距离(简称欧氏距离)。均方差是多元线性回归任务中常用的性能度量，因此可试图让反映 $f(\boldsymbol{X}_i)$与 y_i 接近程度的均方差最小化，即利用最小二乘法对 $\boldsymbol{w}$ 和 b 进行估计。为便于讨论，把 $\boldsymbol{w}$ 和 b 吸收入向量形式 $\boldsymbol{W}=(\boldsymbol{w},b)$，相应地，把数据集 D 表示为一个 $m\times(d+1)$大小的矩阵 $\boldsymbol{X}'$，其中每一行对应一个实例，该行的前 d 个元素对应实例的 d 个属性值，最后一个元素均置为 1，即

$$\boldsymbol{X}'=\begin{bmatrix} x_{11} & x_{12} & \cdots & x_{1d} & 1 \\ x_{21} & x_{22} & \cdots & x_{2d} & 1 \\ \vdots & \vdots & \ddots & \vdots & \vdots \\ x_{m1} & x_{m2} & \cdots & x_{md} & 1 \end{bmatrix}=\begin{bmatrix} \boldsymbol{X}_1{}^{\mathrm{T}} & 1 \\ \boldsymbol{X}_2{}^{\mathrm{T}} & 1 \\ \vdots & \vdots \\ \boldsymbol{X}_m{}^{\mathrm{T}} & 1 \end{bmatrix} \tag{8.10}$$

再把输出也写成向量形式：

$$\boldsymbol{y}=(y_1,y_2,\cdots,y_m)^{\mathrm{T}} \tag{8.11}$$

根据均方差最小化原则，有

$$\boldsymbol{W}^*=\arg\min_{W}(\boldsymbol{y}-\boldsymbol{X}'\boldsymbol{W})^{\mathrm{T}}(\boldsymbol{y}-\boldsymbol{X}'\boldsymbol{W}) \tag{8.12}$$

令 $\boldsymbol{E}_{\boldsymbol{W}}=(\boldsymbol{y}-\boldsymbol{X}'\boldsymbol{W})^{\mathrm{T}}(\boldsymbol{y}-\boldsymbol{X}'\boldsymbol{W})$，对 $\boldsymbol{W}$ 求导得到

$$\frac{\partial \boldsymbol{E}_{\boldsymbol{W}}}{\partial \boldsymbol{W}}=2\boldsymbol{X}'^{\mathrm{T}}(\boldsymbol{X}'\boldsymbol{W}-\boldsymbol{y}) \tag{8.13}$$

令上式为零可得 $\boldsymbol{W}$ 最优解的闭式解，但由于涉及矩阵逆的计算，比单变量时要复杂一些。下面做一个简单的讨论。

当 $\boldsymbol{X}'^{\mathrm{T}}\boldsymbol{X}'$为满秩矩阵或正定矩阵时，令式(8.13)为零可得

$$\boldsymbol{W}^*=(\boldsymbol{X}'^{\mathrm{T}}\boldsymbol{X}')^{-1}\boldsymbol{X}'^{\mathrm{T}}\boldsymbol{y} \tag{8.14}$$

其中，$(\boldsymbol{X}'^{\mathrm{T}}\boldsymbol{X}')^{-1}$ 是矩阵 $\boldsymbol{X}'^{\mathrm{T}}\boldsymbol{X}'$ 的逆矩阵。令 $\boldsymbol{X}_i^* = (\boldsymbol{X}_i, 1)$，则最终得到的多元线性回归模型为：

$$f(\boldsymbol{X}_i^*) = \boldsymbol{X}_i^{*\mathrm{T}}(\boldsymbol{X}'^{\mathrm{T}}\boldsymbol{X}')^{-1}\boldsymbol{X}'^{\mathrm{T}}\boldsymbol{y} \tag{8.15}$$

然而，在现实任务中 $\boldsymbol{X}'^{\mathrm{T}}\boldsymbol{X}'$ 往往不是满秩矩阵。例如在许多任务中会有大量的变量，其数目甚至超过样例数，导致 $\boldsymbol{X}'$ 的列数多于行数，$\boldsymbol{X}'^{\mathrm{T}}\boldsymbol{X}'$ 显然不满秩。此时可解出多个 $\boldsymbol{W}$，它们都能使均方差最小化，选择哪一个解作为输出，由学习算法的归纳偏好决定，常见的做法是引入正则化项[3]。

8.3 线性回归算法的 Python 实践

在 Python 中，为方便用户对线性回归算法的使用，在 Python 的 sklearn 中针对线性回归封装了 LinearRegression 函数，该函数不仅适用于前面提到的简单线性回归，也适用于多元线性回归。LinearRegression 函数的表示如下：

```
LinearRegression(copy_X = True, fit_intercept = True, n_jobs = None, normalize = False)
```

其中，fit_intercept 表示是否有截距，如果没有，则直线过原点；normalize 表示是否将数据归一化；copy_X 默认为 True，当为 True 时，X 将会被 copied，否则 X 将会被覆写；n_jobs 的默认值为 1，用来计算使用的核数。

本实例的数据来源于 sklearn 自带的 diabetes（糖尿病）数据集，具体代码如下（LineRe.py 文件）：

```
import numpy as np                                          # 导入 numpy 库
import matplotlib.pyplot as plt                             # 导入 Matplotlib 库
from sklearn.linear_model import LinearRegression           # 从 sklearn 导入线性回归函数
import sklearn.datasets as datasets                         # 导入数据库
diabetes = datasets.load_diabetes()                         # 导入糖尿病数据库
#print diabetes                                             # 打印糖尿病数据库的具体信息
data = diabetes['data']                                     # 条件数据
target = diabetes['target']                                 # 目标数据
data_part = data[:, [0, 2]]                                 # 选择两个条件作为预测的数据
#print data_part
lrg = LinearRegression()                                    # 线性回归函数实体化
lrg.fit(data[:,[2]], target)                                # 训练一组数据
X_test = np.linspace(-0.2, 0.2, 1000).reshape(1000,1)      # 定义测试数据
y_ = lrg.predict(X_test)                                    # 对测试数据进行预测
plt.scatter(data[:,[2]], target)                            # 绘制散点图
plt.plot(X_test, y_)                                        # 绘制回归线
plt.show()                                                  # 显示图像
```

在终端输入“python LineRe.py”，可以得到如图 8.6 所示的输出图像，其中横坐标表示糖尿病数据集的条件数据，纵坐标表示糖尿病数据集的目标数据，图上的点表示真实值，直线表示预测的结果，从结果上看两者比较接近。

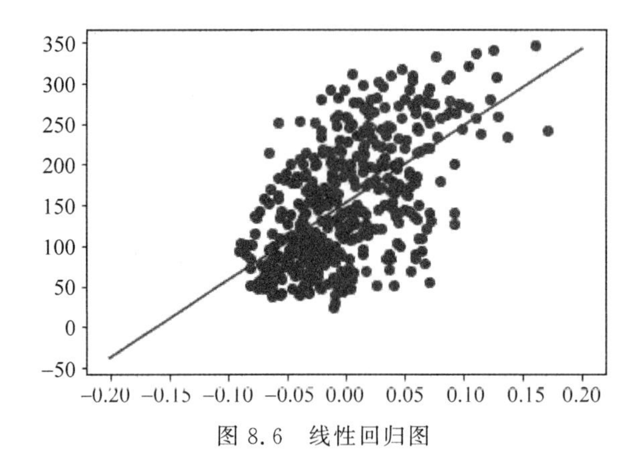

图 8.6 线性回归图

本章参考文献

[1] 王松桂，陈敏，陈立萍. 线性统计模型：线性回归与方差分析[M]. 北京：高等教育出版社，1999.

[2] 王惠文，孟洁. 多元线性回归的预测建模方法[J]. 北京航空航天大学学报，2007，33(4)：500-504.

[3] 周志华. 机器学习[M]. 北京：清华大学出版社，2016.

第9章

逻辑回归

逻辑回归(Logistic Regression)是当前业界比较常用的机器学习方法,用于估计某个事件发生的可能性。例如某用户购买某商品的可能性,某病人患有某种疾病的可能性,以及某广告被用户点击的可能性等。逻辑回归是广义线性模型的一个特例,虽然被称作回归,但在实际应用中常被用作分类,用于描述和推断两分类或多分类应变量与一组解释变量的关系,在许多科研领域也得到了大量的研究和应用。

9.1 逻辑回归的原理

一个机器学习方法通常由3个要素构成,即模型、策略和算法。模型是假设的空间形式,比如是线性函数还是条件概率;策略是判断模型好坏的依据,寻找能够表示模型好坏的数学表达式,将学习问题转化为一个优化问题,一般策略对应着一个代价函数(Cost Function);算法是上述优化问题的求解方法,有多种形式,比如梯度下降法、直接求导、遗传算法等。对于逻辑回归也一样。首先,它依然是基于线性模型的,但是为了解决分类问题,需要把线性模型的输出做一个变换,这就用到了Sigmoid函数,它能够把实数域的输出映射到(0,1)区间,这就为输出提供了很好的概率解释。但是从本质上来说,逻辑回归还是一种广义的线性模型。对于策略来说,经过推导可以知道它采用了交叉熵作为损失函数。最后为了最小化损失函数,逻辑回归采用了梯度下降法。综合这3个因素,就构成了逻辑回归算法[1]。

9.1.1 Sigmoid函数

Sigmoid函数的表达式如下:

$$g(z)=\frac{1}{1+e^{-z}} \tag{9.1}$$

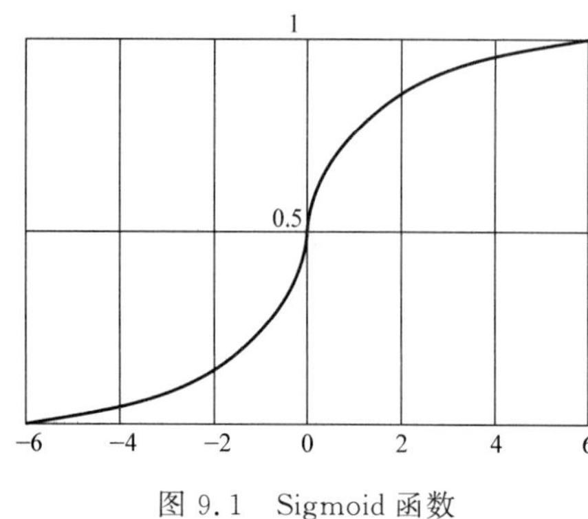

图 9.1 Sigmoid 函数

函数形式如图 9.1 所示。

可见 Sigmoid 函数的值域范围是(0,1)。实际上这是一个逻辑分布的特例。在后面会讲到如何使用 Sigmoid 函数来构造逻辑回归算法。

9.1.2 梯度下降法

梯度下降法(Gradient Descent,GD)是一种常见的最优化算法,用于求解函数的最大值或最小值。在高等数学中求解一个函数的最小值时,最常用的方法就是求出它的导数为 0 的点,进而判断这个点是否能够取最小值。但是,在实际的很多情况中,很难求解出使函数的导数为 0 的解析表达式,这个时候就可以使用梯度下降法。梯度下降法的含义是不断地沿着梯度的方向更新参数,以期望到达函数的极值点。这主要是因为对于一个函数来说,梯度方向是下降最快的方向,所以这种更新不仅合理,而且很有效率。具体来说,为了选取一个 θ 使 $J(\theta)$最小,首先可以随机选择 θ 的一个初始值,然后不断地修改 θ 以减小 $J(\theta)$,直到 θ 的值不再改变为止,其过程可用图 9.2 进行描述。对于梯度下降法,可以表示为:

$$\theta_{j+1}=\theta_j-\alpha\frac{\partial J(\theta)}{\partial\theta_j}$$

即不断地向梯度的方向(减小最快的方向)更新 θ,最终使 $J(\theta)$最小。其中 α 称为学习速率(Learning Rate),它取值太小会导致迭代过慢,取值太大可能错过最值点,如图 9.3 所示。

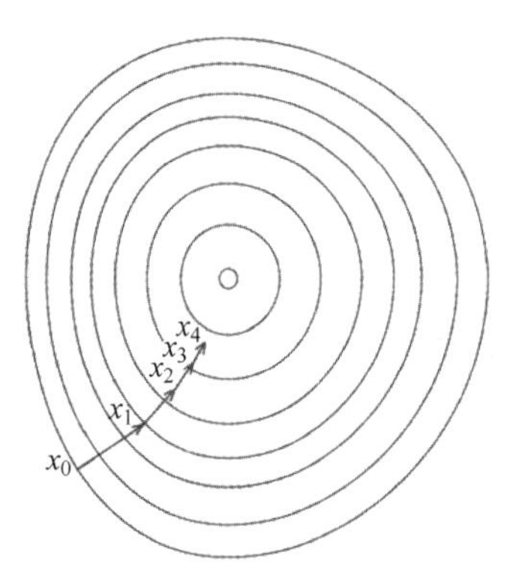

图 9.2 梯度下降示意图

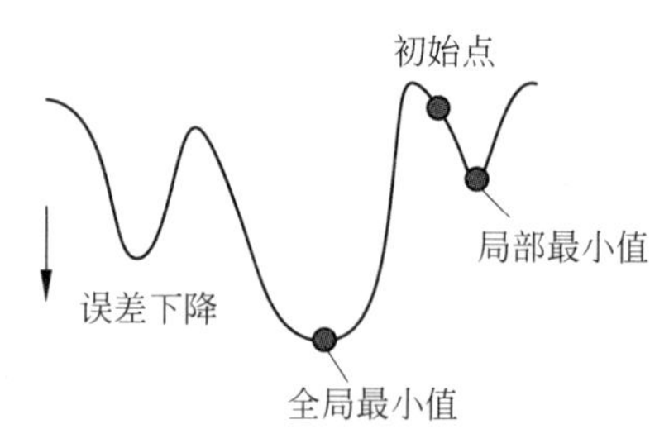

图 9.3 局部最小值和全局最小值

梯度下降得到的结果可能是局部最优值。如果 $F(x)$是凸函数,则可以保证梯度下降得到的是全局最优值。

9.2 逻辑回归及公式推导

9.2.1 公式推导

在 9.1 节中介绍了一些背景铺垫知识和逻辑回归的思想,下面推导逻辑回归算法,包

括模型的建立、代价函数的选择以及利用GD推导得到迭代结果。首先,假设有一个线性模型,表示为:

$$\theta_0+\theta_1 x_1+\cdots+\theta_n x_n=\sum_{i=0}^{n}\theta_i x_i=\boldsymbol{\theta}^{\mathrm{T}}\boldsymbol{x} \tag{9.2}$$

根据前面的描述,逻辑回归是利用Sigmoid函数对线性输出做了变换,因此最终构造的预测函数为:

$$h_\theta(\boldsymbol{x})=g(\boldsymbol{\theta}^{\mathrm{T}}\boldsymbol{x})=\frac{1}{1+\mathrm{e}^{-\boldsymbol{\theta}^{\mathrm{T}}\boldsymbol{x}}} \tag{9.3}$$

这个值表示结果取1的概率,因此对于输入$\boldsymbol{x}$,分类结果为类别1和类别0的概率分别为:

$$\begin{aligned}P(y=1\mid\boldsymbol{x};\boldsymbol{\theta})&=h_\theta(\boldsymbol{x})\\P(y=0\mid\boldsymbol{x};\boldsymbol{\theta})&=1-h_\theta(\boldsymbol{x})\end{aligned} \tag{9.4}$$

合在一起其实就是伯努利分布,表示为:

$$P(y\mid\boldsymbol{x};\boldsymbol{\theta})=(h_\theta(\boldsymbol{x}))^y(1-h_\theta(\boldsymbol{x}))^{1-y} \tag{9.5}$$

这就是模型,假设知道了参数$\boldsymbol{\theta}$,给定一个输入$\boldsymbol{x}$,根据预测模型就能得到当前样本点属于两个类的概率。问题是如何求解$\boldsymbol{\theta}$,显然需要定义一个指标来衡量$\boldsymbol{\theta}$的表现,这就是代价函数。利用最大似然法,对于一个具有m个样本的训练集来说,似然函数表示为:

$$L(\boldsymbol{\theta})=\prod_{i=1}^{m}P(y^{(i)}\mid\boldsymbol{x}^{(i)};\boldsymbol{\theta})=\prod_{i=1}^{m}(h_\theta(\boldsymbol{x}^{(i)}))^{y^{(i)}}(1-h_\theta(\boldsymbol{x}^{(i)}))^{1-y^{(i)}} \tag{9.6}$$

对数似然函数为:

$$l(\boldsymbol{\theta})=\log L(\boldsymbol{\theta})=\sum_{i=1}^{m}(y^{(i)}\log h_\theta(\boldsymbol{x}^{(i)})+(1-y^{(i)})\log(1-h_\theta(\boldsymbol{x}^{(i)}))) \tag{9.7}$$

最合适的$\boldsymbol{\theta}$应该是使式(9.7)的值最大。在一般文献中,代价函数的形式为:

$$\begin{aligned}J(\boldsymbol{\theta})&=\frac{1}{m}\sum_{i=1}^{m}\mathrm{Cost}(h_\theta(\boldsymbol{x}^{(i)}),y^{(i)})\\&=-\frac{1}{m}\left[\sum_{i=1}^{m}(y^{(i)}\log h_\theta(\boldsymbol{x}^{(i)})+(1-y^{(i)})\log(1-h_\theta(\boldsymbol{x}^{(i)})))\right]\end{aligned} \tag{9.8}$$

式(9.8)的值是式(9.7)的$-1/m$倍,一个是求最大值,另一个是求最小值,因此是等价的,这就是逻辑回归代价函数的由来。有了代价函数,算法就是利用梯度下降寻找$\boldsymbol{\theta}$的更新策略。根据前面的介绍:

$$\theta_{j+1}=\theta_j-\alpha\frac{\partial}{\partial\theta_j}J(\boldsymbol{\theta})\quad j=0,1,\cdots,n \tag{9.9}$$

代入,并求偏导:

$$\begin{aligned}&\frac{\partial}{\partial\theta_j}J(\boldsymbol{\theta})\\&=-\frac{1}{m}\sum_{i=1}^{m}\left(y^{(i)}\frac{1}{h_\theta(X^{(i)})}\frac{\partial}{\partial\theta_j}h_\theta(X^{(i)})-(1-y^{(i)})\frac{1}{1-h_\theta(X^{(i)})}\frac{\partial}{\partial\theta_j}h_\theta(X^{(i)})\right)\end{aligned}$$

$$=-\frac{1}{m}\sum_{i=1}^{m}\left(y^{(i)}\frac{1}{g(\boldsymbol{\theta}^{\mathrm{T}}x^{(i)})}-(1-y^{(i)})\frac{1}{1-g(\boldsymbol{\theta}^{\mathrm{T}}x^{(i)})}\right)\frac{\partial}{\partial\theta_j}g(\boldsymbol{\theta}^{\mathrm{T}}x^{(i)})$$

$$=-\frac{1}{m}\sum_{i=1}^{m}\left(y^{(i)}\frac{1}{g(\boldsymbol{\theta}^{\mathrm{T}}x^{(i)})}-(1-y^{(i)})\frac{1}{1-g(\boldsymbol{\theta}^{\mathrm{T}}x^{(i)})}\right)\cdot$$

$$g(\boldsymbol{\theta}^{\mathrm{T}}x^{(i)})(1-g(\boldsymbol{\theta}^{\mathrm{T}}x^{(i)}))\frac{\partial}{\partial\theta_j}\boldsymbol{\theta}^{\mathrm{T}}x^{(i)}$$

$$=-\frac{1}{m}\sum_{i=1}^{m}(y^{(i)}(1-g(\boldsymbol{\theta}^{\mathrm{T}}x^{(i)}))-(1-y^{(i)})g(\boldsymbol{\theta}^{\mathrm{T}}x^{(i)}))x_j^{(i)}$$

$$=-\frac{1}{m}\sum_{i=1}^{m}(y^{(i)}-g(\boldsymbol{\theta}^{\mathrm{T}}x^{(i)}))x_j^{(i)}$$

$$=-\frac{1}{m}\sum_{i=1}^{m}(y^{(i)}-h_\theta(X^{(i)}))x_j^{(i)}$$

$$=\frac{1}{m}\sum_{i=1}^{m}(h_\theta(X^{(i)})-y^{(i)})x_j^{(i)}$$

Sigmoid 函数求导结果：

$$f(\boldsymbol{x})=\frac{1}{1+\mathrm{e}^{g(\boldsymbol{x})}}$$

$$\frac{\partial}{\partial\boldsymbol{x}}f(\boldsymbol{x})=\frac{1}{(1+\mathrm{e}^{g(\boldsymbol{x})})^2}\mathrm{e}^{g(\boldsymbol{x})}\frac{\partial}{\partial\boldsymbol{x}}g(\boldsymbol{x})$$

$$=\frac{1}{1+\mathrm{e}^{g(\boldsymbol{x})}}\frac{\mathrm{e}^{g(\boldsymbol{x})}}{1+\mathrm{e}^{g(\boldsymbol{x})}}\frac{\partial}{\partial\boldsymbol{x}}g(\boldsymbol{x})$$

$$=f(\boldsymbol{x})(1-f(\boldsymbol{x}))\frac{\partial}{\partial\boldsymbol{x}}g(\boldsymbol{x}) \tag{9.10}$$

因此，式(9.9)的更新过程可以写成：

$$\theta_{j+1}=\theta_j-\alpha\frac{1}{m}\sum_{i=1}^{m}(h_\theta(X^{(i)})-y^{(i)})x_j^{(i)}\quad(j=0,1,\cdots,n) \tag{9.11}$$

因为式中 α 本来是一个常量，所以 $1/m$ 一般会省略，故最终的$\boldsymbol{\theta}$ 更新过程为：

$$\theta_{j+1}=\theta_j-\alpha\sum_{i=1}^{m}(h_\theta(X^{(i)})-y^{(i)})x_j^{(i)}\quad(j=0,1,\cdots,n) \tag{9.12}$$

在该式中，α 是迭代步长，$h_\theta(X^{(i)})$是假设集在第 i 个样本处的取值，$y^{(i)}$是真实的标签值。

9.2.2 向量化

式(9.12)采用的是流处理的形式，也就是每次只能更新$\boldsymbol{\theta}$ 的一个维度，然后利用循环计算向量$\boldsymbol{\theta}$ 。这种形式的代码实现至少需要用到两层 for 循环，一层是对于$\boldsymbol{\theta}$ 的各个分量，一层是对于样本个数。循环往往效率很低，因此有必要将式(9.12)改写成向量的形式，这样不仅计算效率高，而且代码也会变得很简洁。

为了向量化，第一步很直观地就是把 θ_j 变成$\boldsymbol{\theta}$，只需要把 $x_j^{(i)}$ 替换成 $\boldsymbol{x}^{(i)}$ 即可。结果如下：

$$\boldsymbol{\theta}_{j+1}=\boldsymbol{\theta}-\alpha\sum_{i=1}^{m}(h_\theta(\boldsymbol{X}^{(i)})-y^{(i)})\boldsymbol{x}^{(i)}\quad(j=0,1,\cdots,n)\tag{9.13}$$

这里的 $\sum$ 是一个求和的过程，显然需要一个 for 语句循环 m 次，所以根本没有完全实现向量化。为了去掉求和符号，需要向量形式的表达，然后利用内积的形式计算求和。因此先对样本和标签向量化，如下：

$$\boldsymbol{X}=\begin{bmatrix}\boldsymbol{x}^{(1)}\\ \boldsymbol{x}^{(2)}\\ \vdots\\ \boldsymbol{x}^{(m)}\end{bmatrix}=\begin{bmatrix}x_0^{(1)} & x_1^{(1)} & \cdots & x_n^{(1)}\\ x_0^{(2)} & x_1^{(2)} & \cdots & x_n^{(2)}\\ \vdots & \vdots & \ddots & \vdots\\ x_0^{(m)} & x_1^{(m)} & \cdots & x_n^{(m)}\end{bmatrix}$$

$$\boldsymbol{y}=\begin{bmatrix}y^{(1)}\\ y^{(2)}\\ \vdots\\ y^{(m)}\end{bmatrix}\tag{9.14}$$

一般情况下，在机器学习的文章中，约定 $\boldsymbol{X}$ 的每一行为一条训练样本，而每一列为不同的特征值。待求取的参数$\boldsymbol{\theta}$ 的矩阵形式为

$$\boldsymbol{\theta}=\begin{bmatrix}\theta_0\\ \theta_1\\ \vdots\\ \theta_n\end{bmatrix}\tag{9.15}$$

用 $\boldsymbol{A}$ 表示线性输出，那么有

$$\begin{aligned}\boldsymbol{A}=\boldsymbol{X}\cdot\boldsymbol{\theta}&=\begin{bmatrix}x_0^{(1)} & x_1^{(1)} & \cdots & x_n^{(1)}\\ x_0^{(2)} & x_1^{(2)} & \cdots & x_n^{(2)}\\ \vdots & \vdots & \ddots & \vdots\\ x_0^{(m)} & x_1^{(m)} & \cdots & x_n^{(m)}\end{bmatrix}\cdot\begin{bmatrix}\theta_0\\ \theta_1\\ \vdots\\ \theta_n\end{bmatrix}\\ &=\begin{bmatrix}\theta_0x_0^{(1)}+\theta_1x_1^{(1)}+\cdots+\theta_nx_n^{(1)}\\ \theta_0x_0^{(2)}+\theta_1x_1^{(2)}+\cdots+\theta_nx_n^{(2)}\\ \vdots\\ \theta_0x_0^{(m)}+\theta_1x_1^{(m)}+\cdots+\theta_nx_n^{(m)}\end{bmatrix}\end{aligned}\tag{9.16}$$

$\boldsymbol{A}$ 是一个列向量，经过 Sigmoid 函数变换后就得到了预测输出，预测输出和真实标签的插值就是误差，表示如下：

$$\boldsymbol{E}=h_\theta(\boldsymbol{X})-\boldsymbol{y}=\begin{bmatrix} g(\boldsymbol{A}^{(1)}-y^{(1)}) \\ g(\boldsymbol{A}^{(2)}-y^{(2)}) \\ \vdots \\ g(\boldsymbol{A}^{(m)}-y^{(m)}) \end{bmatrix}=\begin{bmatrix} e^{(1)} \\ e^{(2)} \\ \vdots \\ e^{(m)} \end{bmatrix}=g(\boldsymbol{A})-\boldsymbol{y} \tag{9.17}$$

比较式(9.13),可以得到：

$$\begin{bmatrix} \theta_0 \\ \theta_1 \\ \vdots \\ \theta_n \end{bmatrix}=\begin{bmatrix} \theta_0 \\ \theta_1 \\ \vdots \\ \theta_n \end{bmatrix}-\alpha\cdot\begin{bmatrix} x_0^{(1)} & x_0^{(2)} & \cdots & x_0^{(m)} \\ x_1^{(1)} & x_1^{(2)} & \cdots & x_1^{(m)} \\ \vdots & \vdots & \ddots & \vdots \\ x_n^{(1)} & x_n^{(2)} & \cdots & x_n^{(m)} \end{bmatrix}\cdot\boldsymbol{E}$$

$$=\boldsymbol{\theta}-\alpha\cdot\boldsymbol{X}^{\mathrm{T}}\cdot\boldsymbol{E} \tag{9.18}$$

综上所述,为了得到向量化的表达,只需要以下 3 步：

(1) 求 $\boldsymbol{A}=\boldsymbol{X\theta}$ 。

(2) 求 $\boldsymbol{E}=g(\boldsymbol{A})-\boldsymbol{y}$。

(3) 求$\boldsymbol{\theta}:=\boldsymbol{\theta}-\alpha\boldsymbol{X}^{\mathrm{T}}\boldsymbol{E}$,其中 $\boldsymbol{X}^{\mathrm{T}}$ 表示矩阵 $\boldsymbol{X}$ 的转置。

9.2.3 算法的步骤

经过理论推导后,可以总结出逻辑回归算法的步骤。其大体分为 3 个步骤,即准备数据、训练模型和应用模型。具体来说：

首先给定训练集 $\boldsymbol{X}$、标签 $\boldsymbol{y}$、终止条件 ε、初始参数$\boldsymbol{\theta}^0$、学习步长 α 。

然后重复以下步骤。

(1) 计算 $\boldsymbol{A}=\boldsymbol{X\theta}_t$。

(2) 计算误差,$\boldsymbol{E}=\mathrm{Sigmoid}(\boldsymbol{A})-\boldsymbol{y}$。

(3) 更新$\boldsymbol{\theta}$,$\boldsymbol{\theta}_{t+1}=\boldsymbol{\theta}_t-\alpha\boldsymbol{X}^{\mathrm{T}}\boldsymbol{E}$。

(4) 若$|\boldsymbol{\theta}_{t+1}-\boldsymbol{\theta}_t|\leqslant\varepsilon$,跳出循环,执行下一步,否则继续循环执行。

最后预测,给定一个新样本 $\boldsymbol{x}_{\mathrm{new}}$,预测 $P(y_{\mathrm{new}}=1|\boldsymbol{x}_{\mathrm{new}})=\mathrm{Sigmoid}(\boldsymbol{x}_{\mathrm{new}}\boldsymbol{\theta}_{\mathrm{final}})$。

9.2.4 逻辑回归的优缺点

逻辑回归的优点如下：

(1) 预测结果是 0～1 的概率。

(2) 可以适用于连续型和离散型变量。

(3) 容易使用和解释。

逻辑回归的缺点如下：

(1) 对模型中自变量的多重共线性较为敏感,例如两个高度相关自变量同时放入模型,可能导致较弱的一个自变量回归符号不符合预期,符号被扭转。此时需要利用因子分析或者变量聚类分析等手段来选择具有代表性的自变量,以减少候选变量之间的相关性。

(2) 预测结果呈 S 形,因此从 log(odds)向概率转化的过程是非线性的,在两端随着 log(odds)值的变化,概率变化很小,边际值太小,斜率太小,而中间概率的变化很大,很敏感，导致很多区间的变量变化对目标概率的影响没有区分度，无法确定阈值。

9.3 逻辑回归算法的改进

9.3.1 逻辑回归的正则化

正则化不是只在逻辑回归中存在，它是一个通用的算法和思想，所有会产生过拟合现象的算法都可以使用正则化来避免过拟合。一般来说，防止过拟合可以从两方面入手，一是减少模型复杂度，二是增加训练集样本数[2]。正则化就是减少模型复杂度的一个方法。一般在目标函数上增加一个惩罚项。对于逻辑回归来说，如下：

$$J(\boldsymbol{\omega}) = -\frac{1}{m}\left[\sum_{i=1}^{m} y_i \log h_{\boldsymbol{\omega}}(x_i) + (1-y_i)\log(1-h_{\boldsymbol{\omega}}(x_i))\right] + \lambda\Phi(\boldsymbol{\omega})$$

这个正则化项一般会采用 L_1 范数或者 L_2 范数。其形式分别为：

$$\Phi(\boldsymbol{\omega}) = \|\boldsymbol{x}\|_1 \text{ 和 } \Phi(\boldsymbol{\omega}) = \|\boldsymbol{x}\|_2$$

首先针对 L_1 范数 $\Phi(\boldsymbol{\omega}) = \lceil \boldsymbol{\omega} \rceil$，当采用梯度下降法来优化目标函数时，对目标函数进行求导，正则化项导致的梯度变化是当 $\omega_j > 0$ 时取 1，当 $\omega_j < 0$ 时取 -1。因此当 $\omega_j > 0$ 的时候，ω_j 会减去一个正数，导致 ω_j 减小；而当 $\omega_j < 0$ 的时候，ω_j 会减去一个负数，导致 ω_j 变大，故这个正则项会导致参数 ω_j 的取值趋近于 0，这也就是为什么 L_1 正则能够使权重稀疏，结果就是参数值受到控制进而趋近 0。L_1 正则还被称为 Lasso Regularization。

然后针对 L_2 范数 $\Phi(\boldsymbol{\omega}) = \boldsymbol{\omega}^{\mathrm{T}}\boldsymbol{\omega}$，同样对它求导，得到梯度变化为：

$$\frac{\partial \Phi(\boldsymbol{\omega})}{\partial \omega_j} = 2\omega_j$$

一般会通过 $\lambda/2m$ 把这个系数 2 消掉。同样更新之后，ω_j 的值不会变得特别大。在机器学习中将 L_2 正则称为权重衰减(Weight Decay)。在回归问题中，关于 L_2 正则的回归还被称为岭回归(Ridge Regression)。权重衰减有一个好处，就是它使得目标函数变为凸函数。梯度下降法和拟牛顿法(L-BFGS)都能收敛到全局最优解。

9.3.2 主成分改进的逻辑回归方法

逻辑回归是现今进行病因分析、生存分析常用的多元统计方法。在逻辑回归中的变量筛选及参数估计都要求各自变量之间相互独立，但在很多研究中各自变量之间并不独立，而是相互之间存在一定程度的线性依存关系，被称为多重共线性(Multico Linearity)，这种多重共线性关系常会增大估计参数的均方误差和标准误差，有的甚至会使回归系数的方向相反，导致方程极不稳定，从而导致逻辑回归模型拟合上的矛盾及不合理。采用主成分分析产生若干主成分，它们必定会将相关性较强的变量综合在同一个主成分中，而不同的主成分又是互相独立的。只要多保留几个主成分，原变量的信息不会过多损失。然后以这些主成分为自变量进行逻辑回归，就不会再出现共线性的困扰[3]。

但是在统计学领域，不仅需要得到好的模型，往往还特别注重模型对于实际情况的解释性。主成分能够包含原始自变量的大部分信息(取决于特征值)，但是经常不好解释主成分的含义。如果用主成分进行逻辑回归建模，即便是得到较好的模型，也不方便用来解释模型的实际意义。因此也可以选择解释性更好的逐步回归方法或者因子分析来降维，消除共线性。

9.4 逻辑回归的 Python 实践

为方便用户对逻辑回归算法的使用，在 Python 的 sklearn 中针对线性回归封装了 LogisticRegression 函数。该函数的表示如下：

```
LogisticRegression(C = 1.0,class_weight = None,dual = False,
fit_intercept = True,intercept_scaling = 1,max_iter = 100,multi_class = 'warn',
n_jobs = None,penalty = 'l2',random_state = None,solver = 'warn',tol = 0.0001,
verbose = 0,warm_start = False)
```

其中，C 是正则化系数的倒数，取值必须为正浮点数；class_weight 表示各个类型样本的权重；dual 仅用在 l2 惩罚项的 liblinear 解法上；fit_intercept 确定是否有一个偏差或者截距应该被添加进决策函数；intercept_scaling 仅在解法 liblinear 被使用且 fit_intercept 被置为 True 时有用；max_iter 表示算法收敛的最大次数。multi_class 为 str 类型，{'warn','multinomial'}为可选参数，默认为'warn'，如果是二元分类问题则两个选项一样，如果是多元分类问题则 warn 将进行多次二分类，分别为一类别和剩余其他所有类别；multinomial 则分别进行两两分类，需要 $T(T-1)/2$ 次分类。对于 n_jobs，当 multi_class='warn' 时设置并行处理的 CPU 核数量，当 solver 被设置为 liblinear 时不论 multi_class 是否被设置都忽略此参数。penalty 用来添加参数避免过拟合，可以理解为对当前训练样本的惩罚，用于提高函数的泛化能力。random_state 默认为'None'，仅在算法为 'sag'或'liblinear'时使用；solver 是求解器；tol 表示满足该精度时训练停止；verbose 为 liblinear 和 lbfgs 算法设置一个任意正整数作为冗余；warm_start 为布尔类型，默认为 False，如果为 True，则使用上次的训练结果作为初始化参数，否则擦除上次的训练结果。

LogisticRegression 函数用来训练和预测逻辑回归时，LogisticRegression.fit(x,y)为训练函数，其中 x 为输入数据，y 为输出数据；LogisticRegression.predict(x*)为预测函数，其中 x* 为测试数据。下面使用 LogisticRegression 函数对 3 种鸢尾属植物样本数据 fisheriris 进行训练和测试，具体代码如下(LogisticRegression.py)：

```
from sklearn import datasets                                    #导入 sklearn 库
import numpy as np                                              #导入 numpy 库
from sklearn.model_selection import cross_val_score
from sklearn.model_selection import train_test_split
iris = datasets.load_iris()                                     #导入 iris 数据库
X = iris.data[:, [0, 2]]                                        #取数据的两个特征
y = iris.target                                                 #定义目标数据
```

```
X_train, X_test, y_train, y_test = train_test_split(X, y, test_size=0.3, random_state=0)
#定义输入与输出数据
#直接导入的数据集分布不均,是按顺序排列的,这会影响训练效果,因此用#train_test_split
#将数据的顺序打乱并拆分成训练集和测试集
from sklearn.preprocessing import StandardScaler
#为了追求机器学习和最优化算法的最佳性能,将特征缩放
sc = StandardScaler()
sc.fit(X_train)                                          #估算每个特征的平均值和标准差
#这里要用同样的参数来标准化测试集,使得测试集和训练集之间有可比性
X_train_std = sc.transform(X_train)
X_test_std = sc.transform(X_test)
X_combined_std = np.vstack((X_train_std, X_test_std))
y_combined = np.hstack((y_train, y_test))
from sklearn.linear_model import LogisticRegression     #导入逻辑函数
#print LogisticRegression()                              #输出逻辑函数的属性和参数
lr = LogisticRegression()                                #将逻辑函数实例化
lr.fit(X_train_std, y_train)                             #训练函数
predicted = lr.predict(X_test_std)                       #预测分类
answer = lr.predict_proba(X_test_std)                    #预测分类概率
print(predicted)                                         #输出预测分类结果
#print answer                                            #输出预测分类概率
import matplotlib.pyplot as plt                          #导入 matplotlib
from matplotlib.colors import ListedColormap
from mlxtend.plotting import plot_decision_regions       #导入画区域函数
scatter_highlight_kwargs = {'s': 60, 'label': 'Test data', 'alpha': 1.}  #设置强调点的格式
plot_decision_regions(X_combined_std,y_combined,clf=lr,legend=3,
                      X_highlight=X_test_std,            #设置强调点
                      scatter_highlight_kwargs=scatter_highlight_kwargs)  #绘制区域
plt.xlabel('petal length [standardized]')                #输入 x 坐标 lable
plt.ylabel('petal width [standardized]')                 #输入 y 坐标 lable
plt.legend(loc='upper left')                             #输入 legend
plt.show()                                               #显示绘图
```

在终端输入“python LogisticRegression.py”,得到测试数据 X_test_std 输入 LogisticRegression 逻辑回归模型的预测分类结果:

```
[2 1 0 2 0 2 0 2 2 1 2 1 2 1 1 1 1 0 1 1 0 0 2 1 0 0 2 0 0 1 1 0 2 1 0 2 2 1 0 2 1 1 2 0 2 0 0]
```

输出的图像如图 9.4 所示。

从该图可以看出使用 LogisticRegression 函数对 3 种数据进行了很好的回归。

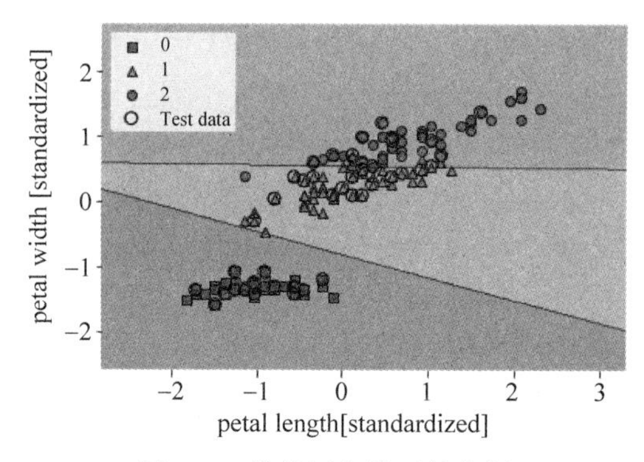

图 9.4　线性回归模型的实例

本章参考文献

[1] 王济川，郭志刚. Logistic 回归模型：方法与应用[M]. 北京：高等教育出版社，2001.

[2] 朱劲夫，刘明哲，赵成强，等. 正则化在逻辑回归与神经网络中的应用研究[J]. 信息技术，2016，40(7)：1-5.

[3] 梁琪. 企业经营管理预警：主成分分析在 Logistic 回归方法中的应用[J]. 管理工程学报，2005，19(1)：100-103.

第10章

神经网络

10.1 神经网络算法概述

人工神经网络(Artificial Neural Networks,ANN)简称为神经网络(NN),或称作连接模型(Connection Model),它是一种模仿动物神经网络行为特征进行分布式并行信息处理的算法数学模型。这种网络依靠系统的复杂程度,通过调整内部大量节点之间相互连接的关系来达到处理信息的目的。

神经网络的研究内容相当广泛,反映了多学科交叉技术领域的特点,主要的研究工作集中在以下方面。

(1) 建立模型:根据生物原型的研究,建立神经元、神经网络的理论模型。其中包括概念模型、知识模型、物理化学模型、数学模型等。

(2) 算法:在理论模型研究的基础上构建具体的神经网络模型,以实现计算机模拟或准备制作硬件,包括网络学习算法的研究,这方面的工作也称为技术模型研究。

(3) 应用:在网络模型与算法研究的基础上,利用人工神经网络组成实际的应用系统,如完成某种信号处理或模式识别的功能、构建专家系统、制成机器人、复杂系统控制等。

10.1.1 神经网络的工作原理

人工神经网络是由大量的简单基本元件(神经元)相互连接而成的自适应非线性动态系统。每个神经元的结构和功能比较简单,但大量神经元组合产生的系统行为却非常复杂。与数字计算机相比,人工神经网络在构成原理和功能特点等方面更加接近人脑,它不是按给定的程序一步一步地执行运算,而是能够自身适应环境、总结规律,完成某种运算、识别或过程控制。

人工神经网络首先要以一定的学习准则进行学习，然后才能工作。现以人工神经网络对于写“A”、“B”两个字母的识别为例进行说明，规定当输入为“A”时输出“1”，当输入为“B”时输出“0”。所以网络学习的准则应该是：如果网络做出错误的判决，则通过网络的学习，应使得网络减少下次犯同样错误的可能性。首先给网络的各连接权值赋予(0,1)区间内的随机值，将“A”所对应的图像模式输入网络，网络将输入模式加权求和，与门限比较，再进行非线性运算，得到网络的输出。在此情况下，网络输出为“1”和“0”的概率各为50%，也就是说是完全随机的。这时如果输出为“1”(结果正确)，则使连接权值增大，以便使网络再次遇到“A”模式输入时仍然能做出正确的判断；如果输出为“0”(结果错误)，则把网络连接权值朝着减小综合输入加权值的方向调整，其目的在于使网络下次再遇到“A”模式输入时减小犯同样错误的可能性。如此操作调整，当给网络连续输入若干个字母“A”和“B”后，网络按以上学习方法进行若干次学习后，网络判断的正确率将大大提高。这说明网络对这两个模式的学习已经获得了成功，它已将这两个模式分布地记忆在网络的各个连接权值上。当网络再次遇到其中任何一个模式时，能够做出迅速、准确的判断和识别。一般来说，网络中所含的神经元个数越多，则它能记忆、识别的模式也就越多。

决定神经网络模型性能的三大要素为神经元(信息处理单元)的特性、神经元之间相互连接的形式——拓扑结构、为适应环境而改善性能的学习规则。

10.1.2 神经网络的特点

人工神经网络具有一定的自适应与自组织能力。在学习或训练过程中改变突触权重值，以适应周围环境的要求。同一网络因学习方式及内容不同可以具有不同的功能。人工神经网络是一个具有学习能力的系统，可以发展知识，从而超过设计者原有的知识水平。通常，它的学习训练方式可以分为两种，一种是有监督学习(或称有导师的学习)，这时利用给定的样本标准进行分类或模仿；另一种是无监督学习(或称无导师的学习)，这时只规定学习方式或某些规则，具体的学习内容随系统所处的环境（即输入信号情况)而异，系统可以自动发现环境特征和规律性，具有更近似人脑的功能。

泛化能力指对没有训练过的样本有很好的预测能力和控制能力，特别是当存在一些有噪声的样本时神经网络具有很好的预测能力。

当系统对于设计人员来说很透彻或者很清楚时，一般利用数值分析、偏微分方程等数学工具建立精确的数学模型；当系统很复杂，或者系统未知，系统信息量很少，建立精确的数学模型很困难时，神经网络的非线性映射能力则表现出优势，因为它不需要对系统进行透彻的了解，但是同时能达到输入与输出的映射关系，这就大大简化了设计的难度。

神经网络是根据人的大脑抽象出来的数学模型，由于人可以同时做一些事，所以从功能的模拟角度上看，神经网络也应具有很强的并行性。

10.1.3 人工神经元模型

神经元及其突触是神经网络的基本器件，因此模拟生物神经网络应该首先模拟生物神经元。在人工神经网络中，神经元常被称为“处理单元”，有时从网络的观点出发常把它称为“节点”。人工神经元是对生物神经元的一种形式化描述。

图 10.1 所示为典型的人工神经元模型，通常被称为 MP 模型。它有 3 个基本要素，分别是连接权、求和单元和激活函数。

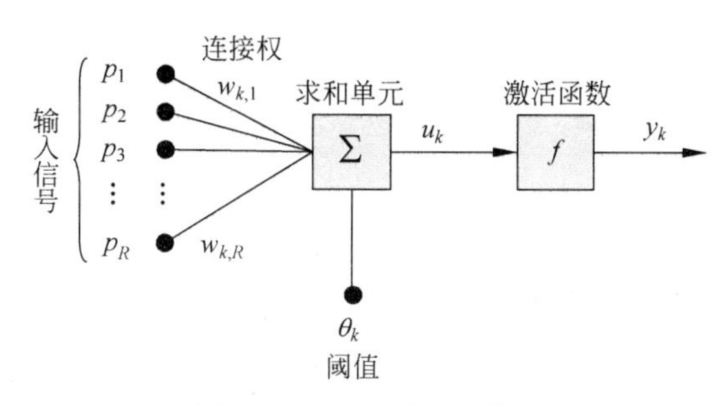

图 10.1　人工神经元模型

其中，w_{ki} 代表神经元 k 与神经元 i 之间的连接强度（模拟生物神经元之间的突触连接强度），称之为连接权；u_k 代表神经元 k 的活跃值，即神经元的状态；y_k 代表神经元的输出，即下一个神经元的输入；p_i 代表神经元的输入；θ_k 代表神经元 k 的阈值；f 表达了神经元的输入与输出特性，常见的激活函数有双曲正切函数 tanh()与 Logistic()函数。

人工神经网络是一个并行和分布式的信息处理网络结构，该网络结构一般由许多个神经元组成，每个神经元有一个单一的输出，它可以连接很多其他的神经元，其输入有多个连接通路，每个连接通路对应一个连接权系数。所以，人工神经元的输入与输出关系为：

$$y_k = f\left(\sum_{i=1}^{R} w_{ki} x_i(t) - \theta_k\right) \tag{10.1}$$

为了更直观地了解神经网络的特点，下面举例说明。如图 10.2 所示，设 x_1、x_2、x_3、x_4 为神经网络的输入，经神经元 N_1、N_2、N_3、N_4 的输出分别为 x'_1、x'_2、x'_3、x'_4，然后经过连接权 w_{ij} 连接到 y'_1、y'_2、y'_3、y'_4 的输入端，进行累加。为了简单，设 $\theta_i = 0$，则有

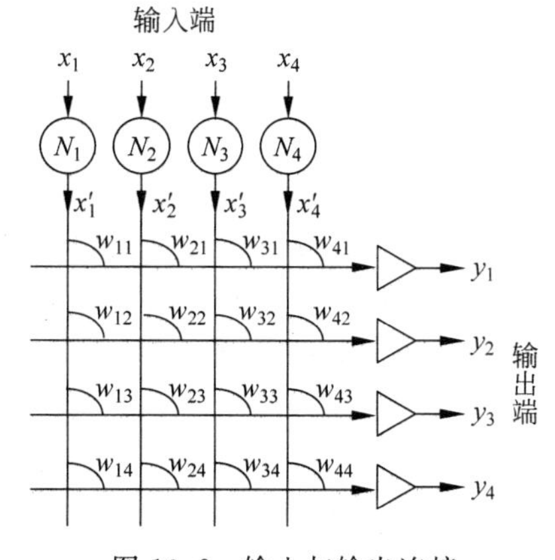

图 10.2　输入与输出连接

$$u_i = \sum_{j=1}^{n} w_{ij} x'_j \tag{10.2}$$

$$y_i = f(u_i) = \begin{cases} +1 & u_i \geqslant 0 \\ -1 & u_i < 0 \end{cases} \tag{10.3}$$

设输入 $x'_j = \pm 1$，为二值变量，且 $x'_j = x_j$，$j = 1,2,3,4$。x_j 是感知器输入，假设用向量 $\boldsymbol{x}^1 = (1,-1,-1,1)^{\mathrm{T}}$ 表示眼睛看到花，鼻子闻到花香的感知输入，从 $\boldsymbol{x}^1$ 到 $\boldsymbol{y}^1$ 可通过以下连接矩阵得到：

$$\boldsymbol{W}_1 = \begin{bmatrix} -0.25 & +0.25 & +0.25 & -0.25 \\ -0.25 & +0.25 & +0.25 & -0.25 \\ +0.25 & -0.25 & -0.25 & +0.25 \\ +0.25 & -0.25 & -0.25 & +0.25 \end{bmatrix}$$

由式(10.2)与式(10.3)可得

$$\boldsymbol{y}^1 = f(\boldsymbol{W}_1)\boldsymbol{x}^1 \tag{10.4}$$

经计算

$$\boldsymbol{y}^1 = (-1, -1, 1, 1)^{\mathrm{T}}$$

这表明神经网络决策 $\boldsymbol{x}^1$ 为一朵花。可以看出 $\boldsymbol{x}^1 \to \boldsymbol{y}^1$ 不是通过串行计算得到的，因为 $\boldsymbol{W}_1$ 在硬件实现时可以用一个 VLSI 中的电阻矩阵实现，而 $y_i = f(v_i)$ 可以用一个简单的运算放大器来模拟，不管 $\boldsymbol{x}^1$ 和 $\boldsymbol{y}^1$ 的维数如何增加，整个计算只用了一个运算放大器的转换时间，显然网络的动作是并行的。

如果假设 $\boldsymbol{x}^2 = (-1, 1, -1, 1)^{\mathrm{T}}$ 表示眼睛看到苹果，鼻子闻到苹果香味的感知输入，通过矩阵

$$\boldsymbol{W}_2 = \begin{bmatrix} +0.25 & -0.25 & +0.25 & -0.25 \\ -0.25 & +0.25 & -0.25 & +0.25 \\ -0.25 & +0.25 & -0.25 & +0.25 \\ +0.25 & -0.25 & +0.25 & -0.25 \end{bmatrix}$$

经计算得到：

$$\boldsymbol{y}^2 = (-1, 1, 1, -1)^{\mathrm{T}}$$

这表明神经网络决策 $\boldsymbol{x}^2$ 为苹果。从上面的两个权矩阵 $\boldsymbol{W}_1$ 和 $\boldsymbol{W}_2$ 中并不知道其输出结果是什么。从局部权的分布也很难看出 $\boldsymbol{W}$ 中存储了什么，将 $\boldsymbol{W}_1$ 和 $\boldsymbol{W}_2$ 相加，得到一组新的权矩阵：

$$\boldsymbol{W} = \boldsymbol{W}_1 + \boldsymbol{W}_2 = \begin{bmatrix} 0 & 0 & 0.5 & -0.5 \\ -0.5 & 0.5 & 0 & 0 \\ 0 & 0 & -0.5 & 0.5 \\ 0.5 & -0.5 & 0 & 0 \end{bmatrix}$$

由 $\boldsymbol{x}^1$ 输入，通过权矩阵 $\boldsymbol{W}$ 的运算可得到 $\boldsymbol{y}^1$；由 $\boldsymbol{x}^2$ 输入，通过权矩阵 $\boldsymbol{W}$ 的运算可得到 $\boldsymbol{y}^2$，这说明 $\boldsymbol{W}$ 中存储了两种信息，当然也可以存储更多种信息。

如果感知器中的某个元件损坏了一个，设第 3 个元件损坏，则

$$\boldsymbol{x}^1 = (1, -1, 0, 1)^{\mathrm{T}}$$

经 $\boldsymbol{W}$ 计算，$\boldsymbol{y}^1 = (-1, -1, 1, 1)^{\mathrm{T}}$。这与之前的计算结果一致，说明人工神经网络具有一定的容错能力。

10.2 前向神经网络

前向神经网络包含输入层、隐含层(一层或多层)和输出层，图 10.3 所示为一个三层网络。这种网络的特点是只有前后相邻两层之间的神经元相互连接，各神经元之间没有

反馈。每个神经元可以从前一层接收多个输入，并且只有一个输出给下一层的神经元。

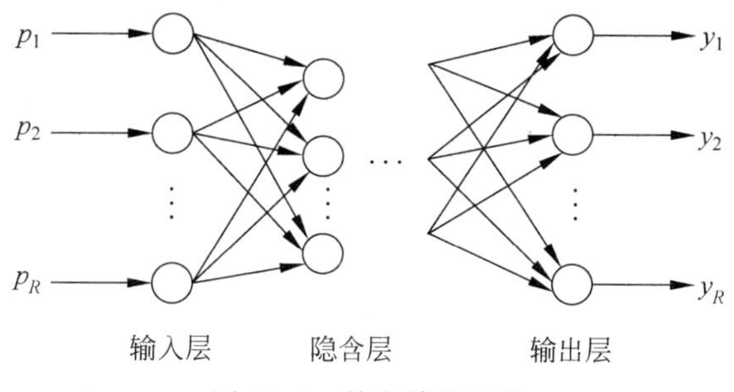

图 10.3 前向神经网络

10.2.1 感知器

感知器是一种早期的神经网络模型，由美国学者 F. Rosenblatt 于 1957 年提出。感知器中第一次引入了学习的概念，使人脑所具备的学习功能在基于符号处理的数学模型中得到了一定程度的模拟，所以引起了广泛的关注。

感知器是最简单的前向神经网络，主要用于模式分类，其模型如图 10.4 所示。

感知器处理单元对 n 个输入进行加权和操作，则输出 y 为：

$$y=f\left(\sum_{i=0}^{n}w_ix_i-\theta\right) \tag{10.5}$$

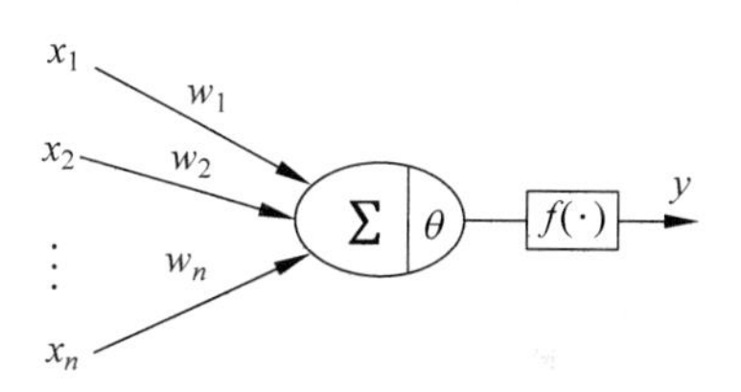

图 10.4 单层感知器

其中，x_0、x_1、x_2、…、x_n 为感知器的 n 个输入，w_0、w_1、w_2、…、w_n 为与输入相对应的 n 个连接权值，θ 为阈值，$f(\cdot)$为激活函数，y 为单层感知器的输出。单层感知器可将外部输入分为两类。例如当感知器的输出为$+1$时，输入属于 l_1 类；当感知器的输出为-1时，输入属于 l_2 类，从而实现两类目标的识别。在二维空间中，单层感知器进行分类的判决超平面由下式决定：

$$\sum_{i=0}^{n}w_ix_i+b=0 \tag{10.6}$$

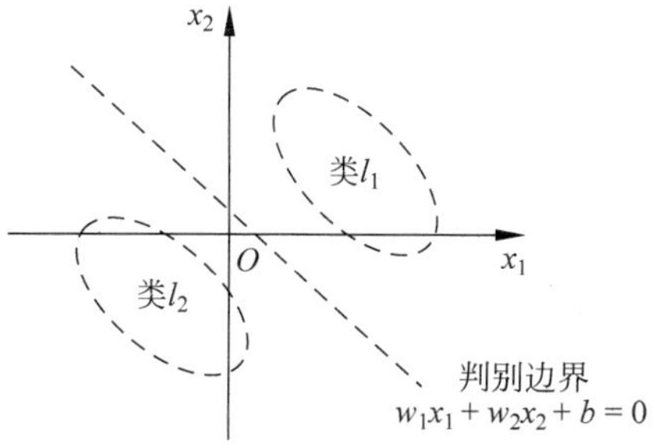

若只有两个输入的判别边界是直线，如式(10.7)所示，选择合适的学习算法可以训练出满意的 w_1 和 w_2，如图 10.5 所示。当它用于超过两类模式的分类时，相当于在高维样本空间中用一个超平面将两类样本分开。

$$w_1x_1+w_2x_2+b=0 \tag{10.7}$$

图 10.5 判别边界实例

通过以下实例进一步理解单层感知器学习算法，构建一个神经元，它能实现逻辑与操作，其真值表(训练集)如表 10.1 所示，输入在二维坐标上的表示如图 10.6 所示。

表 10.1 逻辑与操作真值表

编　　号	输入：x_1	输入：x_2	预测值：d
1	0	0	0
2	0	1	0
3	0	0	0
4	1	1	1

假设阈值为-0.8，初始连接权值均为 0.1，学习率 η 为 0.6，误差值要求为 0，神经元的激活函数为硬限幅函数 $H(x)$（如图 10.7 所示），其表达式如式(10.9)所示，以此来求权值 w_1 与 w_2。

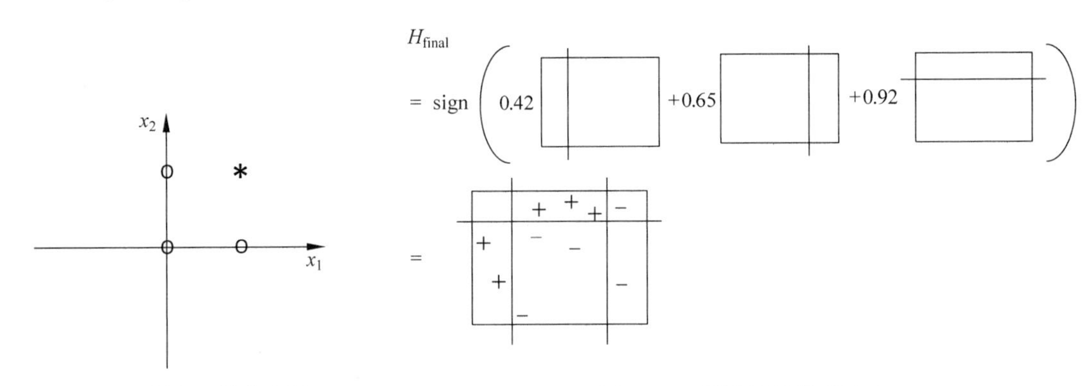

图 10.6　样本二维分布图

图 10.7　硬限幅函数 $H(x)$

表 10.1 中的每一行都代表了一个训练样本，对于样本 1，神经元的输出为：

$$\begin{aligned} y^1(0) &= H\{w_1^1(0)x_1(0)+w_2^1(0)x_2(0)+b\} \\ &= H(0.1\times 0+0.1\times 0-0.8)=0 \end{aligned} \tag{10.8}$$

$$H(x)=\begin{cases} 1 & x>0 \\ 0 & x\leqslant 0 \end{cases} \tag{10.9}$$

$$\begin{cases} w_1^1(1)=w_1^1(0)+\eta(d-y^1(0))x_1=0.1 \\ w_2^1(1)=w_2^1(0)+\eta(d-y^1(0))x_2=0.1 \end{cases} \tag{10.10}$$

对于样本 2，

$$\begin{aligned} y^1(1) &= H\{w_1^1(1)x_1(1)+w_2^1(1)x_2(1)+b\} \\ &= H(0.1\times 0+0.1\times 1-0.8)=0 \end{aligned} \tag{10.11}$$

$$\begin{cases} w_1^1(2)=w_1^1(1)+\eta(d-y^1(1))x_1=0.1 \\ w_2^1(2)=w_2^1(1)+\eta(d-y^1(1))x_2=0.1 \end{cases} \tag{10.12}$$

同理，对于样本 3，并不修改权值。对于样本 4，

$$\begin{aligned} y^1(3) &= H\{w_1^1(3)x_1(3)+w_2^1(3)x_2(3)+b\} \\ &= H(0.1\times 1+0.1\times 1-0.8)=0 \end{aligned} \tag{10.13}$$

$$\begin{cases} w_1^1(4)=w_1^1(3)+\eta(d-y^1(3))x_1=0.7 \\ w_2^1(4)=w_2^1(3)+\eta(d-y^1(3))x_2=0.7 \end{cases} \tag{10.14}$$

此时完成一次循环过程，由于误差没有达到 0，返回第二步继续循环，在第二次循环中，前 3 个样本输入时因误差均为 0，所以没有对权值进行调整，各连接权值仍保持第一次循环的最后值，第 4 个样本输入时，$y^2(3)=1$，所以误差为 0，但权值并不会调整，最终的权值为 $w_1=w_2=0.7$，能达到分类的效果，效果如图 10.8 所示。

综上所述，感知器的学习算法的步骤可总结为：

(1) 确定激活函数 $f(\cdot)$。

(2) 给 $w_i(0)$ 及阈值 θ 分别赋予一个较小的非零随机数作为初值。

(3) 输入一个样本 $\boldsymbol{X}=\{x_1,x_2,\cdots,x_n\}$ 和一个期望的输出 d。

(4) 计算网络的实际输出：

$$y(t)=f\left(\sum_{i=0}^{n}w_i(t)x_i-\theta\right) \tag{10.15}$$

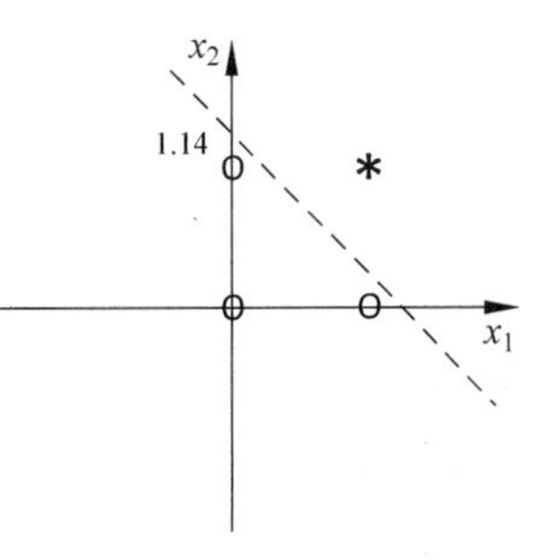

图 10.8　分类效果图

(5) 按式 $w_i(t+1)=w_i(t)+\eta(d-y_i(t))x_i$ 调整权值，其中，η 是学习率常数，且 $\eta>0$。

(6) 转至(3)，直到 w_i 对所有样本都稳定不变为止。

感知器在形式上与 MP 模型差不多，它们之间的区别在于神经元之间连接权的变化。感知器的连接权定义为可变的，这样感知器就被赋予了学习的特性。如果在输入和输出层间加上一层或多层的神经元(隐含层神经元)，就可以构成多层前向网络，这里称为多层感知器。

10.2.2　BP 算法

多层网络的学习能力比单层感知器增强了很多。要想训练多层网络，需要更强大的学习算法。误差逆传播(Error Back Propagation，BP)算法就是其中最杰出的代表，它是迄今为止最成功的神经网络学习算法，在现实任务中使用神经网络时，大多是使用 BP 算法进行训练。值得指出的是，BP 算法不仅可用于多层前向神经网络，还可用于其他类型的神经网络，例如训练递归神经网络，但通常所说的 BP 网络一般是指用 BP 算法训练的多层前向神经网络[1]。三层 BP 神经网络的结构图如图 10.9 所示。

1986 年，Rumelhart 和 McCelland 领导的科学家小组在《并行分布式处理》一书中对神经网络算法进行了详尽的分析，实现了关于多层网络的设想。算法的基本思想是，学习过程由信号的正向传播与误差的反向传播两个过程组成。正向传播时，输入样本从输入层传入，经过各隐含层逐层处理后传向输出层。若输出层的实际输出与期望的输出不相等，则转到误差的反向传播阶段。误差反向传播是将输出误差以某种形式通过隐含层逐层反传，并将误差分摊给各层的所有神经元，从而获得各层神经元的误差信号，此误差信

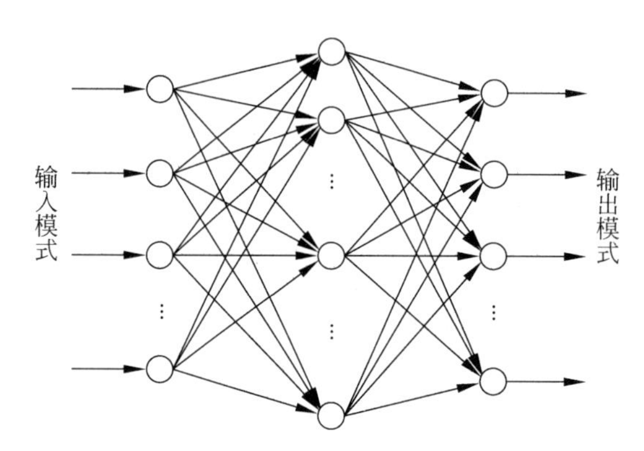

图 10.9　三层 BP 神经网络的结构图

号即作为修正各神经元权值的依据。这种信号正向传播与误差反向传播的各层权值的调整过程是周而复始地进行的。权值不断调整的过程也就是网络的学习训练过程。此过程一直进行到网络输出的误差减小到可接受的程度，或进行到预先设定的学习时间，或进行到预先设定的学习次数为止。

如图 10.9 所示，输入层由 n 个神经元组成，$x_i(i=1,2,\cdots,n)$表示其输入，也是该层的输出；隐含层由 q 个神经元组成，$z_k(k=1,2,\cdots,q)$表示隐含层的输出；输出层由 m 个神经元组成，$y_j(j=1,2,\cdots,m)$表示其输出；用 $v_{ki}(i=1,2,\cdots,n；k=1,2,\cdots,q)$表示从输入层到隐含层的连接权；用 $w_{jk}(k=1,2,\cdots,q；j=1,2,\cdots,m)$表示从隐含层到输出层的连接权。

隐含层与输出层的神经元的操作特性表示如下。

(1) 隐含层：输入(含阈值 θ_k)与输出分别如下。

$$\begin{cases} S_k = \sum_{i=1}^{n} v_{ki} \cdot x_i \\ z_k = f(S_k) \end{cases} \tag{10.16}$$

(2) 输出层：输入(含阈值 φ_j)与输出如下。

$$\begin{cases} S_j = \sum_{k=1}^{q} w_{jk} \cdot z_k \\ y_j = f(S_j) \end{cases} \tag{10.17}$$

将激活函数 $f(\cdot)$设计为非线性的输入-输出关系，一般选用下面形式的 Sigmoid 函数(通常称为 S 函数，见图 10.10)：

$$f(s) = \frac{1}{1+\mathrm{e}^{-\lambda s}} \tag{10.18}$$

在该式中，系数 λ 决定了 S 函数压缩的程度。

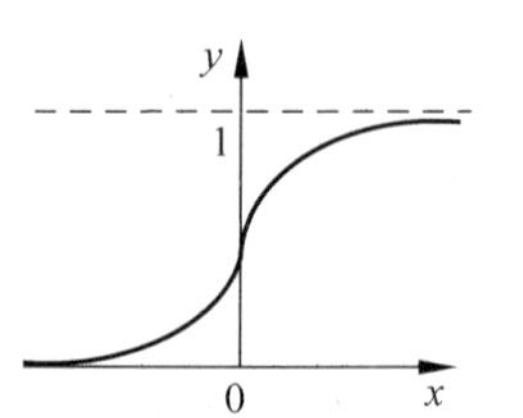

图 10.10　S 函数

S 函数的特点为它是有上、下界的；它是单调增长的；它是连续光滑的，即连续可微的。它可使同一网络既能处理小信号，又能处理大信号，因为该函数中区的高增益部分解决了小信号需要高放大倍数的问题；而两侧的低增益部分正好适合处理大的净输入信号。这正像生物神经元在输入电平范围很大的情况下也能正常工作一样。

Rumelhart 等为 BP 网络设计了依据反向传播的误差来调整神经元连接权的学习算法，有效地解决了多层神经网络的学习问题。该算法的基本思路是：当给网络提供一个输入模式时，该模式由输入层传到隐含层，经隐含层神经元作用函数处理后传送到输出层，再经输出层神经元作用函数处理后产生一个输出模式。如果输出模式与期望的输出模式有误差，就从输出层反向将误差逐层传送到输入层，把误差“分摊”给各神经元并修改连接权，使网络实现从输入模式到输出模式的正确映射。对于一组训练模式，可以逐个用训练模式作为输入，反复进行误差检测和反向传播过程，直到不出现误差为止。这时，BP 网络完成了学习阶段，具备所需的映射能力。

BP 网络的学习算法采用的是 Delta 学习规则，即基于使输出方差最小的思想而建立的规则。设共有 P 个模式对（一组输入和一组目标输出组成一个模式对），当第 P 个模式作用时，输出层的误差函数定义为

$$E_p = \frac{1}{2}\sum_{j=0}^{m-1}(y_{jp} - t_{jp})^2 \tag{10.19}$$

式中，$(y_{jp} - t_{jp})^2$ 为输出层第 j 个神经元在模式 p 作用下的实际输出与期望输出之差的平方。当然，式(10.19)并不是误差函数的唯一形式。定义误差函数的原则是当 $y_{jp} = t_{jp}$ 时 E_p 应为最小。

对 P 个模式进行学习，其总的误差为

$$E = \sum_{p=1}^{P} E_p = \frac{1}{2}\sum_{p=1}^{P}\sum_{j=0}^{m-1}(y_{jp} - t_{jp})^2 \tag{10.20}$$

对任意两个神经元之间的连接权 w_{ij}，其值的修正应使误差 E 减小。根据梯度下降原理，对每个 w_{ij} 的修正方向为 E 的函数梯度的反方向：

$$\Delta w_{ij} = -\sum_{p=1}^{P} \eta \frac{\partial E_p}{\partial w_{ij}} \tag{10.21}$$

其中 η 为步长，又称学习率或学习参数。具体学习算法的解析式为

$$\Delta E = \sum_{p=1}^{P}\sum_{ij} \frac{\partial E_p}{\partial w_{ij}} \Delta w_{ij} = -\eta \sum_{p=1}^{P}\sum_{ij} \left(\frac{\partial E_p}{\partial w_{ij}}\right)^2 \tag{10.22}$$

对于输出层，

$$\Delta w_{jk} = -\eta \frac{\partial E_p}{\partial w_{jk}} \quad k = 1,2,\cdots,q;\ j = 1,2,\cdots,m \tag{10.23}$$

依据定理，有

$$\frac{\partial E_p}{\partial w_{jk}} = \frac{\partial E_p}{\partial S_j} \frac{\partial S_j}{\partial w_{jk}} \tag{10.24}$$

定义

$$\delta_{yj} = -\frac{\partial E_p}{\partial S_j} \tag{10.25}$$

把式(10.19)代入式(10.24),得

$$\delta_{yj} = (t_j - y_j) f'_{yj}(S_j) \tag{10.26}$$

式(10.25)称为误差信号项。由式(10.17)得

$$\frac{\partial S_j}{\partial w_{jk}} = z_k \tag{10.27}$$

此时有

$$\frac{\partial E_p}{\partial w_{jk}} = -\delta_{yj} z_k \tag{10.28}$$

对于输出层,

$$\Delta w_{jk} = \eta \delta_{yj} z_k = \eta (t_j - y_j) z_k f'_{yj}(S_j) \tag{10.29}$$

同理,对于隐含层有

$$\Delta v_{ki} = \eta \delta_{zk} x_i \tag{10.30}$$

其中,

$$\delta_{zk} = -\frac{\partial E_p}{\partial S_k} \tag{10.31}$$

下面对 δ_{zk} 的表达式进行推导。输出层的 j 单元的净输入 S_j 只影响 j 单元的输出,但隐含层的 k 单元的净输入 S_k 影响到 E_p 的每一个组成分量(因为 k 的输出 z_k 连至输出层的所有单元)。

按链规则,上式可写成

$$\delta_{zk} = -\frac{\partial E_p}{\partial S_k} = -\frac{\partial E_p}{\partial z_k} \frac{\partial z_k}{\partial S_k} \tag{10.32}$$

上式中的第一项可表示为

$$\frac{\partial E_p}{\partial z_k} = \frac{\partial}{\partial z_k}\left[\frac{1}{2}\sum_{j=1}^{m}(y_j - t_j)^2\right] = -\sum_{j=1}^{m}(y_j - t_j)\frac{\partial y_j}{\partial z_k} \tag{10.33}$$

其中,第二项可表示为

$$\frac{\partial z_k}{\partial S_k} = f'_{zk}(S_k) = f'_z(S_k) \tag{10.34}$$

是隐含层作用函数的偏微分。

按链定理有

$$\frac{\partial y_j}{\partial z_k} = \frac{\partial y_j}{\partial S_j}\frac{\partial S_j}{\partial z_k} = f'_y(S_j)\frac{\partial S_j}{\partial z_k} \tag{10.35}$$

将式(10.35)代入式(10.33)得,

$$\frac{\partial E_p}{\partial z_k} = -\sum_{j=1}^{m}(y_j - t_j) f'_y(S_j)\frac{\partial S_j}{\partial z_k} \tag{10.36}$$

考虑到式(10.26)及

$$\frac{\partial S_j}{\partial z_k}=w_{jk} \tag{10.37}$$

式(10.36)可写为,

$$\frac{\partial E_p}{\partial z_k}=-\sum_{j=1}^{m}(y_j-t_j)f'_y(S_j)\frac{\partial S_j}{\partial z_k}=-\sum_{j=1}^{m}\delta_{yj}w_{jk} \tag{10.38}$$

将式(10.38)及式(10.34)代入式(10.32),得到隐含层单元的误差信号式,

$$\delta_{zk}=-\frac{\partial E_p}{\partial z_k}\frac{\partial z_k}{\partial S_k}=-\Big(\sum_{j=1}^{m}\delta_{yj}w_{jk}\Big)f'_z(S_k) \tag{10.39}$$

把式(10.39)代入式(10.30),则得到隐含层各神经元的权值调整公式,

$$\Delta v_{ki}=\eta\delta_{zk}x_i=\eta\Big(\sum_{j=1}^{m}\delta_{yj}w_{jk}f'_z(S_k)\Big)x_i \tag{10.40}$$

当神经元的作用函数取 S 函数时,作用函数的导数项为,

$$f'_{zk}(S_k)=z_k(1-z_k) \tag{10.41}$$

将式(10.41)代入式(10.29)与式(10.40),则无须复杂的微分过程,可直接求出输出层及隐含层权值的调整量。

这里权的修正是采用批处理的方式进行的,也就是在所有样本输入之后计算其总的误差,然后根据误差来修正权值。采用批处理方式可以保证其向减小的方向变化,在样本数较多时,它比分别处理的收敛速度快。

在 BP 网络中,信号正向传播与误差逆向传播的各层权矩阵的修改过程是周而复始地进行的。权值不断修改的过程也就是网络的学习(或称训练)过程。此过程一直进行到网络输出的误差逐渐减少到可接受的程度或达到设定的学习次数为止。

学习完成后,网络可进入工作阶段。当待测样本输入已学习好的神经网络输入端时,根据类似输入产生类似输出的原则,神经网络按内插或外延的方式在输出端产生相应的映射。

图 10.11 所示为三层神经网络,图 10.12 给出了 BP 算法的流程图[2]。

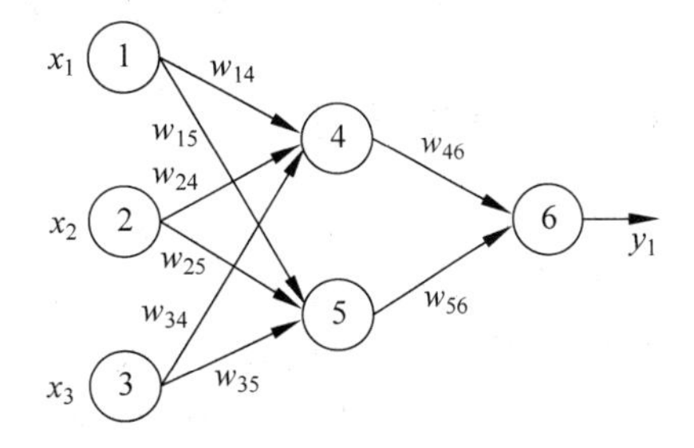

图 10.11　三层神经网络结构图

下面通过实例来体会 BP 算法的计算流程。

对于输入层: $\mathrm{Err}_j=y_j(1-y_j)(T_j-y_j)$

对于隐含层: $\mathrm{Err}_j=y_j(1-y_j)\sum_k \mathrm{Err}_k w_{jk}$

权值变化量: $\Delta w_{ij}=(l)\mathrm{Err}_j y_i$

权重更新: $w_{ij}=w_{ij}+\Delta w_{ij}$

偏向变化量: $\Delta\theta_j=(l)\mathrm{Err}_j$

偏向更新: $\theta_j=\theta_j+\Delta\theta_j$

其中,Err_j 为误差,y_j 为输出,T_j 为期望的输出,θ_j 为神经元的偏向,l 为学习率。

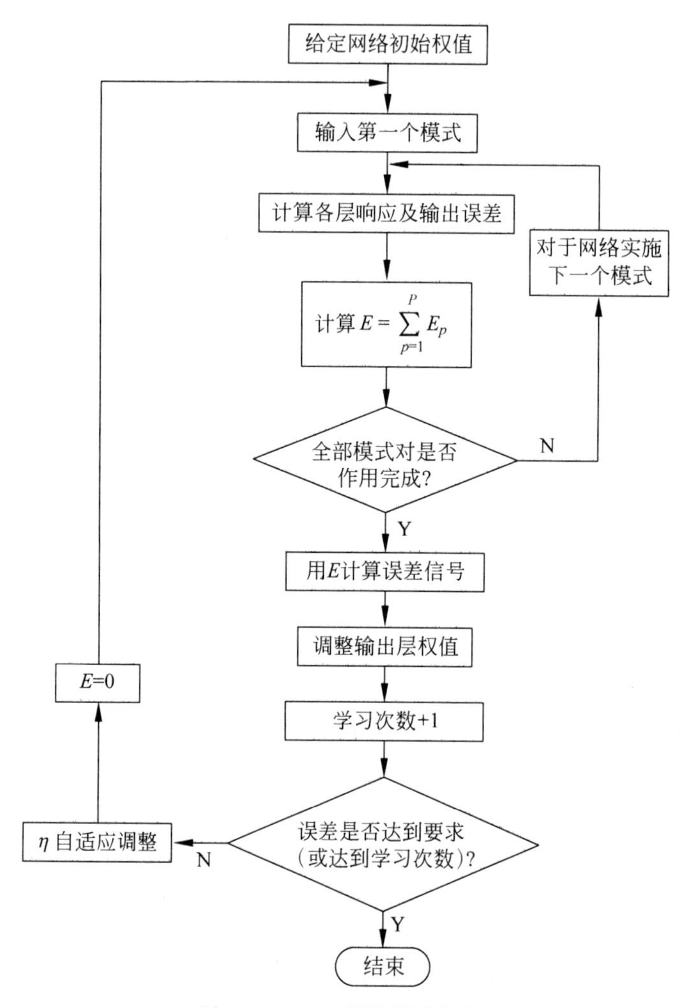

图 10.12 BP 网络算法框图

10.3 基于神经网络的算法扩展

10.3.1 深度学习

深度学习(Deep Learning)的概念由著名科学家 Geoffrey Hinton 等于 2006 年和 2007 年在 *Sciences* 等杂志发表的文章中被提出。深度学习是机器学习的一个分支,它试图使用包含复杂结构或由多重非线性变换构成的多个处理层对数据进行高层抽象的算法。

深度学习是机器学习中的一种基于对数据进行表征学习的方法。观测值(例如一幅图像)可以使用多种方式来表示,例如每个像素强度值的向量,或者更抽象地表示成一系列边、特定形状的区域等,而使用某些特定的表示方法更容易从实例中学习任务(例如人脸识别或面部表情识别)。深度学习的好处是用非监督式或半监督式的特征学习和分层特征提取高效算法来替代手工获取特征。

表征学习的目标是寻求更好的表示方法并创建更好的模型从大规模未标记数据中学习这些表示方法。表达方式类似神经科学的进步，并松散地创建在类似神经系统中信息处理和通信模式的理解上，例如神经编码，试图定义拉动神经元的反应之间的关系以及大脑中神经元的电活动之间的关系。

至今已有数种深度学习框架，如卷积神经网络、深度置信网络和递归神经网络已被应用于计算机视觉、语音识别、自然语言处理、音频识别与生物信息学等领域并获取了极好的效果。在通常用于检验的数据集，例如语音识别中的 TIMIT 和图像识别中的 ImageNet・CIFAR10 上的实验证明，深度学习能够提高识别的精度。

硬件的进步（尤其是 GPU 的出现）也是深度学习重新获得关注的重要因素。高性能图形处理器的出现极大地提高了数值和矩阵运算的速度，使得机器学习算法的运行时间得到了显著的缩短。

深度学习的基础是机器学习中的分散表示（Distributed Representation）。分散表示假定观测值是由不同因子相互作用生成的。在此基础上，深度学习进一步假定这一相互作用的过程可分为多个层次，代表对观测值的多层抽象。不同的层数和层的规模可用于不同程度的抽象。

深度学习运用了这个分层次抽象的思想，更高层次的概念从低层次的概念学习中得到。这一分层结构常使用贪婪算法逐层构建而成，并从中选取有助于机器学习的更有效的特征。

深度学习的结构主要包括深度神经网络、深度置信网络和卷积神经网络。

(1) 深度神经网络（Deep Neural Networks，DNN）是一种至少具备一个隐含层的神经网络。与浅层神经网络类似，深度神经网络也能够为复杂非线性系统提供建模，多出的层次为模型提供了更高的抽象层次，因而提高了模型的能力。深度神经网络是一种判别模型，可以使用反向传播算法进行训练。

(2) 深度置信网络（Deep Belief Networks，DBN）是一种包含多层隐单元的概率生成模型，可被视为由多层简单学习模型组合而成的复合模型。

深度置信网络可以作为深度神经网络的预训练部分，并为网络提供初始权重，再使用反向传播或者其他判定算法作为调优的手段。这在训练数据较为缺乏时很有价值，因为不恰当的初始化权重会显著影响最终模型的性能，而预训练获得的权重在权值空间中比随机权重更接近最优的权重。这不仅提升了模型的性能，也加快了调优阶段的收敛速度。

深度置信网络中的每一层都是典型的受限玻尔兹曼机（Restricted Boltzmann Machine，RBM），可以使用高效的无监督逐层训练方法进行训练。受限玻尔兹曼机是一种无向的基于能量的生成模型，包含一个输入层和一个隐含层。单层 RBM 的训练方法最初由杰弗里・辛顿在训练“专家乘积”中提出，被称为对比分歧。对比分歧提供了一种对最大似然的近似，被理想地用于学习受限玻尔兹曼机的权重。当单层 RBM 被训练完毕后，另一层 RBM 可被堆叠在已经训练完成的 RBM 上，形成一个多层模型。每次堆叠时，原有的多层网络输入层被初始化为训练样本，权重为先前训练得到的权重，该网络的输出作为新增 RBM 的输入，新的 RBM 重复先前的单层训练过程，整个过程可以持续进行，直到达到某个期望中的终止条件。

(3) 卷积神经网络(Convolutional Neural Networks,CNN)由一个或多个卷积层和顶端的全连通层(对应经典的神经网络)组成,同时也包括关联权重和池化层。这一结构使得卷积神经网络能够利用输入数据的二维结构。与其他深度学习结构相比,卷积神经网络在图像和语音识别方面能够给出更优的结果。这一模型也可以使用反向传播算法进行训练。相比其他深度、前向神经网络,卷积神经网络需要估计的参数更少,使之成为一种颇具吸引力的深度学习结构[3]。

10.3.2 极限学习机

极限学习机(Extreme Learning Machine,ELM)是由学者黄广斌提出来的求解单隐含层神经网络的算法。ELM 最大的特点是对于传统的神经网络,尤其是单隐含层前向神经网络(SLFNs),结构如图 10.13 所示,在保证学习精度的前提下比传统的学习算法的速度更快。

ELM 是一种新型的快速学习算法,对于单隐含层神经网络,ELM 可以随机初始化输入权重和偏置并得到相应的输出权重。

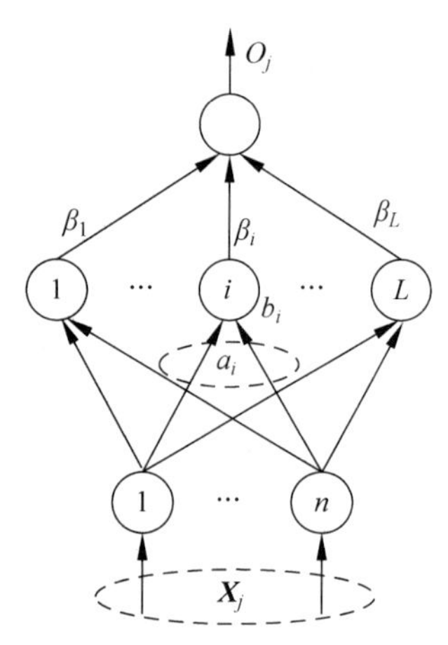

图 10.13 单隐含层前向神经网络

对于一个单隐含层神经网络(如图 10.13 所示),假设有 N 个任意的样本 (X_i, t_i),其中 $X_i = (x_{i1}, x_{i2}, \cdots, x_{in})^{\mathrm{T}} \in \mathbf{R}^n$,$t_i = (t_{i1}, t_{i2}, \cdots, t_{im})^{\mathrm{T}} \in \mathbf{R}^m$。对于一个有 L 个隐含层节点的单隐含层神经网络可以表示为

$$\sum_{i=1}^{L} \beta_i g(\boldsymbol{W}_i \cdot \boldsymbol{X}_j + b_i) = O_j \quad j = 1, 2, \cdots, N \tag{10.42}$$

其中,$g(\cdot)$为激活函数,$\boldsymbol{W}_i = (w_{i,1}, w_{i,2}, \cdots, w_{i,n})^{\mathrm{T}}$ 为输入权重,β_i 为输出权重,b_i 是第 i 个隐含层单元的偏置。$\boldsymbol{W}_i \cdot \boldsymbol{X}_j$ 表示 $\boldsymbol{W}_i$ 和 $\boldsymbol{X}_j$ 的内积。

单隐含层神经网络学习的目标是使输出的误差最小,可以表示为

$$\sum_{j=1}^{N} \| O_j - t_i \| = 0 \tag{10.43}$$

即存在 β_i、$\boldsymbol{W}_i$ 和 b_i,使得

$$\sum_{i=1}^{L} \beta_i g(\boldsymbol{W}_i \cdot \boldsymbol{X}_j + b_i) = t_j \quad j = 1, 2, \cdots, N \tag{10.44}$$

可用矩阵表示为

$$\boldsymbol{H\beta} = \boldsymbol{T} \tag{10.45}$$

其中,$\boldsymbol{H}$ 是隐含层节点的输出,$\boldsymbol{\beta}$ 为输出权重,$\boldsymbol{T}$ 为期望输出。

$$\boldsymbol{H}(\boldsymbol{W}_1, \cdots, \boldsymbol{W}_L; b_1, \cdots, b_L; \boldsymbol{X}_1, \cdots, \boldsymbol{X}_L)$$

$$=\begin{bmatrix} g(\boldsymbol{W}_1 \cdot \boldsymbol{X}_1 + b_1) & \cdots & g(\boldsymbol{W}_L \cdot \boldsymbol{X}_1 + b_L) \\ \vdots & & \vdots \\ g(\boldsymbol{W}_1 \cdot \boldsymbol{X}_N + b_1) & \cdots & g(\boldsymbol{W}_L \cdot \boldsymbol{X}_N + b_L) \end{bmatrix}_{N\times L} \tag{10.46}$$

$$\boldsymbol{\beta}=\begin{bmatrix} \boldsymbol{\beta}_1^{\mathrm{T}} \\ \vdots \\ \boldsymbol{\beta}_L^{\mathrm{T}} \end{bmatrix}_{L\times m}, \quad \boldsymbol{T}=\begin{bmatrix} \boldsymbol{T}_1^{\mathrm{T}} \\ \vdots \\ \boldsymbol{T}_N^{\mathrm{T}} \end{bmatrix}_{N\times m} \tag{10.47}$$

为了能够训练单隐含层神经网络，希望得到$\hat{\boldsymbol{W}}_i$、$\hat{b}_i$ 和$\hat{\boldsymbol{\beta}}_i$，使得

$$\|\boldsymbol{H}(\hat{\boldsymbol{W}}_i,\hat{b}_i)\hat{\boldsymbol{\beta}}_i-\boldsymbol{T}\|=\min_{\boldsymbol{W},\boldsymbol{b},\boldsymbol{\beta}}\|\boldsymbol{H}(\boldsymbol{W}_i,b_i)\boldsymbol{\beta}_i-\boldsymbol{T}\| \tag{10.48}$$

其中，$i=1,2,\cdots,L$，这等价于最小化损失函数

$$E=\sum_{j=1}^{N}\left(\sum_{i=1}^{L}\boldsymbol{\beta}_i g(\boldsymbol{W}_i\cdot\boldsymbol{X}_j+b_i)-t_j\right)^2 \tag{10.49}$$

传统的一些基于梯度下降法的算法可以用来求解这样的问题，但是基本的基于梯度的学习算法需要在迭代过程中调整所有参数。在 ELM 算法中，一旦输入权重 $\boldsymbol{W}_i$ 和隐含层的偏置 b_i 被随机确定，隐含层的输出矩阵 $\boldsymbol{H}$ 就被唯一确定。训练单隐含层神经网络可以转化为求解一个线性系统 $\boldsymbol{H}\boldsymbol{\beta}=\boldsymbol{T}$，并且输出权重$\boldsymbol{\beta}$ 可以被确定为：

$$\hat{\boldsymbol{\beta}}=\boldsymbol{H}^{-1}\boldsymbol{T} \tag{10.50}$$

其中，$\boldsymbol{H}^{-1}$ 是矩阵 $\boldsymbol{H}$ 的广义逆矩阵，并且可以证明求得的解$\hat{\boldsymbol{\beta}}$ 的范数是最小的并且唯一[4]。

10.4　神经网络的 Python 实践

在 Python 中，为方便用户对神经网络算法的使用，Python 中的 sklearn 针对神经网络算法封装了多层感知机（Multi-Layer Perceptron，MLP）函数 MLPClassifier。

函数的初始化模型为 ann_model= MLPClassifier(hidden_layer_sizes=[unit,], activation='logistic',solver='lbfgs',random_state=0)，训练模型为 ann_model.fit(x_train,y_train)。其中，hidden_layer_sizes 是隐含层的个数，为一个列表，列表的长度为隐含层的个数，列表中第 i 个位置上的数为第 i 个隐含层的神经元个数；activation 为激活函数，也可以选择 relu、logistic 或 tanh 等作为激活函数；solver 为优化算法，可以选择 lbfgs、sgd 和 adam。其中 adam 适用于较大的数据集，lbfgs 适用于较小的数据集。

这里采用 MLPClassifier 函数对数据进行训练，具体代码如下（ANN.py）：

```
import numpy as np                                  # 导入 numpy 库
from sklearn.neural_network import MLPClassifier    # 导入 MLPClassifier 函数库
x = [[0., 0.], [1., 1.], [0.5, 0.5], [1.3, 1.3]]    # 输入数据
y = [0, 1, 0, 1]                                    # 目标数据
ann_model = MLPClassifier(solver = 'lbfgs',alpha = 1e-5,
hidden_layer_sizes = (5,5), random_state = 1)       # 定义神经网络模型，包含两个隐含层
ann_model.fit(x, y)                                 # 在神经网络模型上对数据进行训练
```

```
print(ann_model.loss_)                      #输出训练误差函数
print(ann_model.out_activation_)            #输出激活函数
print(ann_model.predict(x) )                #输出预测结果
```

在终端输入“python ANN.py”，得到以下显示：

```
9.337377556024835e-05
logistic
[0 1 0 1]
```

其中，9.337377556024835e−05 为输出误差，logistic 为激活函数，[0 1 0 1]为对输入数据的预测结果。

下面更进一步，在 MNIST 数据集上对神经网络算法进行实验。MNIST 数据集是一个小型的数字手写数字库，包含多张手写数字图片，共分为 10 个类别(0～9)。

该数据库可以通过 http://www.iro.umontreal.ca/～lisa/deep/data/mnist/mnist.pkl.gz 进行下载。将下载好的数据库压缩包放入指定的文件夹，例如 MNIST 文件夹，使用神经网络对数据库进行训练并分类的 Python 代码如下(ANN_MNIST.py)：

```
from sklearn.neural_network import MLPClassifier                #导入神经网络库
import numpy as np                                              #导入 numpy 库
import pickle
import gzip
#对 MNIST 数据库压缩包进行解压并分配成训练和测试数据
with gzip.open("/home/gq/machine_learning/ANN/MNIST/mnist.pkl.gz") as fp:
    u = pickle._Unpickler(fp)
    u.encoding = 'latin1'
    training_data,valid_data,test_data = u.load()
x_training_data,y_training_data = training_data
x_valid_data,y_valid_data = valid_data
x_test_data,y_test_data = test_data
classes = np.unique(y_test_data)
x_training_data_final = np.vstack((x_training_data,x_valid_data))
y_training_data_final = np.append(y_training_data,y_valid_data)
#对神经网络进行构建并在数据库上训练
ann_model = MLPClassifier(solver = 'sgd', activation = 'relu',alpha = 1e-4,hidden_layer_
sizes = (50,50), random_state = 1,max_iter = 10,verbose = 10,learning_rate_init = .1)
                                                                #定义神经网络框架
ann_model.fit(x_training_data_final, y_training_data_final)#训练网络模型
#测试并显示
print(ann_model.score(x_test_data,y_test_data))                 #输出测试准确率值
print(ann_model.loss_ )                                         #输出误差
print(ann_model.out_activation_ )                               #输出激活函数
print(ann_model.predict(x_test_data))                           #输出对测试数据的预测结果
```

在终端输入“python ANN_MNIST.py”，得到以下输出：

```
Iteration 1, loss = 0.31452262
```

```
Iteration 2, loss = 0.13094946
Iteration 3, loss = 0.09715855
Iteration 4, loss = 0.08033498
Iteration 5, loss = 0.06761733
Iteration 6, loss = 0.06085069
Iteration 7, loss = 0.05485305
Iteration 8, loss = 0.04950742
Iteration 9, loss = 0.04468061
Iteration 10, loss = 0.04156696
0.9726
0.041566963955159866
softmax
[7 2 1 ... 4 5 6]
```

其中，"Iteration 1，loss = 0.31452262"～"Iteration 10，loss = 0.04156696"为训练过程中迭代次数和误差的显示；0.9726为测试准确率，表明测试准确率为97.26%；0.041566963955159866为测试误差；softmax是该网络用到的激活函数；[7 2 1 ...4 5 6]是对测试数据的预测值。

本章参考文献

[1] 周志华.机器学习[M].北京：清华大学出版社，2016.

[2] 周斌.基于BP神经网络的内燃机排放性能建模与应用研究[D].四川：西南交通大学，2004.

[3] https://zh.wikipedia.org/wiki/深度学习.

[4] http://blog.csdn.net/google19890102/article/details/18222103.

第11章

AdaBoost算法

本章将介绍机器学习和数据挖掘领域中一个使用相当广泛的算法，也被列为数据挖掘十大算法之一，即 AdaBoost 算法。AdaBoost 算法是一种集成算法。为了更好地理解 AdaBoost 算法的思想，本章首先介绍一下集成学习的历史背景、主要思想以及代表方法；然后自然地引入 AdaBoost 算法；最后和其他章节一样，会详细介绍算法的步骤以及如何使用 Python 实现。

11.1 集成学习方法简介

对于一个概念而言，如果存在一个多项式的学习算法能够学习它，并且正确率很高，那么这个概念是强可学习的；对于一个概念而言，如果存在一个多项式的学习算法能够学习它，但是学习的正确率仅比随机猜测略好，那么这个概念是弱可学习的。一个很自然的想法就是如果已经发现了“弱学习算法”，能否将它提升为“强学习算法”。也就是说能不能通过很多弱学习器得到一个强学习器。答案是肯定的。在机器学习中专门有一个分支叫作集成学习(Ensemble Learning)，集成学习本身不是一个单独的机器学习算法，而是通过构建并结合多个机器学习器来完成学习任务，也就是大家常说的“博采众长”[1]。图 11.1 展示了集成学习的思想。

11.1.1 集成学习方法的分类

集成学习需要解决两个问题，一是如何得到若干个个体学习器，二是如何选择一种结合策略，将这些个体学习器集合成一个强学习器。

第一种就是所有的个体学习器都是一个种类，或者说是同质的。比如都是决策树个体学习器，或者都是神经网络个体学习器。第二种是所有的个体学习器不全是一个种类，

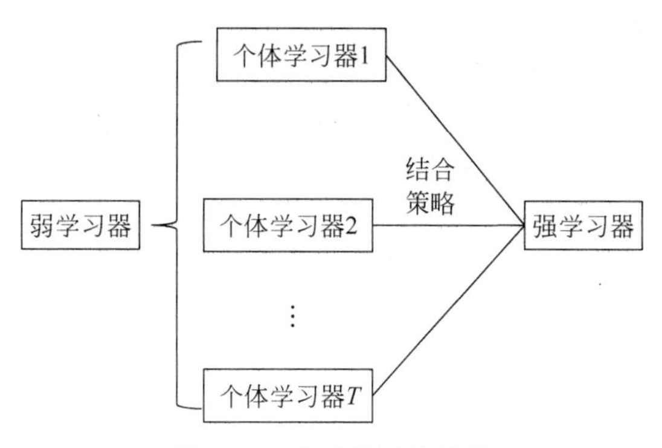

图 11.1 集成学习的思想

或者说是异质的。比如有一个分类问题,对训练集分别采用支持向量机个体学习器、逻辑回归个体学习器和朴素贝叶斯个体学习器,然后通过某种结合策略得到一个强分类学习器。

就目前来说,同质个体学习器的应用是最广泛的,大家一般常说的集成学习的方法都是指同质个体学习器。同质个体学习器使用最多的模型是 CART 决策树和神经网络。同质个体学习器按照个体学习器之间是否存在依赖关系可以分为两类,一类是个体学习器之间存在强依赖关系,一系列个体学习器基本上都需要串行生成,其代表算法是 Boosting 系列算法;另一类是个体学习器之间不存在强依赖关系,一系列个体学习器可以并行生成,其代表算法是 bagging 和随机森林(Random Forest)系列算法。

11.1.2 集成学习之 Boosting 算法

Boosting 算法的个体分类器之间是有依赖性的,也就是说下一个分类器的构造和上一个分类器有关,如图 11.2 所示。

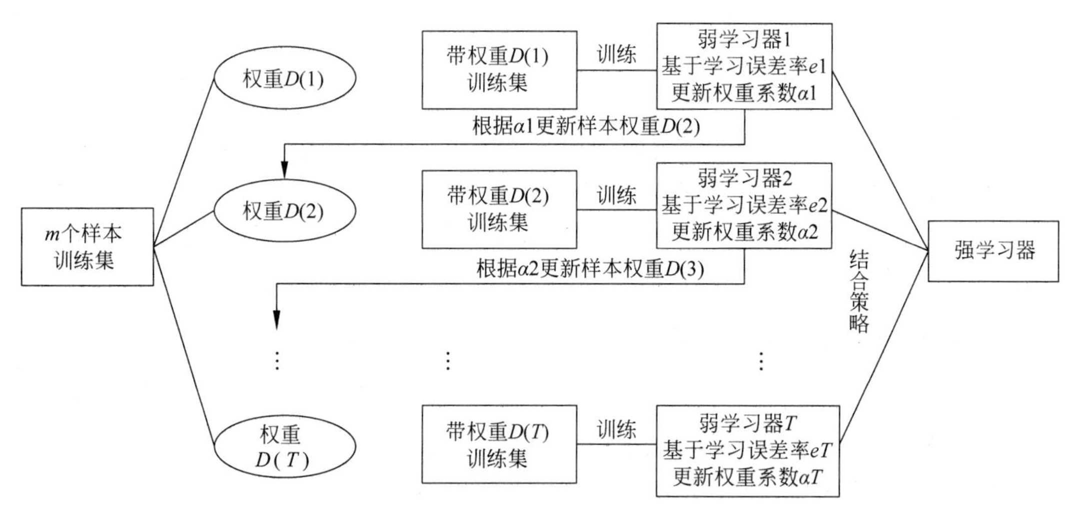

图 11.2 分类器构造间的关系

从图 11.2 中可以看出,Boosting 算法的工作机制是首先从训练集用初始权重训练出一个弱学习器1，根据弱学习器1的学习误差率表现来更新训练样本的权重，使得之前弱学习器1的学习误差率高的训练样本点的权重变高，以便于这些误差率高的点在后面的弱学习器2中得到更多的重视。然后基于调整权重后的训练集来训练弱学习器2，如此重复进行，直到弱学习器数达到事先给定的数目 T，最终将这 T 个弱学习器通过集合策略进行整合，得到最终的强学习器。

AdaBoost算法是Boosting算法的一个代表，当然也符合图11.2所示的框架。实际上这个框架已经阐述了AdaBoost算法的核心步骤，唯一的细节就是如何更新权重，以及如何设计最后的组合策略。基于上面这些知识的铺垫，接下来正式介绍AdaBoost算法。

11.2 AdaBoost算法概述

AdaBoost是英文Adaptive Boosting（自适应增强）的缩写，由Yoav Freund和Robert Schapire[1]在1995年提出。它的自适应在于：前一个基本分类器分错的样本会得到加强，加权后的全体样本再次被用来训练下一个基本分类器。同时，在每一轮中加入一个新的弱分类器，直到达到某个预定的足够小的错误率或达到预先指定的最大迭代次数。

11.2.1 AdaBoost算法的思想

AdaBoost算法先基于原始数据的分布构建第一个简单的分类器 h_1，然后Bootstrap生成 T 个分类器，这 T 个分类器是相互关联的，最后把这些不同的分类器集合起来，构成一个更强的最终的分类器(强分类器)。理论证明，只要每个弱分类器的分类能力比随机猜测好(分类的正确率大于0.5)，当其个数趋向于无穷时，强分类器的错误率将趋向于0。AdaBoost算法中不同的训练集是通过调整每个样本对应的权重实现的。在最开始的时候，每个样本对应的权重是相同的，在此样本分布下训练出一个基本分类器 $h_1(x)$。对于 $h_1(x)$ 错分的样本，增加其对应样本的权重；而对于正确分类的样本，降低其权重，这样可以突出错分的样本。同时，根据误差赋予 $h_1(x)$ 一个权重，表示该基本分类器的重要程度，错分的越少权重越大。在新的样本权重下再次训练一个基本分类器，得到基本分类器 $h_2(x)$ 及其权重。以此类推，经过 T 次这样的循环，就得到了 T 个基本分类器，以及 T 个对应的权重。最后把这 T 个基本分类器按之前计算的权重累加起来，就得到了最终所期望的强分类器[2]。

11.2.2 AdaBoost算法的理论推导

为了对AdaBoost算法进一步地做一些理论分析，首先用数学化的语言描述一下AdaBoost算法的过程。假设有一个训练数据集 $T=\{(x_1,y_1),(x_2,y_2),\cdots,(x_N,y_N)\}$。

初始化训练数据的权值分布如下：

$$\boldsymbol{D}_1=(w_{11},w_{12},\cdots,w_{1i},\cdots,w_{1N}) \quad w_{1i}=\frac{1}{N},i=1,2,\cdots,N$$

通过更改数据集的权重得到一个分类器：

$$G_m(x): x \to \{-1, +1\}$$

利用 AdaBoost 算法计算 $G_m(x)$的系数，也就是每个子分类器的权重公式为：

$$\alpha_m = \frac{1}{2}\log\frac{1-e_m}{e_m}$$

其中，e_m 是 $G_m(x)$在训练数据集上的分类误差率，可以表示为：

$$e_m = P(G_m(x_i) \neq y_i) = \sum_{i=1}^{N} w_{mi} I(G_m(x_i) \neq y_i)$$

更新训练数据集的权值分布，计算如下：

$$\boldsymbol{D}_{m+1} = (w_{m+1,1}, w_{m+1,2}, \cdots, w_{m+1,i}, \cdots, w_{m+1,N})$$

$$w_{m+1,i} = \frac{w_{mi}}{Z_m}\exp(-\alpha_m y_i G_m(x_i)) \quad i = 1, 2, \cdots, N$$

这里，Z_m 是规范化因子，$Z_m = \sum_{i=1}^{N} w_{mi}\exp(-\alpha_m y_i G_m(x_i))$，它使 $\boldsymbol{D}_{m+1}$ 成为一个概率分布。

构建基本分类器的线性组合：

$$f(x) = \sum_{m=1}^{M} \alpha_m G_m(x)$$

得到最终分类器

$$G(x) = \text{sign}(f(x)) = \text{sign}\left(\sum_{m=1}^{M} \alpha_m G_m(x)\right)$$

至此介绍了 AdaBoost 算法的完整过程，包括核心的分类器加权的计算公式以及样本权重的更新公式。读者可能会疑惑这些公式是怎么得到的，对于细节这里不做介绍，但是通过下面的分析读者会明白选择这些公式的合理性。首先分析一下 AdaBoost 算法得到的分类器的误差限，有以下结论：

$$\frac{1}{N}\sum_{i=1}^{N} I(G_m(x_i) \neq y_i) \leqslant \frac{1}{N}\sum_{i}\exp(-y_i f(x_i)) = \prod_{m} Z_m$$

证明：当 $G(x_i) \neq y_i$ 时，$y_i f(x_i) < 0$，因而 $\exp(-y_i f(x_i)) \geqslant 1$，前半部分得证。对于后半部分：

$$\begin{aligned}
\frac{1}{N}\sum_{i}\exp(-y_i f(x_i)) &= \frac{1}{N}\sum_{i}\exp\left(-\sum_{m=1}^{M}\alpha_m y_i G_m(x_i)\right) \\
&= w_{1i}\sum_{i}\exp\left(-\sum_{m=1}^{M}\alpha_m y_i G_m(x_i)\right) \\
&= w_{1i}\prod_{m=1}^{M}\exp(-\alpha_m y_i G_m(x_i)) \\
&= Z_1\sum_{i} w_{2i}\prod_{m=2}^{M}\exp(-\alpha_m y_i G_m(x_i)) \\
&= Z_1 Z_2\sum_{i} w_{3i}\prod_{m=3}^{M}\exp(-\alpha_m y_i G_m(x_i))
\end{aligned}$$

$$=Z_1Z_2\cdots Z_{M-1}\sum_i w_{Mi}\exp(-\alpha_M y_i G_M(x_i))$$

$$=\prod_{m=1}^{M} Z_m$$

证明过程当中用到了结论：

$$w_{m+1,i}=\frac{w_{mi}}{Z_m}\exp(-\alpha_m y_i G_m(x_i))$$

$$Z_m w_{m+1,i}=w_{mi}\exp(-\alpha_m y_i G_m(x_i))$$

又

$$\prod_{m=1}^{M} Z_m=\prod_{m=1}^{M}(2\sqrt{e_m(1-e_m)})=\prod_{m=1}^{M}\sqrt{(1-4\gamma_m^{2})}\leqslant\exp(-2\sum_{m=1}^{M}\gamma_m^{2})$$

$$\gamma_m=\frac{1}{2}-e_m$$

取 γ_1、γ_2、… 的最小值，记作 γ，那么经过放缩可以得到：

$$\frac{1}{N}\sum_{i=1}^{N} I(G(x_i)\neq y_i)\leqslant\exp(-2M\gamma^2)$$

这说明 AdaBoost 算法的误差是以指数级缩减的。在公式中，关于前半部分的推导如下：

$$Z_m=\sum_{i=1}^{N} w_{mi}\exp(-\alpha_m y_i G_m(x_i))$$

$$=\sum_{y_i=G_m(x_i)} w_{mi}\mathrm{e}^{-\alpha_m}+\sum_{y_i\neq G_m(x_i)} w_{mi}\mathrm{e}^{\alpha_m}$$

$$=(1-e_m)\mathrm{e}^{-\alpha_m}+e_m\mathrm{e}^{\alpha_m}$$

$$=2\sqrt{e_m(1-e_m)}$$

$$=\sqrt{1-4\gamma_m^{2}}$$

对于分类器加权的计算公式以及样本权重的更新公式可以通过前向分布算法推导得到。准确来说 AdaBoost 算法是模型为加法模型、损失函数为指数函数、学习算法为前向分步算法时的二类学习方法，详细推导过程读者可参考相关文献。

11.2.3 AdaBoost 算法的步骤

具体来说，整个 AdaBoost 迭代算法分为以下 3 步。

(1) 初始化训练数据的权值分布。每一个训练样本最开始都被赋予相同的权值——$1/N$。

$$\boldsymbol{D}_1=(w_{11},w_{12},\cdots,w_{1i},\cdots,w_{1N})\quad w_{1i}=\frac{1}{N},i=1,2,\cdots,N$$

(2) 进行 m 次迭代，用 $G_m(x)$表示当前 m 轮迭代的分类器，e_m 表示当前的分类误差，α_m 表示加和系数。

① 使用具有权值分布 $\boldsymbol{D}_m$ 的训练数据集学习，得到基本分类器：

$$G_m(x): x \rightarrow \{-1, +1\}$$

② 计算 $G_m(x)$在训练数据集上的分类误差率：

$$e_m = P(G_m(x_i) \neq y_i) = \sum_{i=1}^{N} w_{mi} I(G_m(x_i) \neq y_i)$$

③ 计算 $G_m(x)$的系数，α_m 表示 $G_m(x)$在最终分类器中的重要程度。

$$\alpha_m = \frac{1}{2}\log \frac{1-e_m}{e_m}$$

由上述式子可知，$e_m \leqslant 1/2$ 时，$\alpha_m \geqslant 0$，且 α_m 随着 e_m 的减小而增大，意味着分类误差率越小的基本分类器在最终分类器中的作用越大。

④ 更新训练数据集的权值分布(目的：得到样本的新的权值分布)，用于下一轮迭代。

$$\boldsymbol{D}_{m+1} = (w_{m+1,1}, w_{m+1,2}, \cdots, w_{m+1,i}, \cdots, w_{m+1,N})$$

$$w_{m+1,i} = \frac{w_{mi}}{Z_m}\exp(-\alpha_m y_i G_m(x_i)) \quad i = 1, 2, \cdots, N$$

其中，

$$Z_m = \sum_{i=1}^{N} w_{mi} \exp(-\alpha_m y_i G_m(x_i))$$

使得被基本分类器 $G_m(x)$误分类的样本的权值增大，而被正确分类的样本的权值减小。通过这样的方式，AdaBoost 算法能“重点关注”或“聚焦于”那些较难分的样本上。

(3) 组合各个弱分类器：

$$f(x) = \sum_{m=1}^{M} \alpha_m G_m(x)$$

最终分类器为

$$G(x) = \mathrm{sign}(f(x)) = \mathrm{sign}\left(\sum_{m=1}^{M} \alpha_m G_m(x)\right)$$

11.2.4 AdaBoost 算法的特点

AdaBoost 算法是一种有很高精度的分类器，可以使用各种方法构建子分类器，AdaBoost 算法提供的是一个框架。当使用简单分类器时，计算出的结果是可以理解的。而且弱分类器的构造极其简单，不用做特征筛选，不容易过拟合，关于这一点的解释有两种看法——分布式 margin 理论和统计观点，对于细节读者可以查看相关文献。

11.2.5 通过实例理解 AdaBoost 算法

下面通过一个实例来说明 AdaBoost 算法的计算过程。首先假设有一个二分类问题，数据分布如图 11.3 所示，目的是寻找一个分类器使它能够将正、负样本分开。

在图 11.3 中，训练数据集中的“+”和“-”分别代表两个类别。符号的大小代表每个样本的权重，$\boldsymbol{D}_1$ 是当前数据的分布。

使用 AdaBoost 算法来实现分类的目的。按照 AdaBoost 的思想需要构造多个简单的分类器,然后用分类器加和的结果作为最终的分类器。那么第一步先找到第一个分类器 h_1,如图 11.4 所示。

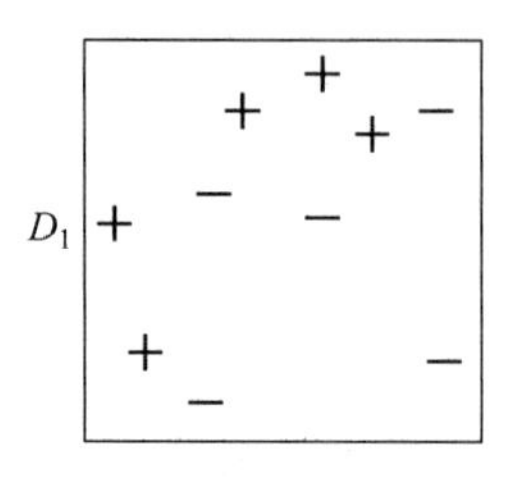

图 11.3　二分类数据图

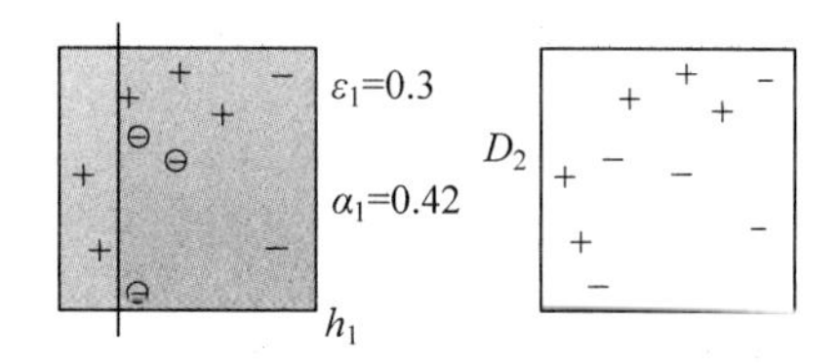

图 11.4　分类器 h_1 的数据分类

该图中 ε_1 和 α_1 的计算过程如下。算法的最开始给了一个均匀分布 D,所以 h_1 中每个点的权重是 0.1。当划分后有 3 个点划分错了(图中画圆圈的样本),根据算法误差表达式 $\varepsilon_t = P_{r_i -} D_i[h_i(x_i) \neq y_i]$得到误差为分错了的 3 个点的值之和,所以 $\varepsilon_1 = 0.1 + 0.1 + 0.1 = 0.3$,而 α_1 根据表达式得:

$$\alpha_1 = \frac{1}{2}\ln\frac{1-\varepsilon_1}{\varepsilon_1} = \frac{1}{2}\ln\frac{1-0.3}{0.3} = 0.42$$

可以算出来为 0.42。然后根据算法把分错的点的权值变大。对于分对的 7 个点,它们的权重减小。对于分错的 3 个点,其权值为:

$$D_{t+1}(i) = \frac{D_t(i)}{Z_t} \times \begin{cases} e^{-\alpha_t} & 若\ h_t(x_i) = y_i \\ e^{\alpha_t} & 若\ h_t(x_i) \neq y_i \end{cases}$$

因为 $\alpha > 0$,所以 $e^{-\alpha_t} > 1$,故分错样本的权重会变大,相应地分对样本的权重减小。这样就得到了新的权重分布 D_2。

第二步,根据分布 D_2 得到一个新的子分类器 h_2(如图 11.5 所示)和更新后的样本分布 D_3。

第三步,根据分布 D_3 得到一个新的子分类器 h_3,如图 11.6 所示。

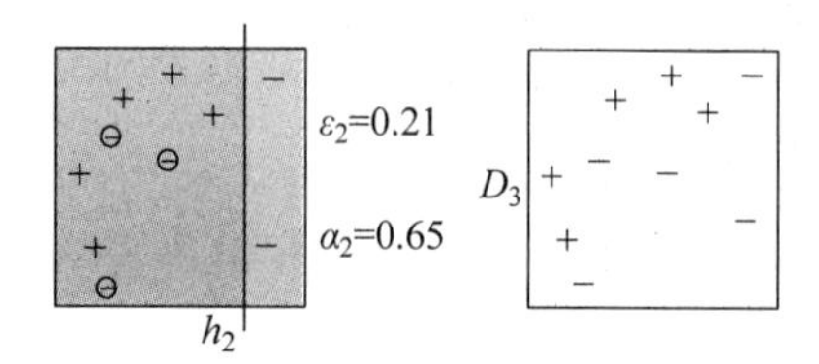

图 11.5　分类器 h_2 的数据分类

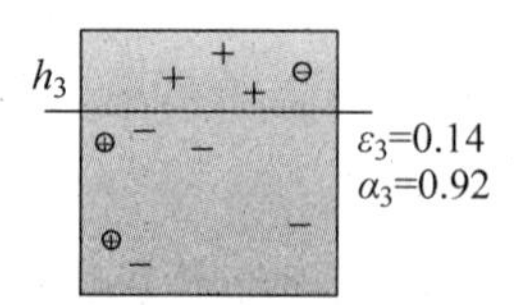

图 11.6　分类器 h_3 的数据分类

整合所有子分类器,如图 11.7 所示。

从图 11.7 中可以看出,通过这些简单的分类器,不仅能实现一个线性不可分数据集的分类,而且能得到很低的错误率。

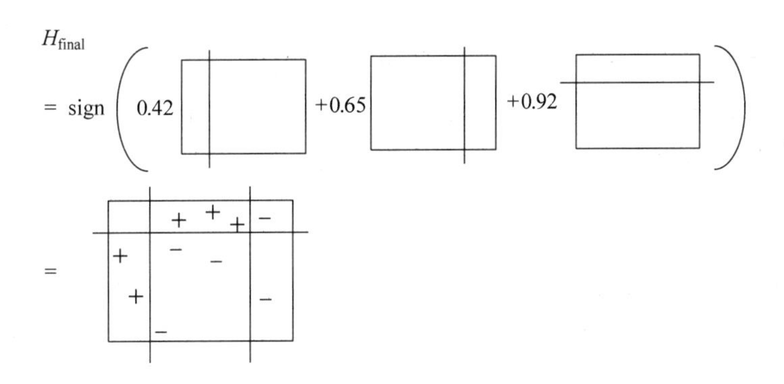

图 11.7　分类器整合分类

11.3　AdaBoost 算法的改进

11.3.1　Real AdaBoost 算法

可以看出，Discrete AdaBoost 的每一个弱分类的输出结果是 1 或 −1，并没有属于某个类的概率，略显粗糙。如果让每个弱分类器输出样本属于某个类的概率，则可以得到 Real AdaBoost 算法[3]，其步骤如下：

(1) 从权重开始，$w_i=1/N, i=1,2,\cdots,N$。

(2) 重复 $m=1,2,\cdots,M$：

① 在训练数据上使用权重 w_i，调整分类器以获得类概率估计 $p_m(x)=\hat{p}_w(y=1|x)\in[0,1]$。

② 设置 $f_m(x)\leftarrow\frac{1}{2}\log p_m(x)/(1-p_m(x))\in\mathbf{R}$。

③ 设置 $w_i\leftarrow w_i\exp[-y_i f_m(x_i)], i=1,2,\cdots,N$，重新归一化，使 $\sum_i w_i=1$。

(3) 输出分类器 $\text{sign}\left[\sum_{m=1}^{M}f_m(x)\right]$。

每个弱分类器输出样本属于某个类的概率后，通过一个对数函数将 0～1 的概率值映射到实数域，最后的分类器是所有映射函数的和。

11.3.2　Gentle AdaBoost 算法

将 Real AdaBoost 算法每次迭代的两步合并，直接产生一个映射到实数域的函数，就成了 Gentle AdaBoost 算法[4]，其步骤如下：

(1) 从权重开始，$w_i=1/N, i=1,2,\cdots,N, F(x)=0$。

(2) 重复 $m=1,2,\cdots,M$：

① 通过权重 w_i 的 y_i 到 x_i 的加权最小二乘法调整回归函数 $f_m(x)$。

② 更新 $F(x)\leftarrow F(x)+f_m(x)$。

③ 更新 $w_i\leftarrow w_i\exp[-y_i f_m(x_i)], i=1,2,\cdots,N$，重新归一化。

(3) 输出分类器 $\text{sign}[F(x)]=\text{sign}\left[\sum_{m=1}^{M} f_m(x)\right]$。

Gentle AdaBoost 在每次迭代时，基于最小二乘做一个加权回归，最后所有回归函数的和作为最终的分类器。

11.3.3 LogitBoost 算法

LogitBoost 算法和 Gentle AdaBoost 算法有点相似，不过其每次进行回归拟合的变量 z 是在不断更新的，Gentle AdaBoost 使用的是 y[5]。LogitBoost 算法的步骤如下：

(1) 从权重开始，$w_i=1/N, i=1,2,\cdots,N, F(x)=0$，概率估计 $p(x_i)=0.5$。

(2) 重复 $m=1,2,\cdots,M$：

① 计算工作响应和权重

$$z_i=\frac{y_i^*-p(x_i)}{p(x_i)(1-p(x_i))}$$

$$w_i=p(x_i)(1-p(x_i))$$

② 通过权重 w_i 的 z_i 到 x_i 的加权最小二乘法调整回归函数 $f_m(x)$。

③ 更新 $F(x)\leftarrow F(x)+\frac{1}{2}f_m(x), p(x)\leftarrow e^{F(x)}/(e^{F(x)}+e^{-F(x)})$。

(3) 输出分类器 $\text{sign}[F(x)]=\text{sign}\left[\sum_{m=1}^{M} f_m(x)\right]$。

11.4 AdaBoost 算法的 Python 实践

在 Python 中，为方便用户对 AdaBoost 算法的使用，Python 中的 sklearn 针对 AdaBoost 算法封装了 AdaBoostClassifier 函数。该函数的初始化模型为：

```
class sklearn.ensemble.AdaBoostClassifier(base_estimator = None, n_estimators = 50, learning_
rate = 1.0, algorithm = 'SAMME.R', random_state = None)
```

其中，base_estimator 表示选择哪种分类器，一般用 CART 决策树或者神经网络 MLP，默认是决策树；n_estimators 表示最大迭代次数，通常 n_estimators 太小，容易欠拟合，n_estimators 太大，又容易过拟合，一般选择一个适中的数值，默认是 50；learning_rate 为学习率；algorithm 包括'SAMME'和'SAMME.R'，如果是 SAMME.R，弱分类器需要支持概率预测，比如逻辑回归，SAMME 是针对离散的变量。

此外，AdaBoostClassifier 类中包括的 fit(x,y)为训练模型函数；predict(x)为预测值输出函数；predict_proba(x)为预测概率输出函数；score(x,y)为准确率输出函数。

采用 AdaBoost 算法对 sklearn 中的 make_hastie_10_2 数据库进行训练，具体 Python 程序(AdaBoost.py)如下：

```
import numpy as np                                    # 导入 numpy 库
import matplotlib.pyplot as plt                       # 导入 matplotlib 库
from sklearn import datasets                          # 导入 sklearn 数据库
from sklearn.tree import DecisionTreeClassifier       # 输入决策树函数
from sklearn.metrics import zero_one_loss             # 输入度量函数
from sklearn.ensemble import AdaBoostClassifier       # 输入 AdaBoost 函数
n_estimators = 400                                    # 设置迭代次数为 400
learning_rate = 1.0                                   # 设置学习率为 1
x, y = datasets.make_hastie_10_2(n_samples = 12000, random_state = 1)
# 导入 make_hastie_10_2 数据库
x_train, y_train  = x[10000:], y[10000:]    # 取数据库的前 10000 个数据作为训练集
x_test, y_test = x[:2000], y[:2000]         # 取数据库的后 2000 个数据作为测试集
DT = DecisionTreeClassifier(max_depth = 1, min_samples_leaf = 1)   # 将决策树函数实体化
ada = AdaBoostClassifier(base_estimator = DT, learning_rate = learning_rate, n_estimators =
n_estimators, algorithm = 'SAMME')                    # 将 AdaBoost 函数实体化
ada.fit(x_train, y_train)                             # 训练 AdaBoost 函数
ada_err = np.zeros((n_estimators,))                   # 输出 AdaBoost 误差值
for i, y_pred in enumerate(ada.staged_predict(x_test)):
    ada_err[i] = zero_one_loss(y_pred, y_test)
fig = plt.figure()                                    # 定义画图
f = fig.add_subplot(111)
f.plot(np.arange(n_estimators) + 1, ada_err, label = 'Discrete AdaBoost Test Error', color =
'red')                                                # 绘制 AdaBoost 算法的误差曲线
f.set_ylim((0.0, 0.5))                                # 设置极限值
f.set_xlabel('n_estimators')                          # 设置 x 轴标签
f.set_ylabel('error rate')                            # 设置 y 轴标签
leg = f.legend(loc = 'upper right', fancybox = True)  # 设置 legend
plt.show()                                            # 显示曲线
```

在终端输入“python AdaBoost.py”，显示结果如图 11.8 所示。

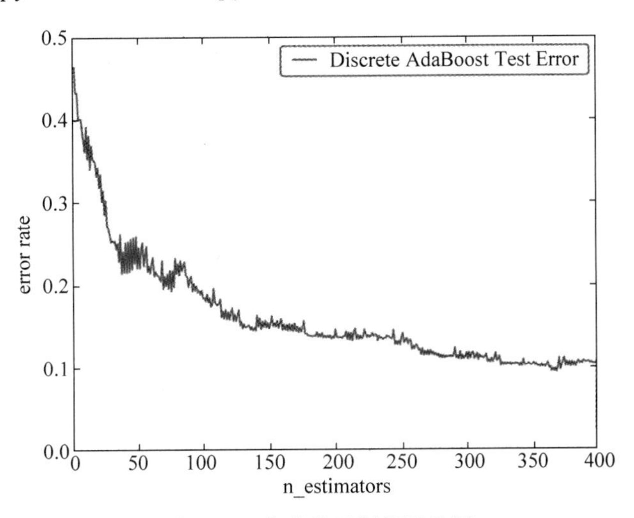

图 11.8 集成学习训练误差图

该图中横坐标为迭代次数，纵坐标为 AdaBoost 误差值。由该图可得，随着迭代次数的增加，AdaBoost 的测试误差值从 300 次迭代逐渐开始稳定，在 350～400 次迭代中间达到稳定，最终在 400 次迭代时停止了训练。

本章参考文献

[1] Freund Y, Schapire R E. A desicion-theoretic generalization of on-line learning and an application to boosting[C]//European Conference on Computational Learning Theory. Springer, Berlin, Heidelberg, 1995: 23-37.

[2] 曹莹，苗启广，刘家辰，等. AdaBoost 算法研究进展与展望[J]. 自动化学报，2013，39(6): 745-758.

[3] Huang C, Wu B, Haizhou A I, et al. Omni-directional face detection based on real AdaBoost[C]//Image Processing, 2004. ICIP'04. 2004 International Conference on. IEEE, 2004, 1: 593-596.

[4] Ho W T, Lim H W, Tay Y H. Two-stage license plate detection using gentleAdaboost and SIFT-SVM[C]//Intelligent Information and Database Systems, 2009. ACIIDS 2009. First Asian Conference on. IEEE, 2009: 109-114.

[5] Kotsiantis S B. LogitBoost of simple Bayesian classifier[J]. Informatica, 2005, 29(1).

第12章

k均值算法

在介绍 k 均值(k-means)算法之前,先介绍一下动态聚类算法的概念。动态聚类算法是一种通过反复修改分类来达到最满意聚类结果的迭代算法。该算法的基本思想是:首先选择若干个样本点作为聚类中心,再按照某种聚类准则(例如最小聚类准则)使样本点向各中心聚集,从而得到初始聚类;然后判断初始分类是否合理,若不合理,则修改分类;如此反复进行,修改聚类的迭代算法,直至合理为止。本章介绍的 k 均值算法就是一种典型的动态聚类算法。

12.1 k 均值算法概述

12.1.1 k 均值算法的基本原理

k 均值算法主要解决的问题如图 12.1 所示,可以看到,在图的左边有一些没有标出类别的点,用肉眼可以看出这些点有 4 个点群,但是怎么通过计算机程序找出这几个点群呢?于是出现了 k 均值算法。

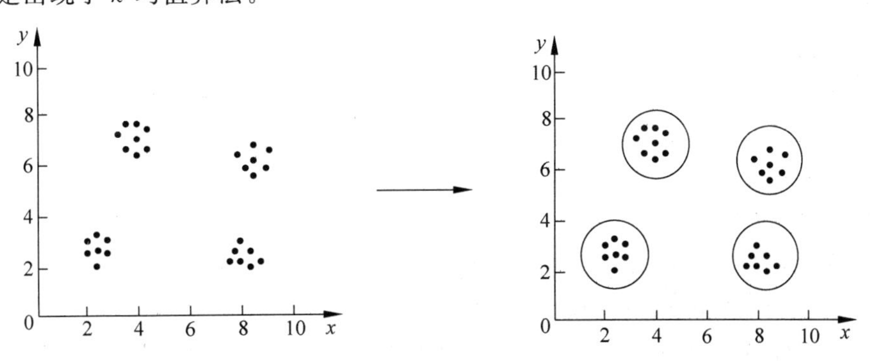

图 12.1 k 均值算法要解决的问题

k 均值算法是很典型的基于距离的动态聚类算法，采用距离作为相似性的评价指标，即认为两个对象的距离越近，其相似度就越大。该算法使用误差平方和准则作为聚类准则，寻求的是使误差平方和准则函数最小化的聚类结果[1]。

12.1.2 k 均值算法的实现步骤

k 均值算法的实现步骤如下[2]：

(1) 任选 k 个初始聚类中心 $z_1(1)$、$z_2(1)$、…、$z_k(1)$。一般以开头 k 个样本作为初始中心。

(2) 将样本集的每一个样本按最小距离原则分配给 k 个聚类中心，即在第 m 次迭代时，若 $\|x-z_j(m)\|<\|x-z_i(m)\|, i,j=1,2,\cdots,k, i\neq j$，则 $x\in f_j(m)$，$f_j(m)$ 表示第 m 次迭代时以第 j 个聚类中心为代表的聚类域。

(3) 由步骤(2)计算新的聚类中心，即：

$$z_i(m+1)=\frac{1}{N_i}\sum_{x\in f_j(m)} x \quad i=1,2,\cdots,k$$

式中 N_i 为第 i 个聚类域 $f_j(m)$ 中的样本个数。其均值向量作为新的聚类中心，因为这样可以使误差平方和准则函数

$$J=\sum_{x\in f_j(m)}\|x-z_i(m+1)\|^2 \quad i,j=1,2,\cdots,k$$

达到最小值。

(4) 若 $Z_i(m+1)=Z_i(m)$，算法收敛，计算完毕，否则返回到步骤(2)，进行下一次迭代。

根据上述步骤可以得出 k 均值算法的输入为聚类个数 k 以及包含 n 个数据对象的数据库，输出满足方差最小标准的 k 个聚类。

12.1.3 k 均值算法的实例

为了便于读者理解，下面用一个实例来展示 k 均值算法的整个过程。在此构造一个二维的数据集，如表 12.1 所示。该数据集中包含 20 个样本，每个样本都有两个特征，下面展示 k 均值算法是如何将这些样本划分为不同类别的。

表 12.1 二维数据集

样本序号	x_1	x_2	x_3	x_4	x_5	x_6	x_7	x_8	x_9
特征 y_1	0	1	0	1	2	1	2	3	6
特征 y_2	0	0	1	1	1	2	2	2	6

样本序号	x_{10}	x_{11}	x_{12}	x_{13}	x_{14}	x_{15}	x_{16}	x_{17}	x_{18}	x_{19}	x_{20}
特征 y_1	7	8	6	7	8	9	7	8	9	8	9
特征 y_2	6	6	7	7	7	7	8	8	8	9	9

首先把这些样本点在直角坐标系中表示出来，表示结果如图 12.2 所示。

(1) 令 $k=2$，选初始聚类中心为 $Z_1(1)=x_1=(0,0)^T$，$Z_1(2)=x_2=(1,0)^T$。

(2) 计算样本集中的每一个样本与各个聚类中心的距离，并按最小距离原则分配给

两个聚类中心：

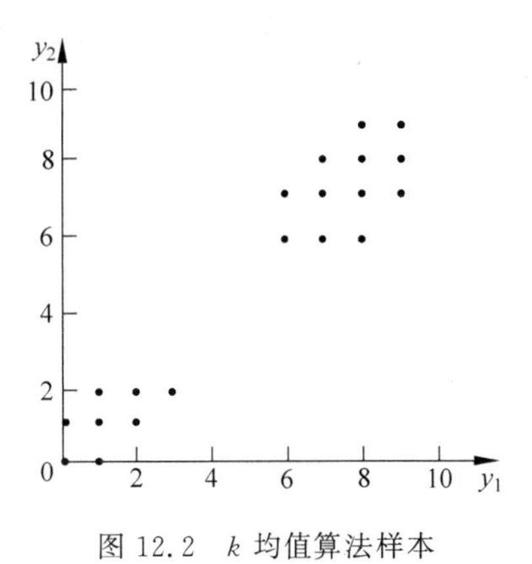

图 12.2 k 均值算法样本

$$\|x_1-Z_1(1)\|=\left\|\begin{pmatrix}0\\0\end{pmatrix}-\begin{pmatrix}0\\0\end{pmatrix}\right\|=0$$

$$\|x_1-Z_2(1)\|=\left\|\begin{pmatrix}0\\0\end{pmatrix}-\begin{pmatrix}1\\0\end{pmatrix}\right\|=1$$

因为$\|x_1-Z_1(1)\|<\|x_1-Z_2(1)\|$，所以 $x_1\in Z_1(1)$

$$\|x_2-Z_1(1)\|=\left\|\begin{pmatrix}1\\0\end{pmatrix}-\begin{pmatrix}0\\0\end{pmatrix}\right\|=1$$

$$\|x_2-Z_2(1)\|=\left\|\begin{pmatrix}1\\0\end{pmatrix}-\begin{pmatrix}1\\0\end{pmatrix}\right\|=0$$

因为$\|x_2-Z_1(1)\|>\|x_2-Z_2(1)\|$，所以 $x_2\in Z_2(1)$，同理，

$$\|x_3-Z_1(1)\|=1<\|x_3-Z_2(1)\|=2, \text{所以 } x_3\in Z_1(1)$$

$$\|x_4-Z_1(1)\|=2>\|x_4-Z_2(1)\|=1, \text{所以 } x_4\in Z_2(1)$$

同样把所有 x_5、x_6、…、x_{20} 与两个聚类中心的距离都计算出来，并判断每个样本点所属的类别，可以判断出 x_5、x_6、…、x_{20} 都属于 $Z_2(1)$。因此分为两类：

$$G_1(1)=(x_1,x_3)$$

$$G_2(1)=(x_2,x_4,x_5,\cdots,x_{20})$$

$$N_1=2, N_2=18$$

（3）更新聚类中心，根据新分成的两类建立新的聚类中心：

$$Z_1(2)=\frac{1}{N_1}\sum_{x\in G_1(1)}x=\frac{1}{2}(x_1+x_3)=\frac{1}{2}\left[\begin{pmatrix}0\\0\end{pmatrix}+\begin{pmatrix}0\\1\end{pmatrix}\right]=(0,0.5)^{\mathrm{T}}$$

$$Z_2(2)=\frac{1}{N_2}\sum_{x\in G_2(1)}x=\frac{1}{18}(x_2+x_4+x_5+\cdots+x_{20})=(5.67,5.33)^{\mathrm{T}}$$

（4）判断新、旧聚类中心是否相等。

因为 $Z_J(1)\neq Z_J(2)$，$J=1,2$，转到（2）。

（5）重新计算 x_1、x_2、…、x_{20} 到 $Z_1(2)$ 和 $Z_2(2)$ 的距离，并按最小距离原则重新分为两类：

$$G_1(2)=(x_1,x_2,\cdots,x_8) \quad N_1=8$$

$$G_2(2)=(x_9,x_{10},\cdots,x_{20}) \quad N_2=12$$

（6）更新聚类中心：

$$Z_1(3)=\frac{1}{N_1}\sum_{x\in G_1(2)}x=\frac{1}{8}(x_1+x_2+x_3+\cdots+x_8)=(1.25,1.13)^{\mathrm{T}}$$

$$Z_2(3)=\frac{1}{N_2}\sum_{x\in G_2(2)}x=\frac{1}{12}(x_9+x_{10}+x_{11}+\cdots+x_{20})=(7.67,7.33)^{\mathrm{T}}$$

（7）判断新、旧聚类中心是否相等。

因为 $Z_J(3)\neq Z_J(2)$，$J=1,2$，转到（2）。

(8) 重新计算 x_1、x_2、…、x_{20} 到 $Z_1(3)$ 和 $Z_2(3)$ 的距离，并按最小距离原则重新分为两类：

$$G_1(3)=(x_1,x_2,\cdots,x_8) \quad N_1=8$$

$$G_2(3)=(x_9,x_{10},\cdots,x_{20}) \quad N_2=12$$

(9) 更新聚类中心：

$$Z_1(4)=(1.25,1.13)^{\mathrm{T}}$$

$$Z_2(4)=(7.67,7.33)^{\mathrm{T}}$$

(10) 判断新、旧聚类中心是否相等。

$$Z_1(4)-Z_1(3)$$

$$Z_2(4)=Z_2(3)$$

此时算法收敛，计算结束。聚类的结果如图 12.3 所示。

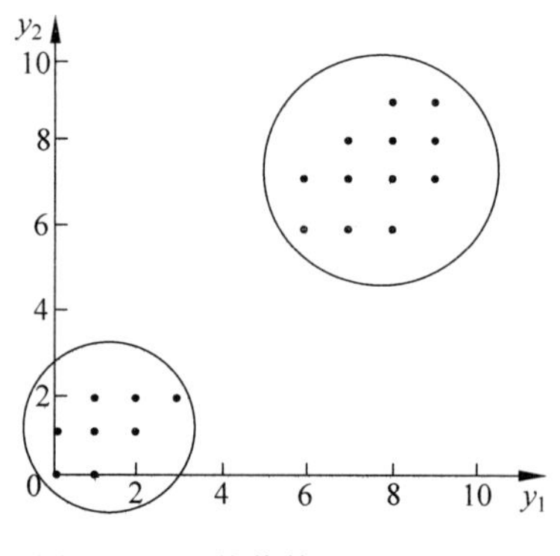

图 12.3　k 均值算法的聚类结果

k 均值算法的结果主要受哪些因素影响呢？在实际情况中，聚类数目 k 的选择、聚类中心的初始分布、模式样本的几何性质等因素都会对 k 均值算法的结果产生影响。

k 值的选择是影响算法结果的决定性因素之一。在 k 均值算法中，k 值为算法的输入量，一旦 k 值选择有误，很难得到有效的聚类结果。

聚类中心的初始分布（即 k 个初始聚类中心点的选取）对聚类结果也有较大的影响，因为算法是随机地选取任意 k 个样本作为初始聚类的中心，一旦初始值选择得不好，有可能导致无法得到有效的聚类结果。

模式样本的几何性质对算法的聚类结果也有较大的影响，如果样本的维数很大，则花费的时间会很长，这对算法的实用性会产生很大的影响。

12.1.4　k 均值算法的特点

k 均值算法的优点如下：

(1) 算法快速、简单。

(2) 对大数据集有较高的效率并且是可伸缩的。

(3) 时间复杂度近于线性，而且适合挖掘大规模数据集。

k 均值算法的缺点如下：

(1) 在 k 均值算法中 k 值必须是事先给定的，但 k 值的选定是非常难以估计的。在很多时候，事先并不知道给定的数据集应该分成多少个类别才最合适。

(2) 在 k 均值算法中，首先需要根据初始聚类中心来确定一个初始划分，然后对初始划分进行优化。这个初始聚类中心的选择在 k 均值算法中是随机的，一旦初始值选择得不合理，有可能无法得到有效的聚类结果。

（3）从 k 均值算法的框架可以看出，该算法需要不断地进行样本的分类调整，不断地计算调整后的新的聚类中心，因此当数据量非常大时算法的时间开销是非常大的。

12.2　基于 k 均值算法的改进

12.1 节中提到了 k 均值算法的缺点，其中 k 值需要事先给定和初始聚类中心需要随机选择是该算法的两个突出缺点，也是该算法急需解决的两个问题。针对这两个缺点，研究者在不断地进行算法的改进，提出一些关于 k 值选取和初始聚类中心选择的 k 均值改进算法。接下来就为大家介绍一下这些 k 均值改进算法。

12.2.1　改进 k 值选取方式的 k 均值改进算法

在 k 均值算法中，聚类数 k 的值是需要事先给定的，然而在实际应用中，通常并不知道给定的数据集应该分成多少个类别才最合适，这也就意味着在很多情况下，选择 k 均值算法进行聚类分析是不可行的。但是与其他算法相比，k 均值算法又有许多其他算法并不具备的优势，是聚类分析中一个较好的选择，有很强的不可替代性。那么能不能对 k 均值算法做出改进，使它在 k 值未知的情况下仍能进行聚类分析呢？答案是肯定的。下面就介绍一种在 k 值未知时仍能得到合理划分的 k 均值改进算法。

在 k 值未知时，假设给定数据集最合理划分的聚类数为 k。若在实际中 k 值的初始值选择为 k_1，则一般会产生两种情况：①$k_1>k$，说明至少有一个合理划分的类被再次划分成若干个类；②$k_1<k$，说明至少有两个合理划分的类被归结成一类。基于这两种情况，可以取 k 值的上限作为 k 的初始值，运行 k 均值算法得到初始聚类，再通过判断边界距离来确定一些小的聚类是否应是同一个聚类，若是同一个聚类，则合并这些聚类，从而不断减小聚类数 k 的值，最终得到一个合理的划分。这就是改进 k 值选取方式的 k 均值改进算法的基本思想[3]。

改进算法的具体步骤如下：

（1）取 $k_1=\sqrt{n}$ 作为 k 值的上限（通常情况下 k 值的取值范围为 $[2,\sqrt{n}]$，其中 n 为样本数），对样本集运行 k 均值算法得到 k 个聚类。

（2）判断 k 个聚类中是否有聚类的边界距离小于设定的阈值，若有，则把这些聚类合并成一类；若没有，此时的 k 值即为最合理的分类值，此时的分类即是最合理的分类，算法结束。

（3）把最新获得的 k 值作为输入对样本集运行 k 均值算法，得到 k 个新的聚类。

（4）重复步骤（2）和步骤（3），直到得到一个合理的划分。

12.2.2　改进初始聚类中心选择方式的 k 均值改进算法

k 均值算法对于初始聚类中心的选择是随机的，这种选取方式有很大的不确定性，很可能会导致聚类的结果不是最优，甚至得到一个错误的聚类结果。因此，对 k 均值算法中初始聚类中心选择方式的改进是非常必要的。

在实际应用中，通常希望所选择的初始聚类中心是尽量分散的，但是仅考虑距离因素，往往会取到离群点作为初始聚类中心。所以初始聚类中心的选择除了要考虑其散布程度外，还应该考虑密度因素。在此介绍一种基于最近邻相似度，同时充分考虑了密度因素的 k 均值改进算法[4]。

为了说明改进算法，做以下定义。

定义 1：已知对象集 $A=\{x_1,x_2,\cdots,x_{n-1},x_n\}$ 共有 n 个待聚类的数据点，集合中任一数据点 x_i 的密度记为 (x_i)，一种密度计算方法可定义如下。

$$(x_i)=\frac{z_i}{\sum_{k=1}^{n} z_k}$$

z_i 是一个关于样本点间距离的参数，数学表达式为：

$$z_i=\sum_{1,k\neq i}^{n}\frac{1}{(d_{ik})^a} \quad a\geqslant 1$$

其中，$d_{ik}=\|x_i-x_k\|$，a 为密度系数，可以取大于 1 的任意数。通过计算发现，(x_i) 越大样本点 x_i 周围的点越多，也就是密度越大；(x_i) 越小样本点 x_i 周围的点越少，也就是密度越小。

定义 2：共享最近邻(Shared Nearest Neighbor，SNN)相似度的定义为，对于相互在对方最近邻列表中的两个对象，它们的共享近邻个数就是 SNN 相似度。

下面通过一个简单的实例来介绍 SNN 相似度的计算过程。

如图 12.4 所示，图中两个黑色的点都有 5 个最近邻点，并且相互包含。其中黑点 1 的最近邻点有 2、3、4、6、7，黑点 2 的最近邻点有 1、4、5、7、8。可以看到在这些最近邻点中，点 4 和点 7 是两个黑点共享的，因此这两个黑色的点之间的 SNN 相似度就为 2。

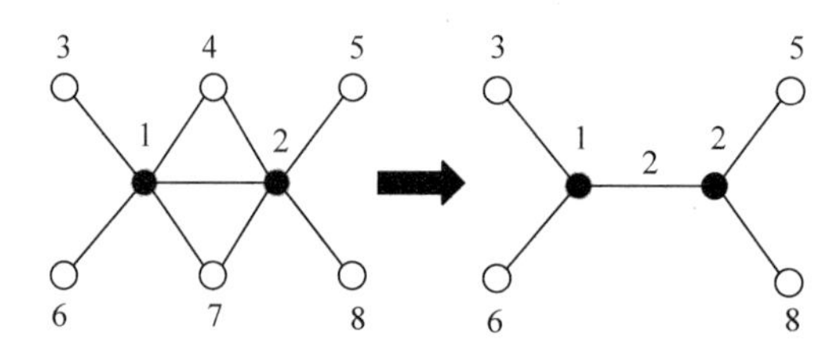

图 12.4 两个点之间 SNN 相似度的计算

那么样本集中所有样本点的共享最近邻相似度应该如何计算呢？根据上述实例，可以清楚地得到计算过程：首先找出所有点的 k 最近邻，如果两个点 x_i 和 x_j 不是相互在对方的 k 最近邻中，则共享最近邻相似度的值为 0，否则共享最近邻相似度为共享的近邻个数。

介绍完上述的两个定义，接下来介绍基于密度及最近邻相似度的初始聚类中心选择算法的基本思想：

(1) 根据定义 1 计算样本集中所有数据点的密度，同时设定一个最近邻相似度阈值 $t(t\geqslant 1)$。

(2) 找出密度最大的数据点，再找出与该数据点的最近邻相似度值不小于 t 的所有数据点，共同组成集合 M_1。然后找出与集合 M_1 中数据点的最近邻相似度不小于 t 的所有数据点，再并入集合 M_1。重复此过程，直到集合 M_1 不再发生变化为止，然后将集合 M_1 中的数据点从样本集中删除。

(3) 在样本集剩下的数据点中找出密度最大的数据点，重复执行步骤(2)，组成数据集 M_2；如此反复，直到组成 M_{k-1} 个集合。

(4) 将样本集中剩余的数据点组成集合 M_k，这样共组成 k 个样本集 M_1、M_2、…、M_k。

(5) 将各样本集中的数据点按密度进行降序排列，将 k 个样本集中排在第 1 位的数据点组成一个新的初始聚类中心的集合 $\boldsymbol{U}$，则集合 $\boldsymbol{U}$ 中的数据即为 k 个初始聚类中心。

改进的 k 均值算法中初始聚类中心选取的具体流程如下：

(1) 根据定义 1 计算所有数据点的密度。

(2) 设定一个最近邻相似度的阈值 $t(t \geqslant 1)$。

(3) 初始化分类样本集，即"$M_1 = \cdots = M_k = \{\}$"。

(4) 找出密度最大的数据点，并入集合 M_1，在样本集中找出与此数据点最近邻、相似度值不小于 t 的点，并入集合 M_1。

(5) 对集合 M_1 中的所有数据点重复执行步骤(4)的操作，直到集合 M_1 不再发生变化。

(6) 将集合 M_1 中的数据点从样本集中删除。

(7) 在样本集剩余的数据点中找出密度最大的数据点，重复执行步骤(4)～(6)的操作，直到生成 M_{k-1} 个集合。

(8) 将样本集中剩余的数据点组成集合 M_k，形成新的样本集 M_1、M_2、…、M_k。

(9) 将样本集 M_1、M_2、…、M_k 中的样本点按步骤(1)中求出的密度进行降序排列。

(10) 初始化初始聚类中心的集合，即"$U = \{\}$"。

(11) 将样本集 M_1、M_2、…、M_k 中排在第 1 位的数据点并入集合 $\boldsymbol{U}$，集合 $\boldsymbol{U}$ 中的点就是初始聚类中心的初值。

12.3　k 均值算法的 Python 实践

在 Python 中，为方便用户对 k 均值算法的使用，Python 中的 sklearn 针对 k 均值算法封装了 KMeans 函数。该函数的初始化模型为：

```
KMeans(algorithm = 'auto', copy_x = True, init = 'k - means++', max_iter = 300, n_clusters = 8,
n_init = 10, n_jobs = None, precompute_distances = 'auto', random_state = None, tol = 0.0001,
verbose = 0)
```

对于 copy_x，在计算距离时，将数据中心化会得到更准确的结果。如果把此参数的值设为 True，则原始数据不会被改变；如果设为 False，则会直接在原始数据上做修改，并在函数返回值时将其还原。init 有 3 个可选值，分别为 k－means＋＋、random，或者传递一个 ndarray 向量；max_iter 是执行一次 k 均值算法所进行的最大迭代数；n_clusters 为生成的聚类数，即产生的质心数；n_init 为默认值；n_jobs 为指定计算所用的进程数；precompute_distances 为预计算距离，它有 3 个可选值，分别为 auto、True、False；random_ state是用于初始化质心的生成器；tol与inertia结合用来确定收敛条件。

在KMeans函数的功能函数中，fit(x,y)计算k均值聚类，fit_predict(x,y)计算簇质心并给每个样本预测类别，fit_transform(x,y)计算簇并转换X到聚类距离空间，predict(x)给每个样本估计最接近的簇，score(x,y)计算聚类误差。

下面在Python中输入两组数据，运用k均值算法对数据进行聚类，展示Python中k均值算法的具体实现(k-means.py文件)。在实例中首先生成两组数据，然后通过k均值算法实现自动分类，并找到两组数据的中心点，最后通过绘图的方式绘制出分类的数据以及两组数据的中心点，如图12.5所示。

```
import matplotlib.pyplot as plt                              #导入 matplotlib 库
import numpy as np                                           #导入 numpy 库
from sklearn.cluster import KMeans                           #从 sklearn 中导入 KMeans 函数
#输入两组数据
x1 = np.array([7, 5, 7, 3, 4, 1, 0, 2, 8, 6, 5, 3])
x2 = np.array([5, 7, 7, 3, 6, 4, 0, 2, 7, 8, 5, 7])
X = np.array(list(zip(x1, x2))).reshape(len(x1), 2)       #将压缩数据整合到一起
colors = ['b', 'g']                                          #颜色设定
markers = ['o', 's']                                         #marker 设定
kmeans_model = KMeans(n_clusters = 2).fit(X)                 #训练 KMeans 模型
print(KMeans() )                                             #打印 KMeans 函数
plt.figure()                                                 #绘图
#对分类的数据在图上进行不同颜色和标志的绘制
for i, l in enumerate(kmeans_model.labels_):
    plt.plot(x1[i], x2[i], color = colors[l], marker = markers[l],ls = 'None')
    plt.axis([ - 1, 9, - 1, 9])
centroids = kmeans_model.cluster_centers_                    #计算中心点
plt.scatter(centroids[:, 0], centroids[:, 1],marker = 'x', s = 169, linewidths = 3,color =
'r', zorder = 10)                                            #绘制中心点
plt.show()                                                   #显示图
```

在终端输入"python K-means.py"，输出图像如下：

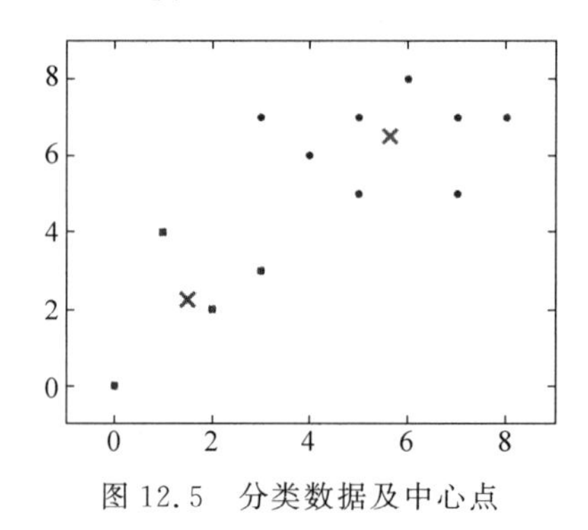

图12.5 分类数据及中心点

本章参考文献

[1] http://www.csdn.net/article/2012-07-03/2807073-K-means.

[2] 曹志宇,张忠林,李元韬.快速查找初始聚类中心的k_means算法[J].兰州交通大学学报,2009,28(6).

[3] 孙可,刘杰,王学颖.k均值聚类算法初始质心选择的改进[J].沈阳师范大学学报(自然科学版),2009,27(4):448-450.

[4] 袁方,周志勇,宋鑫.初始聚类中心优化的k均值算法[J].计算机工程,2007,33(3):65-66.

第13章 期望最大化算法

在统计领域里主要有两大类计算问题，一类是极大似然估计的计算，另一类是 Bayes 计算。极大似然估计的计算类似于 Bayes 的后验众数的计算，因此可以从 Bayes 的角度来介绍统计计算方法。

Bayes 计算方法大体上可以分为两大类：一类是直接运用后验分布得到后验均值或后验众数的估计，以及这种估计的渐近方差或其近似；另一类可以称为数据添加算法，这是近年来发展很快且应用很广的一种算法，它不是直接对复杂的后验分布进行极大化或模拟，而是在观察数据的基础上添加一些"潜在数据"，从而简化计算并完成一系列简单的极大化或模拟。

EM 算法是一种一般的从"不完全数据"中求解模型参数的极大似然估计方法。所谓"不完全数据"一般分为两种情况：一种是由于观察过程本身的限制或者错误，造成观察数据成为错漏的不完全数据；另一种是参数的似然函数直接优化十分困难，而引入额外的参数(隐含的或丢失的)后比较容易优化，于是定义原始观察数据加上额外数据组成"完全数据"，原始观察数据自然就成为"不完全数据"。本章主要介绍 EM 算法及 EM 算法的一些改进形式。

13.1 EM 算法

13.1.1 EM 算法的思想

EM 算法是用于数据缺失问题中极大似然估计(MLE)的一种常用迭代算法，它具有操作简便、收敛稳定、适用性强等优点。EM 最早是由 Dempster、Laird 和 Rubin[1] 三人于 1977 年提出的求参数极大似然估计的一种方法。

它的出发点是假设有一个训练集 $\{x^{(1)},x^{(2)},\cdots,x^{(m)}\}$，包含 m 个独立的样本。我们希望找到一组合适的参数对模型 $p(x,z)$ 建模，似然函数表示为：

$$l(\theta)=\sum_{i=1}^{m}\log p(x;\theta)=\sum_{i=1}^{m}\log\sum_{z}p(x,z;\theta)$$

如果直接最大化上面的似然函数来找 θ 通常比较困难，因为 z 是隐变量，是未知的。在这种情况下，EM 算法提供了一种有效的最大化似然函数估计的方法。它的思路是既然直接最大化 $l(\theta)$ 比较困难，那么就间接地求解最值。EM 算法首先构造 $l(\theta)$ 的一个下界——LOB(E 步)，然后优化这个下界，提升 $l(\theta)$ 的值(M 步)。如图 13.1 所示，通过不断最大化下界来逼近 $l(\theta)$ 的最大值。

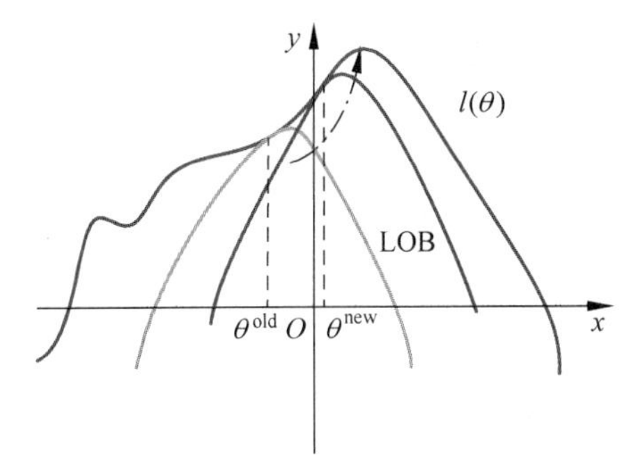

图 13.1　EM 算法的思想

13.1.2　似然函数和极大似然估计

因为 EM 算法可以理解为极大似然估计的一种特殊情况，所以在介绍 EM 算法的具体理论之前先回顾一下似然函数和极大似然估计的内容。

假设有参数为 θ 的概率密度函数 $p(x|\theta)$，θ 的参数空间为 $\boldsymbol{\Theta}$，并且有取自同一分布的样本量为 m 的样本，即 $\boldsymbol{X}=\{X_1,X_2,\cdots,X_m\}$ 独立同分布于 p，且 $\{x^{(1)},x^{(2)},\cdots,x^{(m)}\}$ 为相应的 $\{X_1,X_2,\cdots,X_m\}$ 的观测值，则样本的联合概率密度函数为：

$$p(\boldsymbol{X}\mid\theta)=\prod_{i=1}^{m}p(x_i\mid\theta)$$

令

$$l(\theta\mid\boldsymbol{X})=\prod_{i=1}^{m}p(x_i\mid\theta)\quad\theta\in\boldsymbol{\Theta}$$

则 $l(\theta|\boldsymbol{X})$ 就被称为在给定样本点 $\{x^{(1)},x^{(2)},\cdots,x^{(m)}\}$ 的似然函数。注意为了把乘法变成加法，一般会对似然函数取对数，称为对数似然函数。为了表述方便，在没有特别说明的情况下，后文中的似然函数指的是对数似然函数。

似然函数 $l(\theta|\boldsymbol{X})$ 是参数 θ 的函数。显然，随着参数 θ 在参数空间 $\boldsymbol{\Theta}$ 中的变化，似然函数值也要变化。极大似然估计的目的就是在样本点 $\{x^{(1)},x^{(2)},\cdots,x^{(m)}\}$ 给定的情况下寻找最优的 θ 来最大化 $l(\theta|\boldsymbol{X})$，即：

$$\theta^*=\underset{\theta\in\boldsymbol{\Theta}}{\operatorname{argmax}}\, l(\theta\mid\boldsymbol{X})$$

此时，θ^* 就称为 θ 的极大似然估计值。

13.1.3　Jensen 不等式

13.1.2 节讲了 EM 算法要解决的问题，也就是最大化含有隐变量的似然函数，下面就应该具体讲解 EM 算法了。在 EM 算法中有一个关键的工具，它对于理解和推导 EM 算法至关重要，这就是 Jensen 不等式，因此本节介绍 Jensen 不等式的概念和结论。

令 f 表示一个定义在实数域上的函数。如果这个函数的二阶导数 $f''(x)\geqslant 0$,则表示 f 是一个凸函数。如果 f 是定义在多维空间的一个函数,则当它的海森矩阵 $\boldsymbol{H}\geqslant 0$(半正定)时 f 是凸函数。相应地,严格凸函数的条件是 $f''(x)>0$ 或者 $\boldsymbol{H}>0$。基于这样的前提,Jensen 不等式的定义如下。

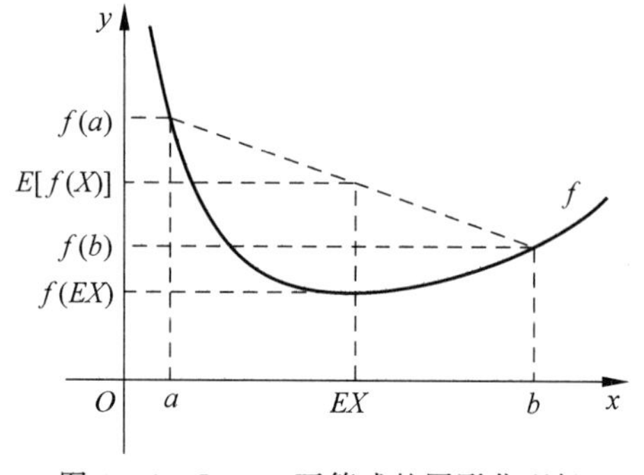

图 13.2　Jensen 不等式的图形化理解

理论:f 表示一个凸函数。X 表示一个随机变量,那么有

$$E[f(X)]\geqslant f(EX)$$

进一步,如果 f 是严格凸函数,那么 $E[f(X)]=f(EX)$(当且仅当 X 是一个常数)。相应地,如果 f 是凹函数,则得到相反的结论,即 $E[f(X)]\leqslant f(EX)$。图 13.2 给出了关于 Jensen 不等式的直观解释。

13.1.4　EM 算法的理论和公式推导

13.1.3 节回顾了似然函数和极大似然估计的相关内容,下面介绍 EM 算法的具体推导,还是从对数似然函数开始。假设 Q_i 表示关于 z 的分布,满足 $\sum\limits_{z^{(i)}}Q_i(z^{(i)})=1$,$Q_i(z^{(i)})\geqslant 0$,则

$$l(\theta)=\sum_{i=1}^{m}p(x;\theta)=\sum_{i=1}^{m}\log\sum_{z}p(x,z;\theta) \tag{13.1}$$

$$=\sum_{i}\log\sum_{z^{(i)}}Q_i(z^{(i)})\frac{p(x^{(i)},z^{(i)};\theta)}{Q_i(z^{(i)})} \tag{13.2}$$

$$\geqslant\sum_{i}\sum_{z^{(i)}}Q_i(z^{(i)})\log\frac{p(x^{(i)},z^{(i)};\theta)}{Q_i(z^{(i)})} \tag{13.3}$$

对于式(13.1),式(13.2)做了一个恒等变换,分母除以 $Q_i(z^{(i)})$,分子乘以 $Q_i(z^{(i)})$。式(13.3)则使用了 Jensen 不等式。此时的 $f(x)=\log x$ 是一个凹函数,$\sum\limits_{z^{(i)}}Q_i(z^{(i)})\dfrac{p(x^{(i)},z^{(i)};\theta)}{Q_i(z^{(i)})}$ 表示 $\dfrac{p(x^{(i)},z^{(i)};\theta)}{Q_i(z^{(i)})}$ 关于变量 $z^{(i)}$ 的期望,$z^{(i)}$ 服从分布 $Q_i(z^{(i)})$。根据 Jensen 不等式有:

$$f\left(E_{z^{(i)}\sim Q_i}\left[\frac{p(x^{(i)},z^{(i)};\theta)}{Q_i(z^{(i)})}\right]\right)\geqslant E_{z^{(i)}\sim Q_i}\left[f\left(\frac{p(x^{(i)},z^{(i)};\theta)}{Q_i(z^{(i)})}\right)\right]$$

把上式中的期望和 f 替换成对应的表达式,就得到了式(13.3)的结果。式(13.3)说明对于任意 Q_i,得到了原始似然函数的一个下界。问题是如何选择 Q_i。回想 EM 算法的策略是找到原始似然函数的一个紧下界,也就是说在某处 $E[f(X)]=f(EX)$。在 Jensen 不等式中,这个结果成立的条件是 X 为一个常数。对应这里是

$$\frac{p(x^{(i)},z^{(i)};\theta)}{Q_i(z^{(i)})}=C$$

这意味着 $Q_i(z^{(i)}) \propto p(x^{(i)}, z^{(i)}; \theta)$。又因为 $\sum_{z^{(i)}} Q_i(z^{(i)}) = 1$，所以有：

$$Q_i(z^{(i)}) = \frac{p(x^{(i)}, z^{(i)}; \theta)}{\sum_z p(x^{(i)}, z^{(i)}; \theta)} = \frac{p(x^{(i)}, z^{(i)}; \theta)}{p(x^{(i)}; \theta)} = p(z^{(i)} \mid x^{(i)}; \theta)$$

这说明 Q_i 其实对应 $z^{(i)}$ 的后验分布。在上面的推导中分别使用了边缘分布和条件概率的概念。至此，通过选择这样一个 Q_i 得到了似然函数的一个紧下界。下一步就是更新 θ 以最大化这个下界。下界函数表示为：

$$\begin{aligned}(Q, \theta) &= \sum_z (\boldsymbol{Z} \mid \boldsymbol{X}; \theta^{\text{old}}) \log \frac{p(\boldsymbol{X}, \boldsymbol{Z}; \theta)}{(\boldsymbol{Z} \mid \boldsymbol{X}; \theta^{\text{old}})} \\ &= \sum_z (\boldsymbol{Z} \mid \boldsymbol{X}; \theta^{\text{old}}) \log p(\boldsymbol{X}, \boldsymbol{Z}; \theta) - \sum_z (\boldsymbol{Z} \mid \boldsymbol{X}; \theta^{\text{old}}) \log(\boldsymbol{Z} \mid \boldsymbol{X}; \theta^{\text{old}}) \\ &= (\theta, \theta^{\text{old}}) + \text{常数}\end{aligned}$$

$\boldsymbol{X}, \boldsymbol{Z}$ 表示所有的样本构成的集合。那么最大化 (Q, θ) 等价于最大化 $(\theta, \theta^{\text{old}})$，因为它们之间只相差一个常数。另外，公式中的 θ^{old} 是已知的。

EM 算法可概括为以下两步，重复这两步直到收敛[2]：

(1) 计算 $(\boldsymbol{Z} \mid \boldsymbol{X}; \theta^{\text{old}})$。

(2) 计算新的 θ^{new}，由下式给出：

$$\theta^{\text{new}} = \text{argmax}_\theta (\theta, \theta^{\text{old}})$$

其中，

$$(\theta, \theta^{\text{old}}) = \sum_z (\boldsymbol{Z} \mid \boldsymbol{X}; \theta^{\text{old}}) \log p(\boldsymbol{X}, \boldsymbol{Z}; \theta)$$

将上述 E 步和 M 步反复迭代，直到满足某停止规则为止。一般迭代到 $\| \theta^{\text{new}} - \theta^{\text{old}} \|$ 或 $\| (\theta^{\text{new}} \mid \theta^{\text{old}}) - (\theta^{\text{old}} \mid \theta^{\text{old}}) \|$ 充分小时停止，至此算法结束。

13.1.5 EM 算法的收敛速度

介绍完 EM 算法的具体内容，接下来分析一下 EM 算法的收敛速度。将第 k 步对应的参数表示为 θ^k，可以看出 EM 算法定义了一个映射 $\theta^{k+1} = \psi(\theta^k)$，其中 $\psi(\theta) = (\Psi_1(\theta), \Psi_2(\theta), \cdots, \Psi_p(\theta))$。EM 算法收敛时，如果收敛到映射的一个不动点，那么 $\theta^* = (\theta^*)$。设 $\boldsymbol{\Psi}'(\theta)$ 表示 Jacobi 矩阵，其 (i, j) 元素为 $\frac{\mathrm{d}\Psi_i(\theta)}{\mathrm{d}\theta_j}$。

由

$$\theta^{k+1} - \theta^* = \psi(\theta^k) - \psi(\theta^*)$$

进行 Taylor 展开得

$$\theta^{k+1} - \theta^* \approx \boldsymbol{\Psi}'(\theta^k)(\theta^k - \theta^*)$$

EM 算法的收敛率可以定义为

$$\rho = \lim_{k \to \infty} \frac{\| \theta^{k+1} - \theta^* \|}{\| \theta^k - \theta^* \|}$$

迭代算法的收敛率 ρ 等于矩阵$\boldsymbol{\Psi}'(\theta^*)$的最大特征根，Jacobi 矩阵$\boldsymbol{\Psi}'(\theta^*)$表示信息缺失比例，所以 ρ 是一个可以有效表示缺失信息的比例的标量；缺失信息的比例即单位矩阵 $\boldsymbol{I}$ 减去已观测到的信息占完全信息的比例，ω 表示完全信息，δ 表示已观测到的信息，γ 表示缺失的信息，其实就是：

$$\boldsymbol{\Psi}'(\theta^*)=\boldsymbol{I}-\frac{\delta}{\omega}$$

EM 算法的收敛速度与缺失信息比率$\boldsymbol{\Psi}'(\theta^*)$这个量紧密相关，$\boldsymbol{\Psi}'(\theta^*)$是 EM 算法中映射的斜率，由它来控制 EM 的收敛速度，$\boldsymbol{\Psi}'(\theta^*)$的最大特征值称为全局收敛率，由于 ρ 越大收敛速度越慢，所以定义矩阵 $\boldsymbol{S}=\boldsymbol{I}-\boldsymbol{\Psi}'(\theta^*)$为加速矩阵，$\boldsymbol{S}=\boldsymbol{I}-\rho$ 被称为全局加速。可以得出结论，当缺失信息比例较大时，EM 算法的收敛速度是特别慢的。

13.1.6 EM 算法的特点

EM 算法的优点如下：

EM 算法的优点是当存在数据缺失问题时，仍可以对参数进行极大似然估计，而且算法比较简单，具有良好的可操作性、收敛性。

EM 算法的缺点如下：

(1) 在缺失数据较多的情况下，算法的收敛速度比较慢。

(2) 对于某些特殊的模型，要计算算法中的 M，即完成对似然函数的估计是比较困难的。

(3) 在某些情况下，要获得 EM 算法中 E 的期望的显式表示是非常困难或者不可能的。

(4) EM 算法最终会逐步收敛到一个稳定点，但是只能保证收敛到似然函数的稳定点，而不能保证是极大值点。

13.2 EM 算法的改进

EM 算法因为能简单地执行，以及能够通过稳定上升的算法得到似然函数最优值或者局部最优值，具有极强的适用性以及可操作性。但 EM 算法不可避免地存在一些缺点，为了将 EM 算法更好地应用于各领域，人们对其做了多种变形和改进。本节主要介绍针对诸多问题，EM 算法的各种改进和变形。

13.2.1 Monte Carlo EM 算法

由于 EM 算法的 M 步基本上等同于完全数据的处理，所以在一般情况下 M 步的计算是比较简便的。E 步的计算却需要先在观测数据条件下求“缺失数据”的条件期望，然后求完全数据下的期望对数似然，即求出 $Q(\theta|\theta^k)$。在求期望的过程中，在某些情况下获得期望的显式表示是很难的，计算也是比较困难的，这就限制了 EM 算法的使用，基于此，Walker 提出用 Monte Carlo 模拟的方法来近似实现求解 E 步积分，这就是 Monte Carlo EM 算法(MCEM 算法)[3]。

MCEM 算法的内容如下：

在 E 步的计算过程中，第 $k+1$ 步用下面两步代替。

(E1) 从 $p(y|x,\theta^k)$ 中随机抽取 $m(k)$ 个数，构成独立同分布的缺失数据集 y_1，y_2，…，$y_{m(k)}$，集合中的每一个 y_i 都用来补充观测数据，这样就构成了一个完全数据的集合，即 $z_j=(x,y_i)$。

(E2) 计算

$$\hat{Q}^{(k+1)}(\theta \mid \theta^k)=\frac{1}{m(k)}\sum_{j=1}^{m(k)} p(z_j \mid \theta)$$

得到的 $\hat{Q}^{(k+1)}(\theta|\theta^k)$ 就是 $Q(\theta|\theta^k)$ 的 Monte Carlo 估计，而且只要 m 足够大，就可以认为 $\hat{Q}^{(k+1)}(\theta|\theta^k)$ 与 $Q(\theta|\theta^k)$ 基本相等。

在完成上面两步之后，接下来在 M 步中就可以对 $\hat{Q}^{(k+1)}(\theta|\theta^k)$ 进行极大化求解，得到 θ^{k+1} 代替 θ^k。

在使用 MCEM 算法时有两点要考虑：首先是 $m(k)$ 的确定，MCEM 算法的结果的精度主要依赖于所选择的 $m(k)$，从精度考虑 $m(k)$ 自然越大越好，但是如果 $m(k)$ 过大会导致计算速度变慢，所以 $m(k)$ 的选择极为重要，推荐在初期迭代中使用较小的 $m(k)$，并随着迭代的进行逐渐增大 $m(k)$，以减小使用 Monte Carlo 模拟计算 $\hat{Q}$ 导致的误差；另一点是对收敛性进行判断，MCEM 算法和 EM 算法的收敛方式不同，根据上述理论，这样得到的 θ^k 不会收敛到一点，而是随着迭代的进行，θ^k 的值最终在真实的最大值附近小幅度跳跃，所以在 MCEM 算法中往往需要借助图形来进行收敛性的判别。在经过多次迭代之后，假如估计序列围绕着 $\theta=\theta^*$ 上下小幅度波动，就认为估计序列收敛了。

13.2.2 ECM 算法

在讲述完针对 EM 算法的 E 步进行的改进之后，大家自然会想到继续改进 M 步的计算。

EM 算法的吸引力之一就在于 $Q(\theta|\theta^k)$ 的极大化计算通常比在不完全数据条件下的极大似然估计简单，这是因为 $Q(\theta|\theta^k)$ 与完全数据下的似然计算基本上相同。然而在某些情况下，M 步没有简单的计算形式，$Q(\theta|\theta^k)$ 的计算并没有那么容易实施，为此人们提出了多种改进策略，以便于 M 步的实施。改进 M 步的一个好方法是避免出现迭代的 M 步，可以选择在每次 M 步计算中使得 Q 函数增大，即保证 $Q(\theta^{k+1}|\theta^k)>Q(\theta^k|\theta^k)$，而不是极大化它。GEM 算法就基于这个原理，在每个迭代步骤中 GEM 算法都增大似然函数的值。Meng 和 Rubin 于 1993 年提出的 ECM 算法是 GEM 算法的子类，有着更广泛的应用[4]。

ECM 算法为了避免出现迭代的 M 步，用一系列计算较简单的条件极大化(CM)步来代替 M 步，它每次对 θ 求函数的极大化，都被设计为一个简单的优化问题，称这一系列较简单的条件极大化步的集合为一个 CM 循环，因此认为 ECM 算法的第 k 次迭代中包括第 k 个 E 步和第 k 次 CM 循环。

ECM 算法的第 $k+1$ 次迭代的步骤如下：

(1) 令 S 表示每个循环中 CM 步的个数,对于 $s=1,2,\cdots,S$,第 k 次迭代过程的第 k 次 CM 循环过程中,第 s 个 CM 步需要在约束条件

$$g_s(\theta)=g_s(\theta^{k+(s-1)/S})$$

下求函数 $Q(\theta|\theta^k)$ 的最大化,其中 $\theta^{(k+(s-1)/S)}$ 是第 k 次 CM 循环的第 $s-1$ 个 CM 步得到的估计值。

(2) 当完成了 S 次的 CM 步的循环之后,令 $\theta^{(k+1)}=\theta^{k+(s-1)/S}$,并进行第 $k+1$ 次的 ECM 算法的 E 步迭代。

因为每一次 CM 步都增加了函数 θ,即 $Q(\theta^{k+s/S}|\theta^k)=Q(\theta|\theta^k)$,所以显然 ECM 算法是 GEM 算法的一种。为了保证 ECM 算法的收敛性,需要确保每次的 EM 步的循环都是在任意方向上搜索 $Q(\theta|\theta^k)$ 函数的最大值点,这样 ECM 算法若被允许在 θ 的原始空间上进行极大化,可以保证在 EM 收敛的基本同样的条件下收敛到一个稳定点,和 EM 算法一样,ECM 算法也不能保证一定收敛到全局极大点或者局部最优值。

下面考虑 ECM 算法的收敛速度,与 EM 算法相似,ECM 算法的全局收敛速度表示如下:

$$\rho=\lim_{k\to\infty}\frac{\|\theta^{k+1}-\theta^*\|}{\|\theta^k-\theta^*\|}$$

迭代算法的收敛率 ρ 等于矩阵 $\boldsymbol{\Psi}'(\theta^*)$ 的最大特征值,由于 ρ 值越大(也就是缺失信息比例越大)收敛速度越慢,所以将算法的收敛速度定义为 $1-\rho$。通过计算看出,ECM 算法的迭代速度通常和 EM 算法相同或者相近,但是就迭代次数来说,ECM 算法要比 EM 算法快。

根据 ECM 算法的理论,可以看出构造有效的 ECM 算法是需要技巧的,需要对约束条件进行选择。习惯上可以自然地把 θ 分成 S 个子向量,即 $\theta=(\theta_1,\theta_2,\cdots,\theta_S)$。然后在第 s 个 CM 步中,固定 θ 的其余元素对求 θ_s 函数 Q 的极大化。这相当于用 $g_s(\theta)=(\theta_1,\cdots,\theta_{s-1},\theta_s,\cdots,\theta_S)$ 作为约束条件。这种策略被称为迭代条件模式。

根据算法的特点,可以看出 ECM 算法具有以下优点:

(1) 如果 M 步没有简单化形式,CM 循环通常能简化计算。

(2) ECM 算法是在原始参数空间进行极大化,更加稳定,能稳定收敛。

13.2.3 ECME 算法

ECME 算法是 Lin 和 Rubin 在 1994 年为了替换 ECM 算法的某些 CM 步而提出的,它是 ECM 算法的一种改进形式。ECME 算法的特点是在 CM 步极大化的基础上,即针对受约束的完全数据对数似然函数的期望 $Q(\theta|\theta^k)$ 进行极大似然估计,并且在一些步骤上极大化对应的受约束的实际似然函数 $L(\theta|Z)$[5]。

ECME 算法的第 $k+1$ 次迭代的 M 步的形式为 $s\in\Psi_Q\cup\Psi_L=1,2,\cdots,S$(借用 ECM 算法中的一些符号)。

(1) 当 $s\in\Psi_Q$ 时,求 $\theta^{k+s/S}$ 使得 $Q(\theta^{k+s/S}|\theta^k)\geqslant Q(\theta|\theta^k)$。

(2) 当 $s\in\Psi_L$ 时,求 $\theta^{k+s/S}$ 使得 $L(\theta^{k+s/S})\geqslant L(\theta)$。

E 步和 CM 步不断重复,迭代完后得到 θ^{k+1},继续进行第 $k+2$ 步的 E 步计算,直至

收敛。

从这里可以看出，这一算法拥有 EM 和 ECM 两种算法的稳定单调收敛特性，以及相对较快的收敛速度。另外可以看出 ECME 比 EM 和 ECM 算法拥有更快的收敛速度，迭代次数少，迭代至收敛所需的时间短。这一改进主要有两个原因，一是在 ECME 算法中的某些极大化步，基于完全数据的实际似然函数被条件极大化了，而不是像之前的 EM 和 ECM 算法那样近似；二是 ECME 算法可以在极为有效的地方对那些受到约束的极大化进行快速收敛的数值计算。

ECME 算法和 EM、ECM 算法一样，它的收敛速度是由 $\theta^k \to \theta^{k+1}$ 映射在 θ^* 上的导数（也就是斜率）决定的，是通过已观测数据、缺失数据、完全数据信息阵来计算的。经过计算证实，ECME 算法的收敛速度是快于 EM、ECM 算法的。虽然算法的计算方法比较复杂，但是从直观上可以看出，ECME 算法得出的结果更为精确，因为算法在 CM 步上极大化实际似然函数 $L(\theta|Z)$ 而不是完全数据对数似然函数的期望 $Q(\theta|\theta^k)$，毕竟 Q 函数是近似的。

总的来说，就迭代次数以及实际需要的时间来看，ECME 算法是优于 EM、ECM 两种算法的，尤其是在问题比较复杂的时候。

13.3　EM 算法的 Python 实践

在 Python 中，为方便用户对期望最大化算法的使用，Python 中的 sklearn 针对期望最大化算法的混合高斯模型封装了 GaussianMixture 函数。该函数的初始化模型为

```
GaussianMixture(n_components = 1, covariance_type = 'full', tol = 0.001, reg_covar = 1e - 06,
max_iter = 100, n_ init = 1, init_params = kmeans', weights_ init = None, means_ init = None,
precisions_init = None, random_state = None, warm_start = False, verbose = 0, verbose_interval = 10).
```

其中，n_components 表示混合高斯模型的个数，默认为 1 ；covariance_type 为协方差类型；tol 表示 EM 迭代停止阈值；reg_covar 表示协方差对角恢复正则化；max_iter 为最大迭代次数；n_init 表示初始化次数；init_params 表示初始化参数实现方式，有 kmeans 和 random 两种选择；weights_init 表示各组成模型的先验权重；means_init 表示初始化均值；precisions_init 表示初始化精确度；random_state 表示随机数发生器；warm_start 若为 True，则 fit()调用会用上一次 fit()的结果作为初始化参数，适合相同问题多次 fit 的情况，能加速收敛，默认为 False；verbose 表示能使迭代信息显示；verbose_interval 与 verbose 相关，若能使迭代信息显示，verbose_interval 表示设置多少次迭代后显示信息。

GaussianMixture 函数包括一些功能函数，其中 fit(x)为训练 EM 模型；means_为模型均值；predict(x)表示求模型的准确率。

下面通过 Python 实例的方法，以鸢尾花数据为例，运用 EM 算法对数据进行聚类，展示在 Python 中 EM 算法的具体实现（EM. py 文件）。

```
import numpy as np                                                    #导入 numpy 库
from sklearn import datasets                                          #从 sklearn 中导入数据集
from sklearn.mixture import GaussianMixture                           #导入高斯混合函数
#读取鸢尾花数据集
iris = datasets.load_iris()
x = iris.data[:, :2]
y = iris.target
aa = np.array([np.mean(x[y == i], axis = 0) for i in range(3)])#计算实际均值
print( 'actual average = \n',aa)                                      #打印实际均值
gmm = GaussianMixture(n_components = 3,covariance_type = 'full', random_state = 0)
                                                                      #实体化 GMM 函数
gmm.fit(x)                                                            #训练 GMM 模型
print ('GMM average = \n', gmm.means_)                                #打印 GMM 均值
y_pre = gmm.predict(x)                                                #计算分类准确率
y_pre[y_pre == 1] = 3
y_pre[y_pre == 2] = 1
y_pre[y_pre == 3] = 2
print ('Classification accuracy is',np.mean(y_pre == y))              #打印分类准确率
```

在终端输入“python EM.py”，得到的结果如下：

```
actual average =
[[5.006 3.428]
 [5.936 2.77 ]
[6.588 2.974]]
GMM average =
[[5.01509042 3.45136929]
 [6.69135935 3.03010885]
 [5.90637066 2.74742043]]
Classification accuracy is 0.7866666666666666
```

从结果可以看出，actual average 为数据实际的均值，GMM average 为 GMM 算法得到的均值，算法在鸢尾花数据上的准确率约为 78.67%。

本章参考文献

[1] Dempster A P, Laird N M, Rubin D B. Maximum likelihood from incomplete data via the EM algorithm[J]. Journal of the royal statistical society. Series B (methodological), 1977: 1-38.

[2] 张宏东. EM 算法及其应用[D]. 济南：山东大学，2014.

[3] Booth J G, Hobert J P. Maximizing generalized linear mixed model likelihoods with an automated Monte Carlo EM algorithm[J]. Journal of the Royal Statistical Society: Series B (Statistical Methodology), 1999, 61(1): 265-285.

[4] Meng X L, Rubin D B. Maximum likelihood estimation via the ECM algorithm: A general framework[J]. Biometrika, 1993, 80(2): 267-278.

[5] Liu C, Rubin D B. The ECME algorithm: a simple extension of EM and ECM with faster monotone convergence[J]. Biometrika, 1994, 81(4): 633-648.

第14章

k中心点算法

在第12章详细介绍了 k 均值算法的内容，并列举了该算法的优缺点。可以发现，k 均值算法对离群点非常敏感，因为当远离大多数数据的对象被分配到一个簇时可能严重地扭曲簇的均值，造成所得质点和实际质点的位置偏差过大，平方误差函数的使用更是严重恶化了这一影响，最终很可能影响其他对象到簇的分配。

为了降低 k 均值算法对于离群点的敏感性，可以不采用簇中对象的均值作为参照点，而是在每个簇中选出一个实际的对象来代表该簇。k 中心点（k-medoids）算法就是采用这种方式的算法。

k 中心点算法在分类上属于动态聚类算法。算法的基础是在每个簇中选出一个实际的对象来代表该簇，其余的每个对象聚类到与其最相似的代表性对象所在的簇中，然后重复迭代，直到每个代表对象都成为它的簇的实际中心点或最靠近中心的对象为止。它的划分方法仍然基于最小化所有对象与其对应的参照点之间的相异度之和的原则来执行。

14.1 经典 k 中心点算法——PAM 算法

14.1.1 PAM 算法的原理

PAM（Partitioning Around Medoids）算法是最早提出的 k 中心点算法之一，该算法用数据点替换的方法获取最好的聚类中心，而且该算法还可以克服 k 均值算法容易陷入局部最优的缺陷[1]。

PAM 算法的基本思想是：首先为每个簇随意选择一个代表对象，剩余的对象根据其与每个代表对象的距离（此处距离不一定是欧氏距离，也可能是曼哈顿距离）分配给最近的代表对象所代表的簇，然后反复地用非中心点来替换中心点以提高聚类的质量。聚类的质量用一个代价函数来评估，该函数度量一个非代表对象是否为当前一个代表对象的好的代替,如果是就进行替换,否则不替换,最后给出正确的划分。当一个中心点被某个非中心点替代时,除了未被替换的中心点外,其余各点也被重新分配[2]。

算法的具体步骤如下:

(1) 随机选择 k 个代表对象作为初始的中心点。

(2) 指派每个剩余对象给离它最近的中心点所代表的簇。

(3) 随机地选择一个未选择过的非中心点对象 y。

(4) 计算用 y 代替中心点 x 的总代价 s。

(5) 如果 s 为负,可用 y 代替 x,形成新的中心点。

(6) 重复步骤(2)～步骤(5),直到 k 个中心点不再发生变化。

根据上述步骤可以得出 PAM 算法的输入为包含 n 个对象的数据库和簇数目 k,输出为满足要求的 k 个簇。

14.1.2 PAM 算法的实例

为了便于读者理解,下面用一个实例来展示 PAM 算法的整个过程。在此构造一个二维的数据集,如表 14.1 所示。该数据集中包含 10 个样本,要求将该数据集聚集成两个集群,即 $k=2$,如图 14.1 所示。下面展示 PAM 算法是如何将这些样本划分为不同类别的。

表 14.1 数据集

x	特征 y_1	特征 y_2
x_1	2	6
x_2	3	4
x_3	3	8
x_4	4	7
x_5	6	2
x_6	6	4
x_7	7	3
x_8	7	4
x_9	8	5
x_{10}	7	6

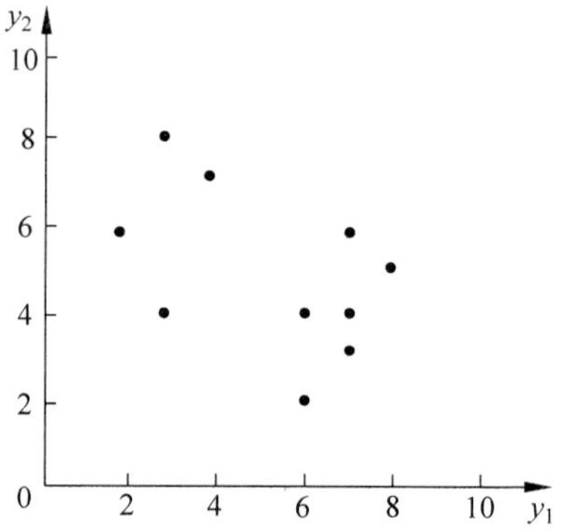

图 14.1 数据集样本

随机地选择两个样本点($c_1=x_2=(3,4)$和 $c_2=x_8=(7,4)$)作为初始集群中心。用曼哈顿距离计算每个样本到中心点的距离,以将每个数据对象与其最近的中心点相关联,如表 14.2 所示。

表 14.2 各数据对象与聚类中心的距离

数据对象		距离	
编号	x_i	$c_1=(3,4)$	$c_2=(7,4)$
1	(2,6)	3	7
2	(3,4)	0	4
3	(3,8)	4	8

续表

数据对象		距　　离	
编号	x_i	$c_1=(3,4)$	$c_2=(7,4)$
4	(4,7)	4	6
5	(6,2)	5	3
6	(6,4)	3	1
7	(7,3)	5	1
8	(7,4)	4	0
9	(8,5)	6	2
10	(7,6)	6	2
代价		11	9

此时聚集的集群如图 14.2 所示。

由于点(2,6)、(3,8)和(4,7)更靠近 c_1，所以它们形成一个簇，而剩余点形成另一个簇。因此集群变成：

Cluster1={(3,4),(2,6),(3,8),(4,7)}

Cluster2={(7,4),(6,2),(6,4),(7,3),(8,5),(7,6)}

该聚类的总代价是数据点与其集群中心之间的距离之和：

$$3+0+4+4+3+1+1+0+2+2=20$$

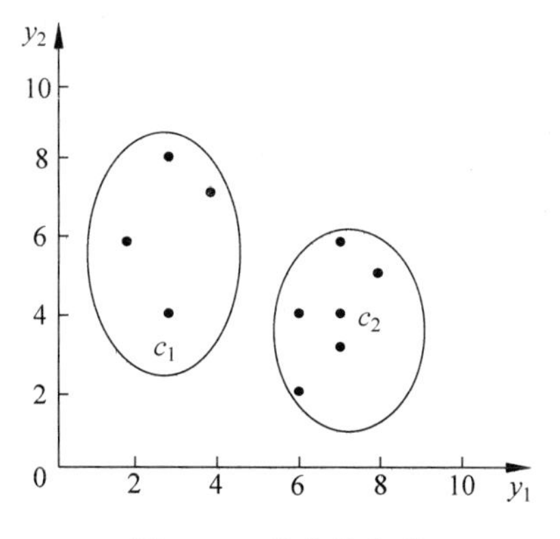

图 14.2　聚集的集群

之后选择一个非中心点对象 O' 代替中心点 c_2，假设 $O'=(7,3)$，即 x_7。所以现在的中心点是 $c_1(3,4)$和 $O'(7,3)$。如果 c_1 和 O' 是新的中心点，计算涉及的总代价。各数据对象与 c_1 的距离如表 14.3 所示，此时的集群如图 14.3 所示。

表 14.3　各数据对象与 c_1 的距离

数据对象		距　　离	
编号	x_i	$c_1=(3,4)$	$O'=(7,3)$
1	(2,6)	3	8
2	(3,4)	0	5
3	(3,8)	4	9
4	(4,7)	4	7
5	(6,2)	5	2
6	(6,4)	3	2
7	(7,3)	5	0
8	(7,4)	4	1
9	(8,5)	6	3
10	(7,6)	6	3
代价		11	11

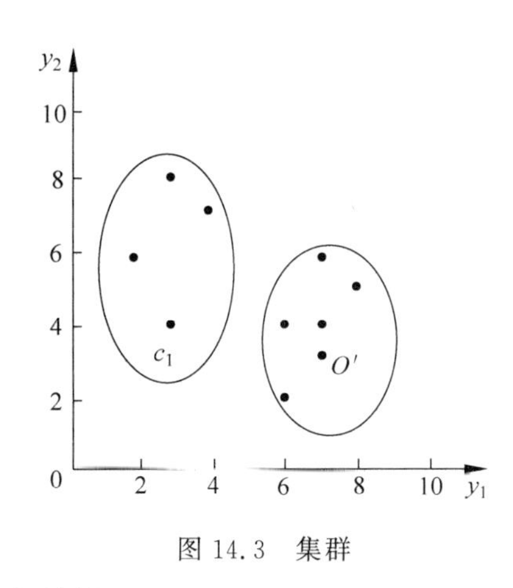

图 14.3 集群

总代价＝3＋0＋4＋4＋2＋2＋0＋1＋3＋3＝22。

所以从 c_2 到 O' 的交换代价：s＝当前总代价－原总代价＝22－20＝2＞0

由此可得把聚类中心换到 O' 将是一个错误的选择，原选择是比较好的。继续尝试其他非中心点对象，发现第一个选择是最好的。因此，聚类中心的配置不会改变，算法到此终止，即中心点没有变化。

14.1.3 PAM 算法的特点

PAM 算法的优点如下：

(1) 对噪声点/孤立点不敏感，具有较强的数据鲁棒性。

(2) 聚类结果与非中心点数据选取为临时中心点的顺序无关。

(3) 聚类结果具有数据对象平移和正交变换的不变性。

PAM 算法的缺点如下：

对于大数据集，PAM 算法的聚类过程缓慢，具有高耗时性。其主要原因在于：通过迭代来寻找最佳的聚类中心点集时，需要反复地在非中心点对象与中心点对象之间进行最近邻搜索，从而产生大量非必需的重复计算。

14.2 *k* 中心点算法的改进

PAM 算法的时间复杂度高，针对这个缺点，研究者不断地进行算法的改进，提出了一些关于 k 中心点算法的改进算法。其中 Park 等人提出了快速 k 中心点算法[3]，对 k 中心点算法在初始聚类中心选取和聚类中心更新两方面进行改进，明显提高了聚类效果，缩短了聚类时间。接下来为大家介绍一下快速 k 中心点算法。

快速 k 中心点算法通过选择处于样本分布密集区域的数据对象作为初始类簇中心，以及采用新的聚类中心更迭方法改进了 PAM 算法。其步骤如下：

(1) 初始化中心点。计算数据集中每个数据对象的密度，选择前 k 个处于密集区域的样本为初始中心，然后分配样本到与其距离最近的中心，得到初始聚类结果，再计算聚类误差平方和。

(2) 更新中心点(第一次循环时跳过该步骤)。为每一类寻找一个新的中心点，使新中心点到该类其他数据对象的距离总和最小。

(3) 分配样本到中心点。分配样本到最近的中心点，得到聚类结果，再计算出聚类误差平方和。若聚类误差平方和与上一次迭代的聚类误差平方和相同，则结束迭代，否则转到步骤(2)，重复执行步骤(2)和(3)，直到得到满意的结果为止。

快速 k 中心点算法通过选择合适的初始聚类中心改进了 PAM 算法的初始化方法，但是在选择初始中心点时该算法对样本的空间分布信息考虑不足，所选择的初始中心点有可能处于同一类簇，最终导致分类结果不理想。

14.3 *k* 中心点算法的 Python 实践

在 Python 的 sklearn 中没有封装 *k* 中心点算法，因此实验部分使用 Python 对 *k* 中心点算法的训练函数进行了编写，具体的代码如下(K-medoids. py)：

```
from sklearn.datasets import make_blobs                    #为聚类产生一个数据集和标签
import matplotlib.pyplot as plt                            #导入 matplotlib
import numpy as np                                         #导入 numpy
import random                                              #导入随机函数
#创建 k 中心点算法函数类
class KMediod():
    def __init__(self, n_points, k_num_center): #定义初始化函数
        self.n_points = n_points                           #测试点的个数
        self.k_num_center = k_num_center                   #分类数
        self.data = None
    def get_test_data(self):                               #定义测试数据
        self.data, target = make_blobs(n_samples = self.n_points, n_features = 2, centers
= self.n_points)   #使用 make_blobs 函数创建测试数据和标签,其中 data 为测试数据,target
#为分类标签, n_points 表示数据点的个数, n_features 表示数据的维度, centers 表示 n_points
#个点的坐标值
        np.put(self.data, [self.n_points, 0], 10, mode = 'clip')    #定义坐标轴范围和模式
        np.put(self.data, [self.n_points, 1], 10, mode = 'clip')
        plt.scatter(self.data[:, 0], self.data[:, 1], c = target)
                                                           #画出数据点和类别,类别用不同颜色表示
    def ou_distance(self, x, y):                           #定义欧氏距离
        return np.sqrt(sum(np.square(x - y)))
    def fit(self, func_of_dis):                            #定义 k 中心点算法的训练函数
        indexs = list(range(len(self.data)))               #获取数据范围
        random.shuffle(indexs)                             #随机选择质心
        init_centroids_index = indexs[:self.k_num_center]     #质心个数为分类个数
        centroids = self.data[init_centroids_index, :]        #初始化中心点
        levels = list(range(self.k_num_center))#确定种类编号
        sample_target = []
        if_stop = False                                    #判断运行条件
        while(not if_stop):                                #判断是否运行
            if_stop = True
            classify_points = [[centroid] for centroid in centroids]
            sample_target = []
            for sample in self.data:                       #开始遍历数据
                distances = [func_of_dis(sample, centroid) for centroid in centroids]
                        #计算距离函数,通过距离该数据最近的中心点来确定该点所属的类别
                cur_level = np.argmin(distances)
```

```
                sample_target.append(cur_level)
                classify_points[cur_level].append(sample)
                                        #统计数据,方便在迭代完成后重新计算中间点
            for i in range(self.k_num_center):
                                        #重新划分质心在几个类中分别寻找一个最优点
                distances = [func_of_dis(point_1, centroids[i]) for point_1 in classify_
                points[i]]                          #计算距离
                now_distances = sum(distances)      #计算中心点和其他所有点的距离总和
                for point in classify_points[i]:    #寻找点属于的类别
                    distances = [func_of_dis(point_1, point) for point_1 in classify_
                    points[i]]                      #计算距离
                    new_distance = sum(distances) #计算中心点和其他所有点的距离总和
                    if new_distance < now_distances:
#计算该聚簇中各个点与其他所有点的总和,若是有小于当前中心点的距离总和的,将中心点去掉
                        now_distances = new_distance        #将当前距离换成该点
                        centroids[i] = point                #中心点位置
                        if_stop = False                     #结束
        return sample_target                                #返回训练好的类别
    def run(self):                                          #运行程序
        self.get_test_data()                                #获得测试数据
        plt.show()                                          #对未分类的数据进行绘制
        predict = self.fit(self.ou_distance)                #对数据进行训练
        plt.scatter(self.data[:, 0], self.data[:, 1], c = predict)    #绘制训练后的数据
        plt.show()                                          #显示分类后的数据
test = KMediod(n_points = 1000, k_num_center = 4)
                                #定义 test,用 KMediod 函数,设置 1000 个测试点,分为 4 个类别
test.run()                                                  #运行 test
```

在终端输入 python K-medoids.py,得到的结果如图 14.4 所示。

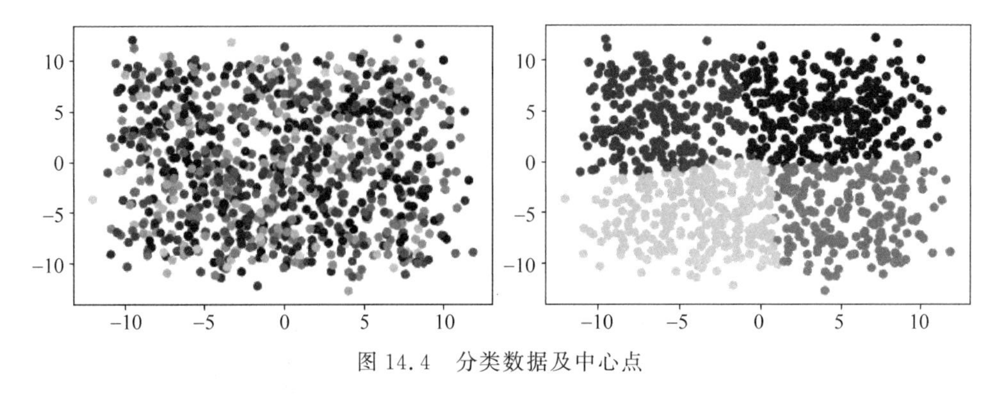

图 14.4　分类数据及中心点

由图 14.4 可以看出,采用 k 中心点算法能够很好地对数据进行聚类。

本章参考文献

[1] Park H S,Jun C H. A simple and fast algorithm for K-medoids clustering[J]. Expert systems with applications,2009,36(2):3336-3341.

[2] 吴文亮.聚类分析中K-均值与K-中心点算法的研究[D].广州:华南理工大学,2011.

[3] 谢娟英,郭文娟,谢维信.基于邻域的K中心点聚类算法[J].陕西师范大学学报:自然科学版,2012,40(4):16-22.

第 15 章

关联规则挖掘的Apriori算法

关联规则挖掘算法是数据挖掘中的一类重要算法。1993 年，Agrawal 等首次提出了关联规则的概念，同时给出了相应的 AIS 挖掘算法，但是性能较差。1994 年，他们建立了项目集格空间理论，并提出了著名的 Apriori 算法，之后诸多研究人员对关联规则算法进行了大量的研究。至今，Apriori 仍然作为关联规则挖掘的经典算法被广泛讨论[1,2]。

本章的主要内容包括关联规则挖掘中相关定义的简单介绍、Apriori 算法的具体内容以及 Apriori 算法的一些改进算法。

15.1 关联规则概述

关联规则的发现是数据挖掘中最重要的任务之一，它的目标是发现数据集中所有的频繁模式。关联规则最初是针对购物篮分析(Market Basket Analysis)问题提出的，它可用于发现交易数据库中不同商品项之间的联系，进而找出顾客购买行为模式。这样的规则可以应用于商品货架设计、存货安排以及根据购买模式对用户进行分类。如今，除了可以应用于购物篮数据之外，关联规则的分析在其他领域也得到了颇为广泛的应用，如生物信息学、电子商务个性化推荐、金融服务及科学数据分析等。

15.1.1 关联规则的基本概念

在介绍关联规则挖掘算法中的 Apriori 算法之前，首先介绍关联规则挖掘的相关定义。在大量教材中，关联规则算法并不使用第 1 章中所定义的样本、属性值等概念，其有自身的相关定义，为了与相关教材不产生冲突，在本章中继续使用其相关定义。

- **项及事务**：以一组事务集为例诠释项以及事务的定义。表 15.1 是一组简单数据的二元表示，也就是两个状态的表示，0 或者 1。

表 15.1　购物篮数据的二元表示

序　号	面　包	咖　啡	尿　布	矿 泉 水	鸡　蛋	可　乐
1	1	1	0	0	0	0
2	1	0	0	1	1	0
3	0	0	0	1	0	1
4	1	1	1	1	0	1
5	1	0	0	0	1	1
6	1	0	1	1	0	1

在表 15.1 中，每一行是一组购买记录，称为一个事务，用 t 表示。每一列对应的为一个项，用 i 表示。在表 15.1 中，项用二元变量来表示。以事务 1 为例，面包在事务 1 中出现，因此标为 1，而尿布未在事务 1 中出现，因此标为 0。某个事务中出现的项的数目称为这个事务的宽度。例如在表 15.1 中，事务 4 中出现了面包、咖啡、尿布、矿泉水、可乐 5 项，其宽度就是 5。

- **项集**：令 $I=\{i_1,i_2,\cdots,i_d\}$是购物篮数据中所有项的集合，而 $T=\{t_1,t_2,\cdots,t_N\}$ 是所有事务的组合。在关联分析中，项集是项的集合，用 X 表示，可以包含 0 个或多个项。如果项集 X 中包含 i_1、i_2、…、i_k 项，称为 k 项集。例如，{牛奶，饼干，面包，啤酒}就是一个 4 项集。空项集指不包含任何项集的项集。
- **关联规则**：称 $A \rightarrow B$ 为一个关联规则，其中 A、B 必须同时满足$\{A,B \mid A \subset I, B \subset I, A \cap B=\varnothing\}$，$A$ 为该规则的前提，B 为结果。
- **项集 *X* 的支持数与支持度**：事务数据库 D 中支持项集 X 的事务数目称为项集 X 的支持数，记为 $\text{Count}(X)$。设事务数据库 D 中总的事务数为$|D|$，称项集 X 的支持度为 $\sup(X)=\text{Count}(X)/|D|$。
- **关联规则 *A*→*B* 的支持度**：在事务集 T 中，关联规则 $A \rightarrow B$ 的支持度是指同时支持 A 和 B 的事务数与事务集中所有的事务数之比。

$$\sup(A \rightarrow B)=\frac{|\{T: A \cup B \subseteq T, T \in D\}|}{|D|}$$

- **最小支持度(min-sup)**：挖掘出来的项集必须大于或等于支持度的值。
- **频繁项集**：如果一个项集的支持度大于或者等于给定的最小支持度阈值，那么就可以称它为频繁项集(frequent item set)，也称为频集。

15.1.2　关联规则的分类

关联规则的种类有很多，根据不同的分类标准，可以将关联规则进行以下 3 种分类。

1. 布尔型和数值型

此种分类的依据是关联规则中处理的变量类别。若一个规则在处理数值时关心的重点是项的存在与否，则此规则为布尔型关联规则。它处理的数据都是离散的，可以显示被处理变量之间的关系。若一个规则关心的是量化的项与属性之间的关联，则它属于数值型关联规则。一个数值型关联规则可以与多维关联以及多层关联相结合。此种规则将项或者属性的量化值进行动态分割，划分在不同的区间内，也可对原始未处理的数据进行直接操作。

2. 单维规则和多维规则

此种方法的分类依据是关联规则中的项和属性涉及的维数。在单维关联规则中只考虑数据的一个维度，在多维关联规则中会从数据的多层维度上考虑挖掘规则。例如规则牛奶→面包就是一个单维规则，因为它只涉及顾客购买物品这一维，而民族＝“汉”→婚姻状况＝“未婚”涉及了数据的两个维度，因此为多维规则。

3. 单层规则和多层规则

此种分类方法的依据为规则中是否考虑了数据的层次性。在单层关联规则中没有考虑数据的层次性，简单地将数据理解为一层。例如规则啤酒→饼干就是一个单层规则，因为啤酒和饼干是属于一个层次的概念。而多层规则将现实数据分为多个层次，充分考虑了数据的层次性。例如规则啤酒→奥利奥饼干就考虑了数据的层次性，是一个多层规则。因为啤酒跟奥利奥饼干不是属于一个层次的概念，而是属于两个层次，因此该规则是一个多层关联规则。

15.2 Apriori 算法的原理

Apriori 算法由 Rakesh Agrawal 和 Ramakrishnan Srikant 于 1994 年提出，是第一个成熟关联规则算法，也是最经典的一个算法[3]。它的核心是两阶段频集思想的递推算法，该算法也是所有挖掘布尔规则频繁项集算法中最有影响力的一种算法。

Apriori 使用逐层搜索的迭代方法，k 项集用于探索$(k+1)$项集。首先从 1 项集开始，根据给定的支持度阈 minsup 找出频繁 1 项集的集合，该集合记作 L_1。L_1 用于找候选 2 项集的集合 C_2，再根据支持度找到频繁 2 项集 L_2。L_2 用于找 C_3，C_3 用于找 L_3，这样一直找下去，直到产生最多项的频繁项集 L_k 为止。为提高频繁项集逐层产生的效率，算法使用频繁项集性质的先验原理：若某个项集是频繁的，那么其所有子集必定也是频繁的，从而对搜索空间进行压缩[4]。算法的主要步骤分为以下两步：

1. 连接

为了找到频繁$(k+1)$项集 $L_{(k+1)}$，首先要使频繁 k 项集与自身连接，产生候选$(k+1)$项集，记为 $C_{(k+1)}$。

设 I_1 和 I_2 是 L_k 中的项集，用 $I_i[j]$表示 I_i 的第 j 项(例如 $I_1[2]$，表示 I_1 的第 2 项)。将事务或项集中的项按照字典次序排序，执行连接 $L_k \infty L_k$。其中，L_k 的元素是可连接的，如果它们的前$(k-1)$项相同，即如果$(I_1[1]=I_2[1]) \wedge (I_1[2]=I_2[2]) \wedge \cdots \wedge (I_1[k-1]=I_2[k-1]) \wedge (I_1[k]<I_2[k])$，则 L_k 的元素 I_1 和 I_2 是可连接的。条件$(I_1[k]<I_2[k])$用于保证 I_1 和 I_2 不产生重复。连接 I_1 和 I_2 产生的结果项集是 $I_1[1]I_1[2]\cdots I_1[k-1]I_2[k-1]$。

2. 剪枝

因为 L_k 是 C_k 的子集，所以从子集的概念中可以得知，C_k 的成员可以是频繁的，也可以不是频繁的，而 L_k 的所有子集必定全部都在 C_k 中。扫描数据库，确定 C_k 中每个成员的计数，即支持度，删除不符合规定的项集，从而确定 L_k。

根据频繁项集性质的先验原理，可以得出任何非频繁($k-1$)项集都不可能是频繁 k 项集的子集。因此，如果一个候选 k 项集的($k-1$)子集不在 L_{k-1} 中，则该候选也不可能是频繁的，从而可以从 C_k 中删除。这种子集测试可以使所有频繁项集的散列树快速完成。

Apriori 算法的优点如下：

Apriori 算法思想简单、清晰，且执行过程有循序渐进的优点，应用了频繁项集的先验知识，只要某一项集是非频繁的，则其超集就是非频繁的，无须再检验，从而对候选集进行有效的过滤，尤其是对短模式(数据库中的数据量可能很大，但数据所包含的属性较少)的数据有很好的挖掘效果。

Apriori 算法的缺点如下：

(1) 通常 Apriori 算法的第一步会先生成候选项集，但是最后却发现这些项集并不都是频繁项集的候选项集，这样就造成了扫描数据库时出现的资源浪费。

(2) 在程序的连接中总是会对一些项目进行比较，从而造成了相同的项目被比较许多次，导致算法的效率无法提高。

(3) 对某些事务项做过第一次扫描之后，已经能判断出其可以不被再扫描了，但是在算法执行时又会再次被扫描，严重影响了算法的效率。

15.3　Apriori 算法的改进

在 15.2 节中已经对 Apriori 算法的相关理论做了详细的介绍，同时对算法的核心思想和优缺点进行了详细的说明。Apriori 算法虽然操作简单，但是还存在一些不足与缺陷，为此许多专家学者通过大量的研究工作相继提出了一些优化的方法。本节主要针对 Apriori 算法的一些缺点介绍和分析几种目前较成熟的 Apriori 算法的改进方法[5,6]。

15.3.1　基于分片的并行方法

Savasere 等提出了一个基于分片(partition)的算法，该算法首先把数据库中的事务集分成几个互不相交的逻辑子集，每次单独考虑一个分片，并对它生成所有的频繁项集，然后把产生的频繁项集合并，用来生成所有可能的频繁项集，最后计算这些项集的支持度。

选择分片大小的标准是要使每个分片可以被放入主存，每个阶段只需被扫描一次。算法的正确性是由“每一个可能的频繁项集至少在某一个分块中是频繁项集”来保证的。分片的主要目的是提高算法的并行性，可以把每一个分块分别分配给某一个处理器生成频繁项集。产生频繁项集的每一个循环结束后，处理器之间进行通信合并产生全局的候

选 k 项集。

在这种算法中，各处理器间的通信交互过程是算法执行时间的主要瓶颈；同时，每个独立的处理器生成频繁项集的时间也是一个瓶颈。

15.3.2 基于 hash 的方法

这种算法是由 Park 等学者为了改进 Apriori 算法的性能而提出的。他们认为 C_2 通常是最大的，算法的绝大部分时间消耗在生成频繁 2 项集上，因此提出了一个基于杂凑(hash)函数产生频繁项集的高效算法。

这种算法使用 Apriori 算法在事务数据库中产生的频繁 1 项集 L_1，并产生候选 2 项集 C_2，然后通过杂凑函数把 2 项集映射到不同的桶，并对每个桶中的项目分别计数，对于散列表中某个桶的计数低于支持度阈值的 2 项集，不可能成为频繁 2 项集，因此删除对应桶中的项集，从而达到压缩项集的作用。

15.3.3 基于采样的方法

这种算法是由 Mannila 等率先提出的，他们认为采样是发现规则的一个有效途径。这种算法的基本思路是对于给定数据库的事务集，选定其子集作为频繁项集的搜索子空间，该子空间的频繁项集就可以作为整个数据库的频繁项集。

这种算法后来又由 Toivonen 进行了进一步发展，他提出先使用从数据库中抽取出来的采样得到一些在整个数据库中可能成立的规则，然后对数据库中的剩余部分验证这个结果。这种改进后的算法不仅相当简单，而且显著地减少了 I/O 代价，但是一个很大的缺点就是产生的结果不精确，即存在所谓的数据分布规律扭曲(Data Skew)。因为分布在同一页面上的数据存在高度相关性，也许不能表示整个数据库中模式的分布，由此导致验证的代价可能与扫描整个数据库相近。

15.3.4 减少交易个数的方法

这种算法的基本思想是若一个事务不包含长度为 k 的频繁项集，必然不包含长度为 $k+1$ 的频繁大项集，从而可以将这些事务移去，减小用于未来扫描的事务集的大小，这样在下一遍扫描中就可以把要进行扫描的事务集的个数减少，进而提高算法的效率。

这里通过一个实例说明如何利用 Python 实现 Apriori 算法，进而求项之间的关联规则。相关的数据为表 15.1 中的数据，目的是寻求购买者购买 6 种产品的关联度，从而能够准确地分析顾客购买行为模式，以便应用于商品货架设计、存货安排以及根据购买模式对用户进行分类等。

15.4 Apriori 算法的 Python 实践

在 Python 的 sklearn 中暂时没有相关的函数实现 Apriori 算法的调用，因此作者整理和编写相关的实现程序如下(Apriori.py 文件)：

```
#######    Apriori    ########
def  loadDataSet():                     #定义导入的数据集,为表 15.1 中购买 6 种商品的数据
    return [[1,1,0,0,0,0],
            [1,0,0,1,1,0],
            [0,0,0,1,0,1],
            [1,1,1,1,0,1],
            [1,0,0,0,1,1],
            [1,0,1,1,0,1]]
def createC1(dataSet):                  #构建所有候选项的集合
    C1 = []                             #定义集合 C1
    for transaction in dataSet:         #遍历数据集
        for item in transaction:
            if not [item] in C1:        #如果不在 C1 中,添加到 C1
                C1.append([item])#C1 中添加的是列表,对于每一项进行添加
    C1.sort()
    return list(map(frozenset, C1) )
                                #frozenset,被"冰冻"的集合,为后续建立字典 key-value 使用
def scanD(D,Ck,minSupport):             #由候选项集生成符合最小支持度的项集 L,参数分别为
                                        #数据集、候选项集列表,最小支持度
    ssCnt = {}                          #定义 ssCnt
    for tid in D:                       #遍历数据集 D
        for can in Ck:                  #遍历数据集 Ck
            if can.issubset(tid):       #若候选集 can 作为记录的子集,那么其值+1,对其计数
                if can not in ssCnt:    #没有的时候为 0,加上 1,有的时候为 1
                    ssCnt[can] = 1
                else:
                    ssCnt[can] += 1
    numItems = float(len(D))            #读取 D 的长度,即元素的数量
    retList = []                        #定义 retList 数据集
    supportData = {}                    #定义 supportData 集合
    for key in ssCnt:                   #遍历 ssCnt
        support = ssCnt[key]/numItems   #除以总的记录条数,即为其支持度
        if support >= minSupport:       #如果超过最小支持度的项集
            retList.insert(0,key)       #将数据记录下来
        supportData[key] = support
    return retList, supportData
def aprioriGen(Lk, k):                  #置信度创建函数,创建符合置信度的项集 Ck
    retList = []                        #定义 retList 数据集
    lenLk = len(Lk)                     # lenLk 为 Lk 的长度
    for i in range(lenLk):              #遍历 lenLk
        for j in range(i+1, lenLk):#k=3 时,[:k-2]取[0],对{0,1}、{0,2}、{1,2}这 3 个项
#集来说,L1=0,L2=0,将其合并得{0,1,2},当 L1=0,L2=1 时不添加
            L1 = list(Lk[i])[:k-2]
            L2 = list(Lk[j])[:k-2]
            L1.sort()
```

```
            L2.sort()
            if L1 == L2:
                retList.append(Lk[i]|Lk[j])
    return retList
def apriori(dataSet, minSupport = 0.5):      #创建关联规则函数
    C1 = createC1(dataSet)                   #所有候选 1 项集
    D= list(map(set,dataSet))                #数据集 D
    L1, supportData = scanD(D,C1,minSupport)    #符合最小支持度的频繁 1 项集
    L= [L1]   #L 将包含满足最小支持度,即经过筛选的所有频繁 n 项集,这里添加频繁 1 项集
    k= 2
    while (len(L[k - 2])> 0):
                          #从 k = 2 开始,由频繁 1 项集生成频繁 2 项集,直到下一个项集为空
        Ck = aprioriGen(L[k - 2], k)
        Lk, supK = scanD(D, Ck, minSupport)  #符合最小支持度的频繁 k 项集
        supportData.update(supK)             #supportData 为字典,存放每个项集的支持度,并
                                             #以更新的方式加入新的 supK
        L.append(Lk)
        k += 1
    return L, supportData
dataSet = loadDataSet()                      #导入数据
C1 = createC1(dataSet)                       #得到 C1 数据集
print("C1:\n",C1)                            #输出 C1
D = list(map(set, dataSet) )                 #得到数据集 D
print("D:\n",D)                              #输出 D
L1, supportData0 = scanD(D,C1, 0.5)          #得到 L1
print("L1:\n",L1)                            #输出 L1
L, suppData = apriori(dataSet)               #得到 L
print("L:\n",L )                             #输出 L
```

在终端输入 python Apriori. py,得到的结果如下:

```
C1:
[frozenset([0]), frozenset([1])]
D:
[{0, 1}, {0, 1}, {0, 1}, {0, 1}, {0, 1}, {0, 1}]
L1:
[frozenset([1]), frozenset([0])]
L:
[[frozenset([1]), frozenset([0])], [frozenset([0, 1])], []]
```

本章参考文献

[1] Agrawal R, Imieliński T, Swami A. Mining association rules between sets of items in large databases [C]//Acm sigmoid record. ACM, 1993, 22(2): 207-216.

[2] Agrawal R, Faloutsos C, Swami A. Efficient similarity search in sequence databases[J]. Foundations

of data organization and algorithms,1993：69-84.

[3] Agrawal R,Srikant R. Fast algorithms for mining association rules[C]//Proc. 20th int. conf. very large data bases,VLDB. 1994,1215：487-499.

[4] 何宏.关联规则挖掘算法的研究与实现[D].湘潭：湘潭大学,2006.

[5] 王伟.关联规则中的 Apriori 算法的研究与改进[D].青岛：中国海洋大学,2012.

[6] 罗可,贺才望.基于 Apriori 算法改进的关联规则提取算法[J].计算机与数字工程,2006,34(4)：48-51.

第16章

高斯混合模型算法

假设有一个训练样本$\{x^{(1)},x^{(2)},\cdots,x^{(m)}\}$,现在有一个问题是如何对这些数据点聚类,或者是寻找一个概率密度函数来刻画这些样本的分布。由于样本杂乱无章,如果单纯地用一个概率密度函数(Probability Density Function,PDF)来描述,显然偏差很大。一个自然而然的想法就是:可不可以用多个分布组合的形式来描述它们,在不同的样本空间,某个PDF起主导作用,就像局部线性回归一样。答案当然是肯定的,这就是混合模型。本章讨论多个高斯分布混合的情况,称为高斯混合模型。

高斯密度函数估计是一种参数化模型。高斯混合模型(Gaussian Mixture Model,GMM)是单一高斯概率密度函数的延伸,GMM能够平滑地近似任意形状的密度分布。类似于聚类,根据高斯概率密度函数参数的不同,每一个高斯分布都可以看作一种类别,输入一个样本x,即可通过PDF计算其属于每个类别的概率值,然后通过一个阈值来判断该样本属于哪个高斯模型。和GMM相对的是单高斯模型(Single Gaussian Model,SGM),SGM适用于仅有两种类别问题的划分,而GMM由于具有多个高斯成分,划分更为精细,适用于多类别的划分,可以应用于复杂对象建模[1]。

另一方面,高斯混合模型也能用于回归,利用高斯条件分布就可以构造相应的回归算法,称之为高斯混合回归(Gaussian Mixture Regression,GMR)。

16.1 高斯混合模型的原理

16.1.1 单高斯模型

一个多维的高斯分布的概率密度函数定义如下:

$$N(\boldsymbol{x};\boldsymbol{\mu},\boldsymbol{\Sigma})=\frac{1}{2\pi^{\frac{D}{2}}}\frac{1}{(|\boldsymbol{\Sigma}|)^{\frac{1}{2}}}\exp\left[-\frac{1}{2}(\boldsymbol{x}-\boldsymbol{\mu})^{\mathrm{T}}\boldsymbol{\Sigma}^{-1}(\boldsymbol{x}-\boldsymbol{\mu})\right] \tag{16.1}$$

注意和一维高斯不同，这里 D 表示变量 $\boldsymbol{x}$ 的维数。$\boldsymbol{\Sigma}$ 表示 $D\times D$ 的协方差矩阵，μ 是均值。图 16.1 中左图是一个标准的一维高斯分布，右图展示了一个二维高斯分布。二维高斯的 PDF 是一个钟形曲面，投影到 x、y 轴上的坐标表示二维变量的取值，面上的点对应的 Z 值代表两个变量的联合概率。如果向 xOy 平面投影，那么会得到一个椭圆，称之为置信区间。均值点附近椭圆内的点出现的概率大。给定一些样本点，如果它属于某个高斯模型的概率比较大，就认为这个点属于这个高斯，这就完成了聚类的目的。

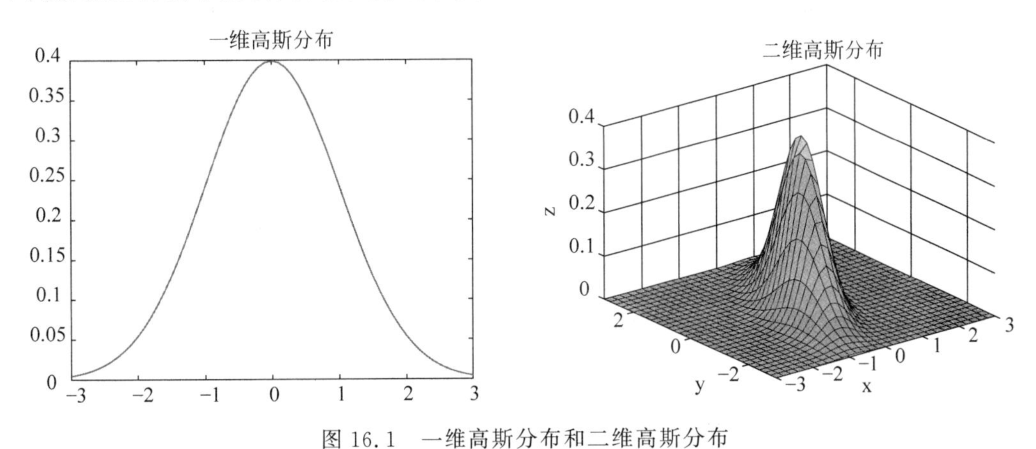

图 16.1　一维高斯分布和二维高斯分布

16.1.2　高斯混合模型

前面讲过引入高斯混合模型的原因，并介绍了高斯混合模型 PDF 的表达式和相应的概率图。本节介绍高斯混合模型，先看一个直观的实例。对于如图 16.2 所示的数据集，现在有一个问题，如何用一个 PDF 来描述图中不同种类鸢尾花数据的分布。

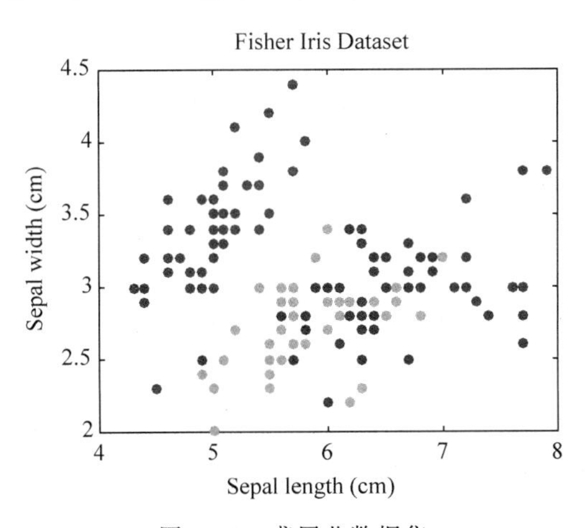

图 16.2　鸢尾花数据集

如果用一个高斯描述显然误差很大，自然而然地可以用多个高斯，多个高斯的混合模型表示为：

$$f=p_1f_1+p_2f_2+\cdots+p_kf_k \tag{16.2}$$

每一个 f_i 是一个单高斯分布，f 表示混合概率密度，可见 f 表示为 k 个单高斯模型的加权和的形式。

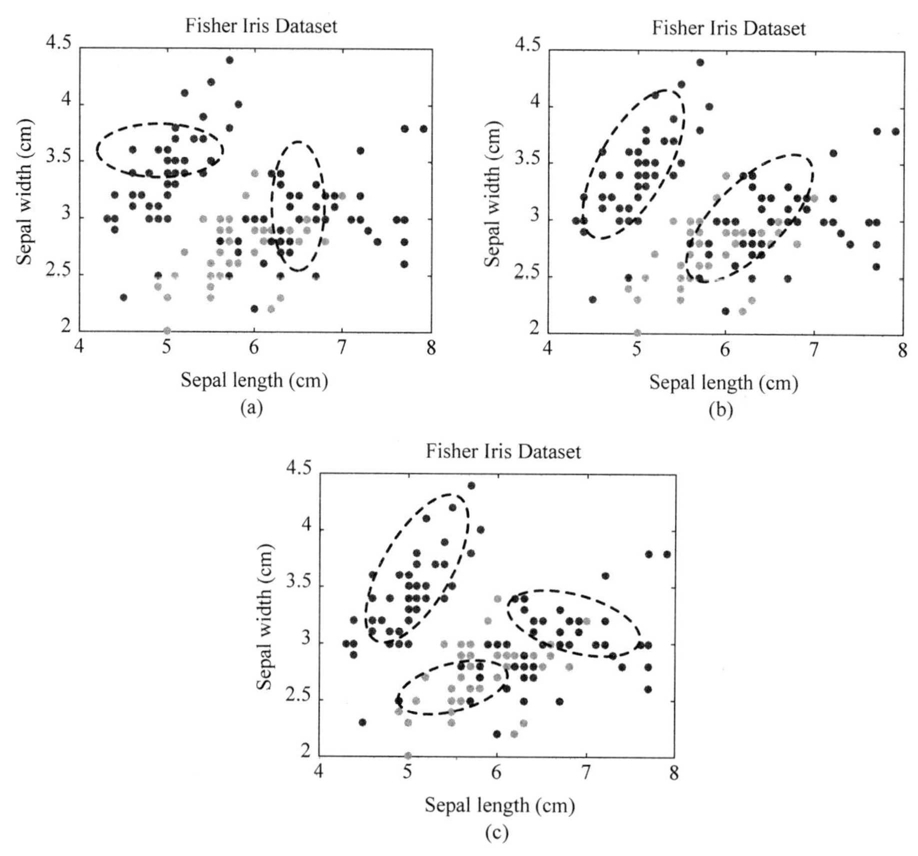

图 16.3　不同的聚类方式(黑色虚线椭圆代表一个类)

图 16.3 中展示了几个不同高斯混合模型。图中每个椭圆代表一个高斯成分的投影，也是一个置信区间。根据聚类族的个数不同，可以有多种结果，前两幅图的模型中有两个高斯成分，但是每个 SGM 的参数不同；后一幅图的模型中有三个高斯成分。那么问题来了，到底最优的聚类方案是什么？或者更直接的，上图中的哪种方案更好？也就是说要用一组高斯来表示数据的分布，这一组高斯可以调节的参数有高斯成分的个数、每个高斯成分的权重，以及每个高斯成分的均值和方差。当知道这些参数时，就得到了如图 16.3 所示的一种情况。看起来似乎该图中最右边的情况更加合理，因为这种情况下的高斯函数很好地刻画了数据的分布趋势，但这只是定性的观察，需要定量的分析。高斯混合模型提供了一套完整的理论来解决这个问题[2,3]。在具体介绍 GMM 之前可以先看一下它的效果，如图 16.4 所示。

由图可见，不同的 GMM 在一定程度上都很好地区分了 3 类数据，但是在细节的表现上不同。这些细节由两个参数决定，一个是协方差矩阵，参数的取值可以是 full 或者 diagonal；另一个是 ShareCovariance，根据各个单高斯模型是否共享协方差矩阵，ShareCovariance 可以设置为 True 或者 False。根据这两个参数的设置会有 4 种不同的情况，对应的聚类结果分别如图 16.4 所示，阴影代表每个 species 的聚类区域，“×”代表每个聚类的中心。

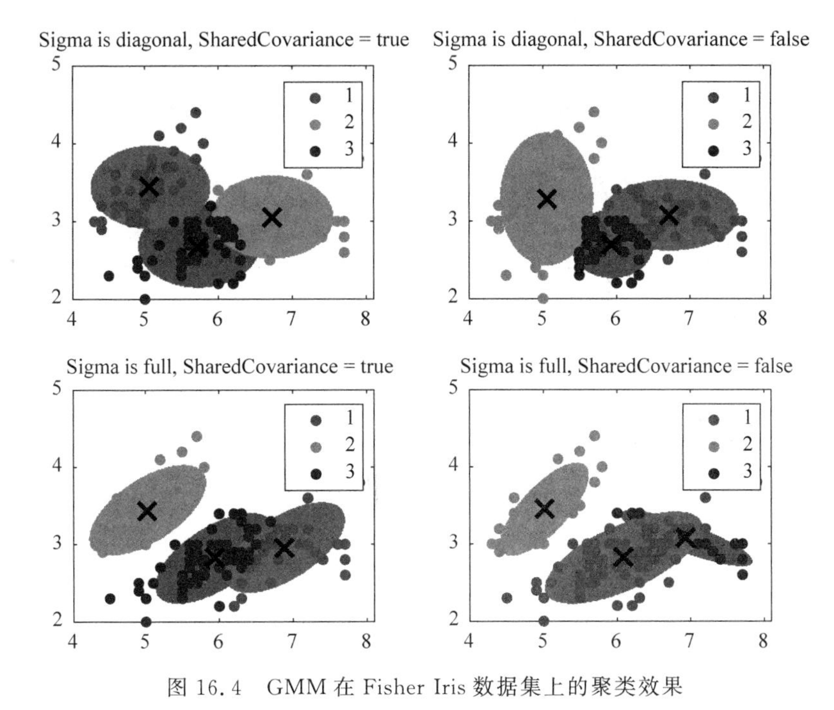

图 16.4 GMM 在 Fisher Iris 数据集上的聚类效果

16.1.3 模型的建立

上面大概说了 GMM 的思想，现在用数学工具来表达这个过程。首先需要一个概率模型来描述含有隐变量的数据，为此引入一个隐变量 $z^{(i)}$ 来表示第 i 个样本点属于每个高斯成分的概率[4]。$z^{(i)}$ 符合多项分布，即：

$$p(z^{(i)}=j)=\phi_j\left(\phi_j \geqslant 0, \sum_{j=1}^{k}\phi_j=1\right) \tag{16.3}$$

那么自然地 $p(x^{(i)}|z^{(i)})$ 服从第 j 个高斯分布，表示为：

$$x^{(i)} \mid z^{(i)}=j \sim N(\boldsymbol{\mu}_j, \Sigma_j)$$

有了上面的假设，所有数据的似然函数可以表示为：

$$\begin{aligned} l(\phi,\boldsymbol{\mu},\boldsymbol{\Sigma}) &= \sum_{i=1}^{m}\log p(x^{(i)};\phi,\boldsymbol{\mu},\boldsymbol{\Sigma}) \\ &= \sum_{i=1}^{m}\log\sum_{z^{(i)}=1}^{k}p(x^{(i)} \mid z^{(i)};\boldsymbol{\mu},\boldsymbol{\Sigma})p(z^{(i)};\phi) \end{aligned} \tag{16.4}$$

16.1.4 模型参数的求解

上面构建了一个概率模型，表示为多个高斯加权和的形式。似然函数 $l(\phi,\boldsymbol{\mu},\boldsymbol{\Sigma})$ 刻画了对于参数为 $(\phi,\boldsymbol{\mu},\boldsymbol{\Sigma})$ 的一个 GMM 来说，观测样本集 $\boldsymbol{X}$ 出现的概率大小。这是一个参数化的模型。那么如何求解模型的参数呢？自然的想法是最大化似然函数，也就是通过算法求得一组参数 $[\phi_i,\mu_i,\Sigma_i]_{i=1}^{k}$ 使得上面的似然函数值最大，通常的做法是求导令它等于 0。但是经过推导后发现对于这个问题令其导数为 0 无法得到一个解析解。实际上这里主要是因为 $\boldsymbol{Z}$ 是未知的，如果 $\boldsymbol{Z}$ 已知，那么就变成了高斯判别分析模型，完全可以通过导数为 0 求解。对于这种含有隐变量的优化问题，可以借助前面讲述的期望最大化(Expectation Maximization，EM)算法求解。

EM 算法是一种迭代算法，主要分两步，分别称为 E-step 和 M-step。其主要的思想是通过最大化目标函数的一个紧下限函数来间接地最大化目标函数，之所以用一个下限函数，原因是下限函数的最值比较容易求得。对于 GMM，在 E-step 试图猜测 $z^{(i)}$ 的值，也就是当前样本可能来自哪个 component，然后基于当前的猜想更新模型参数。算法如下：

E-step，对于每个 i，j 计算 $z^{(i)}$ 的后验概率：

$$w_j^i := p(z^{(i)} = j \mid x^{(i)}; \phi, \boldsymbol{\mu}, \boldsymbol{\Sigma})$$

M-step，更新模型参数：

$$\left.\begin{aligned} \phi_j &:= \frac{1}{m}\sum_{i=1}^{m} w_j^{(i)} \\ \mu_j &:= \frac{\sum_{i=1}^{m} w_j^{(i)} x^{(i)}}{\sum_{i=1}^{m} w_j^{(i)}} \\ \sum_j &:= \frac{\sum_{i=1}^{m} w_j^{(i)} (x^{(i)} - \mu_j)(x^{(i)} - \mu_j)^{\mathrm{T}}}{\sum_{i=1}^{m} w_j^{(i)}} \end{aligned}\right\} \tag{16.5}$$

注意 E-step 中的 w_j^i 的计算公式为：

$$w_j^i = p(z^{(i)} = j \mid x^{(i)}; \phi, \boldsymbol{\mu}, \boldsymbol{\Sigma}) = \frac{p(x^{(i)} \mid z^{(i)} = j; \boldsymbol{\mu}, \boldsymbol{\Sigma}) p(z^{(i)} = j; \phi)}{\sum_{l=1}^{k} p(x^{(i)} \mid z^{(i)} = l; \boldsymbol{\mu}, \boldsymbol{\Sigma}) p(z^{(i)} = l; \phi)} \tag{16.6}$$

通过式(16.5)和式(16.6)不断迭代直到收敛(模型参数的变化小于某一个阈值 ε)。

16.2 高斯混合模型算法的 Python 实践

利用 Python 的 sklearn 库自带的机器学习工具箱中的高斯混合模型类可以方便地生成多维高斯混合模型，并且执行一些模型拟合、聚类分类等工作。本节介绍 Python 中与 GMM 相关的一些函数。Python 中的 sklearn 主要通过 sklearn.mixture.GaussianMixture()函数实现高斯混合模型。其中，通过 fit()函数对模型进行训练，通过 predict()函数对模型进行预测。

下面通过 Python 实例的方法，在 Python 中输入一组随机散点，运用 GMM 算法对数据进行聚类，展示在 Python 中 GMM 算法的具体实现(GMM_cluster.py 文件)。

```
from sklearn.datasets import make_blobs                      # 导入 make_blobs 模块用来绘制散点
import matplotlib.pyplot as plt                              # 导入 matplotlib 绘图模块
import numpy as np                                           # 导入 numpy 函数
import random                                                # 导入随机函数
data, target = make_blobs(n_samples = 400,n_features = 2, centers = 400)    # 使用 make_
# blobs 模块定义一组数据,有 400 个样本,数据为二维,分为 400 个中心(即所有数据完全离散)
np.put(data, [400, 0], 10, mode = 'clip')
np.put(data, [400, 1], 10, mode = 'clip')
plt.scatter(data[:, 0], data[:, 1], c = target)              # 绘制散点
plt.show()                                                   # 显示散点
from sklearn.mixture import GaussianMixture                  # 导入 GMM 函数
gmm = GaussianMixture(n_components = 4).fit(data)            # 对数据进行训练
labels = gmm.predict(data)                                   # 对数据进行预测
plt.scatter(data[:, 0], data[:, 1], c = labels, s = 40, cmap = 'viridis')
                                                             # 绘制训练后的数据
plt.show()                                                   # 显示训练后的数据
```

在终端输入 python GMM_cluster.py 可以得到如图 16.5 所示的效果。

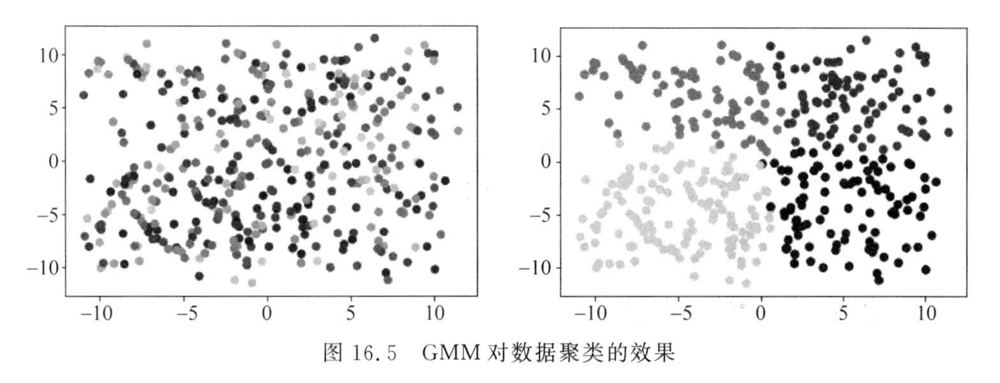

图 16.5 GMM 对数据聚类的效果

由图 16.5 可知,使用 GMM 对数据进行训练可以很好地对数据进行聚类。

本章参考文献

[1] https://en.wikipedia.org/wiki/Mixture_model.

[2] 宋杨.基于高斯混合模型的运动目标检测算法研究[D].大连:大连理工大学,2008.

[3] Xuan G, Zhang W, Chai P. EM algorithms of Gaussian mixture model and hidden Markov model [C]//Image Processing, 2001. Proceedings. 2001 International Conference on. IEEE, 2001, 1: 145-148.

[4] 孙广玲,唐降龙.基于分层高斯混合模型的半监督学习算法[J].计算机研究与发展,2004,41(1): 156-161.

[5] 王光新,王正明,段晓君.基于广义高斯噪声分布模型的迭代正则化图像复原[J].中国图象图形学报: A 辑,2004,9(8): 978-983.

第 17 章

DBSCAN算法

DBSCAN(Density-Based Spatial Clustering of Applications with Noise)[1]是一个比较有代表性的基于密度的聚类算法。与划分和层次聚类方法不同,它将簇定义为密度相连的点的最大集合,把具有足够高密度的区域划分为簇,并可在具有噪声的空间数据库中发现任意形状的聚类。

17.1 DBSCAN 算法概述

17.1.1 DBSCAN 算法的基本概念

DBSCAN 是一个基于密度的聚类算法。基于密度的聚类是寻找被低密度区域分离的高密度区域。因此首先要讨论一下密度的定义。数据集中特定点的密度可以通过该点 Eps 半径之内的点计数(包括本身)来估计。基于这个测度,在 DBSCAN 中将点分为 3 类,即稠密区域内部的点(核心点)、稠密区域边缘上的点(边界点)和稀疏区域中的点(噪声或背景点)[1]。

更加数学化的定义如下。

- **核心点(core point)**:在半径 Eps 内含有超过 MinPts 数目的点,则该点为核心点,这些点都是在簇内的点。
- **边界点(border point)**:在半径 Eps 内点的数量小于 MinPts,但是属于核心点的邻居。
- **噪音点(noise point)**:任何不是核心点或边界点的点。

Eps 是一个全局的给定的半径,MinPts 决定了成为核心点至少需要的数据点的个数。为了便于理解,下面通过一个实例解释。如图 17.1 所示,取 MinPts=5,在点 A 的 Eps 邻域内点的个数等于 3,小于 MinPts,因此是噪音点;在点 B 的 Eps 邻域内点的个数等于 6，它是一个核心点；在点 C 的 Eps 邻域内点的个数是 4，因此它不是一个核心点，但是该点处于 B 核心点的邻域内，因而是一个边界点。有了这个直观的认识，可以定义如下概念：

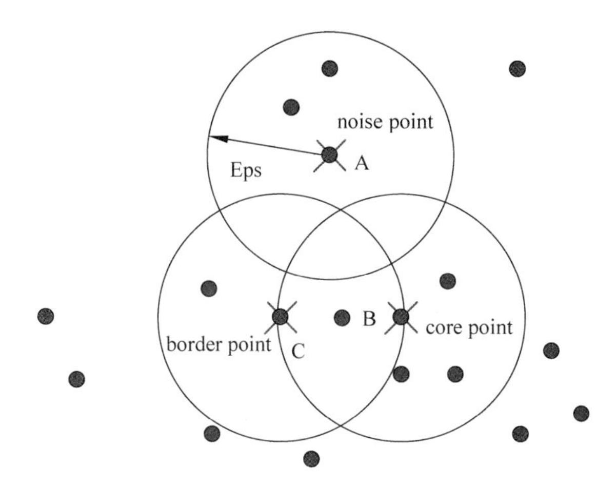

图 17.1　核心点、边界点和噪音点举例

- **Eps 邻域**：给定对象半径大小为 Eps 的区域内的状态空间称为该对象的 Eps 邻域，用 $N_{\mathrm{Eps}}(p)$ 表示点 p 的 Eps 半径内的点的集合，即

  $$N_{\mathrm{Eps}}(p)=\{q \mid q \text{ 在数据集 } D \text{ 中}, \mathrm{distance}(p,q) \leqslant \mathrm{Eps}\}$$
- **核心对象**：如果对象的 Eps 邻域内至少包含最小数目 MinPts 个对象，则称该对象为核心对象。
- **边界点**：边界点不是核心点，但落在某个核心点的邻域内。
- **噪音点**：既不是核心点，也不是边界点的任何点。
- **直接密度可达**：给定一个对象集合 D，如果 p 在 q 的 Eps 邻域内，而 q 是一个核心对象，则称对象 p 从对象 q 出发时是直接密度可达的(directly density-reachable)。
- **密度可达**：如果存在一个对象链 $p_1,p_2,\cdots,p_n,p_1=q,p_n=p$，对于 $p_i \in D(1\leqslant i\leqslant n)$，$p_{i+1}$ 是从 p_i 关于 Eps 和 MinPts 直接密度可达的，则对象 p 是从对象 q 关于 Eps 和 MinPts 密度可达的(density-reachable)。
- **密度相连**：如果存在对象 $O\in D$，使对象 p 和 q 都是从 O 关于 Eps 和 MinPts 密度可达的，那么对象 p 到 q 是关于 Eps 和 MinPts 密度相连的(density-connected)。

这里利用图 17.2 进行实例说明。

如图 17.2 所示，Eps 用一个相应的半径表示，设 MinPts=3，分析 Q、M、P、S、O、R 这 5 个样本点之间的关系。由于有标记的各点 M、P、O 和 R 的 Eps 近邻均包含 3 个以上的点，所以它们都是核心对象。M 是从 P“直接密度可达”，而 Q 是从 M“直接密度可达”。基于上述结果，Q 是从 P“密度可达”，P 从 Q 无法“密度可达”(非对称)。类似地，S 和 R 从 O 是“密度可达”的，O、R 和 S 均是“密度相连”的。

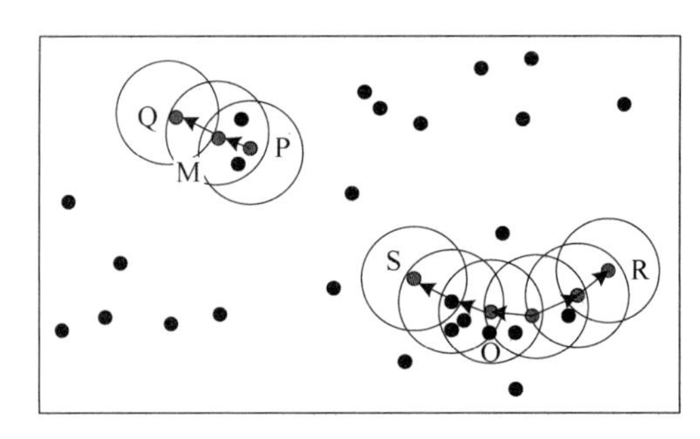

图 17.2 几个概念的直观解释

17.1.2 DBSCAN 算法的原理

了解了上面的基本概念以后，就可以掌握 DBSCAN 算法的核心思想。

(1) DBSCAN 通过检查数据集中每个点的 Eps 邻域来搜索簇，如果点 p 的 Eps 邻域内包含的点多于 MinPts 个，则创建一个以 p 为核心对象的簇。

(2) DBSCAN 迭代地聚集从这些核心对象直接密度可达的对象，这个过程可能涉及一些密度可达簇的合并。

(3) 当没有新的点添加到任何簇时该过程结束。

聚类过程如图 17.3 所示，首先找到一个核心对象，假设为 A，以 A 为核心创建一个簇，此时的簇包含深灰色箭头相连的点，这些点是直接密度可达的。然后再考察直接密度可达的对象，发现点 B 也是一个核心对象，它的直接密度可达对象可以拓展到浅灰色箭头相连的点，此时就有了两个簇，由于它们足够接近，所以有理由把它们合并。依次循环这个过程，直到遍历完所有的点。最终形成了阴影区域的两个类。

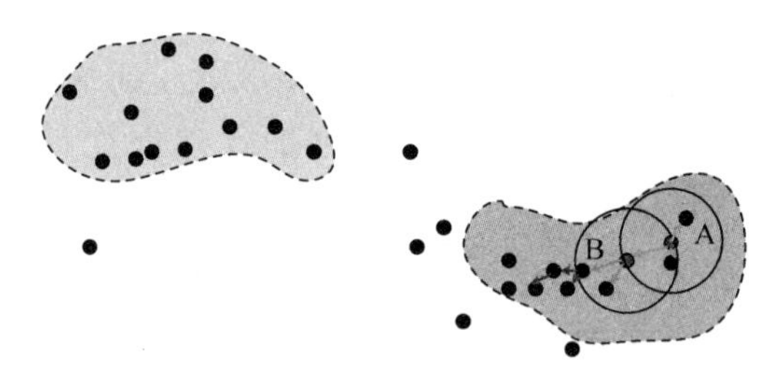

图 17.3 DBSCAN 算法聚类的过程

17.1.3 DBSCAN 算法的实现步骤

在了解了 DBSCAN 算法的思想之后，不难得到实现一个 DBSCAN 算法的大体步骤。下面以伪代码的形式给出 DBSCAN 算法的步骤：

```
%%输入:数据集 D,参数 MinPts,Eps; 输出:簇集合
将数据集 D 中的所有对象标记为未处理状态
for 数据集 D 中的每个对象 p do
    if  p 已经归入某个簇或标记为噪声 then
```

```
            continue;
        else
            检查对象 p 的 Eps 邻域 N_Eps(p);
            if  N_Eps(p)包含的对象数小于 MinPts then
                    标记对象 p 为边界点或噪声点;
            else
                    标记对象 p 为核心点,建立新簇 C,并将 p 邻域内的所有点加入 C
                    for N_Eps(p)中所有尚未被处理的对象 q  do
                        检查其 Eps 邻域 N_Eps(p),若 N_Eps(p)包含至少 MinPts 个对象,则将
                        N_Eps(p)中未归入任何一个簇的对象加入 C;
                    end for
            end if
        end if
    end for
```

17.1.4 DBSCAN 算法的优缺点

DBSCAN 算法是基于密度的聚类算法,即要求聚类空间中一定区域内所包含对象(点或其他空间对象)的数目不小于某一给定阈值。这具有很多优点,但由于它直接对整个数据库进行操作,且在进行聚类时使用了一个全局性的表征密度的参数,所以有两个比较明显的弱点。总结起来优点如下:

(1) 聚类速度快。

(2) 能够发现任意形状的空间聚类,它不像基于距离的聚类方法,例如 k 均值聚类的结果倾向于球状。

(3) 能够有效地处理噪声点,对噪声数据不敏感。DBSCAN 基于密度,而噪声点往往是少数的异常点,因此是稀疏的,所以在聚类过程中会自然地被排除在簇之外。对于基于距离的聚类方法,噪声点很容易影响聚类的中心和分布,从而会得到不理想的聚类效果。

(4) 与 k 均值算法比起来,不需要输入划分的聚类个数。

(5) 可以在需要时输入过滤噪声的参数。

(6) 聚类簇的形状没有偏移。

其缺点如下:

(1) 当数据量增大时,要求有较大的内存支持,且 I/O 消耗也很大。

(2) 当空间聚类的密度不均匀、聚类间距差相差很大时,聚类质量较差(有些簇内距离较小,有些簇内距离很大,但 Eps 是确定的,所以如果 Eps 偏小,距离稍大的点可能被误判断为离群点或者边界点,如果 Eps 偏大,那么小距离的簇内可能会包含一些离群点或者边界点,KNN 算法的 k 值的选取也存在同样的问题)。

17.2 DBSCAN 算法的改进

17.2.1 DPDGA 算法

DPDGA(Data Partition DBSCAN using Genetic Algorithm)[3]算法采用基于遗传算

法的方法确定聚类中心。这种基于遗传算法的初始聚类中心获取方法采用了k均值算法的基本思想,但是它使用遗传算法而不是通过一般的迭代来进行逐步优化。在使用基于遗传算法的方法获得较优的初始聚类中心后,DPDGA 算法根据获得的初始聚类中心点划分数据集。对于划分得到的各个局部数据集,分别计算每个局部数据集的参数 MinPts,然后对各个局部数据集分别使用 DBSCAN 算法进行聚类,最后合并各局部数据集的聚类结果。DPDGA 算法由于划分了数据集,降低了对主存的要求。在该算法中提出了计算各局部数据集参数的方法,对于分布不均匀的数据集而言,由于各个局部采用不同的参数值,使得算法对全局参数的依赖性降低,聚类质量更好[2,3]。

17.2.2 并行 DBSCAN 算法

根据 DBSCAN 存在的问题,可以使用"分而治之"和高效的并行算法思想[1],把数据划分成分布均匀的网格,对每个网格单独处理,分配网格到多个处理机共同聚类。这样一方面克服了全局变量 Eps 的影响,提高了聚类质量;另一方面提高了聚类效率,也降低了 DBSCAN 对主存的较高要求。

17.3 DBSCAN 算法的 Python 实践

利用 Python 的 sklearn 库自带的机器学习工具箱中的高斯混合模型类可以方便地生成多维高斯混合模型,并且执行一些模型拟合、聚类分类等工作。本节介绍 Python 中与 DBSCAN 算法相关的一些函数。Python 中的 sklearn 主要通过 DBSCAN(eps=0.5, min_samples=5,metric='euclidean',algorithm='auto',leaf_size=30,p=None,n_jobs=1)函数实现 DBSCAN 算法。其中,eps 是两个样本之间的最大距离,即扫描半径;min_samples 作为核心点的邻域(即以其为圆心、eps 为半径的圆,含圆上的点)中的最小样本数(包括点本身);metric 是度量方式,默认为欧氏距离;algorithm 是近邻算法求解方式,分别为'auto'、'ball_tree'、'kd_tree'、'brute';leaf_size 是叶的大小,在使用 BallTree 或者 cKDTree 近邻算法时需要这个参数;n_jobs 是使用 CPU 格式,-1 代表全开。另外通过 fit_predict(X)对数据进行训练和预测。

下面在 Python 中输入 3 组散点数据,运用 DBSCAN 算法对数据进行聚类,展示在 Python 中 DBSCAN 算法的具体实现(DBSCAN.py 文件)。

```
import numpy as np                                          #导入 numpy 函数
import matplotlib.pyplot as plt                             #导入 matplotlib 绘图模块
from sklearn import datasets                                #从 sklearn 中导入数据函数
X1, y1 = datasets.make_circles(n_samples = 2000, factor = .5,noise = .08)    #定义圆形数据
X2, y2 = datasets.make_blobs(n_samples = 200, n_features = 2, centers = [[1.2,1.2]],
cluster_std = [[.1]],random_state = 9)                      #定义聚点型数据
X = np.concatenate((X1, X2))                                #对数据进行拼接,以方便显示
plt.scatter(X[:, 0], X[:, 1], marker = '.')                 #绘制散点
plt.show()                                                  #显示图像
```

```
from sklearn.cluster import DBSCAN                          # 导入 DBSCAN 函数
pred1 = DBSCAN().fit_predict(X)                             # 对数据进行训练和预测
plt.scatter(X[:, 0], X[:, 1], marker = '.', c = pred1)      # 绘制预测数据
plt.show()                                                  # 显示预测后的图像
```

在终端输入 python DBSCAN.py 得到的图像如图 17.4 所示。

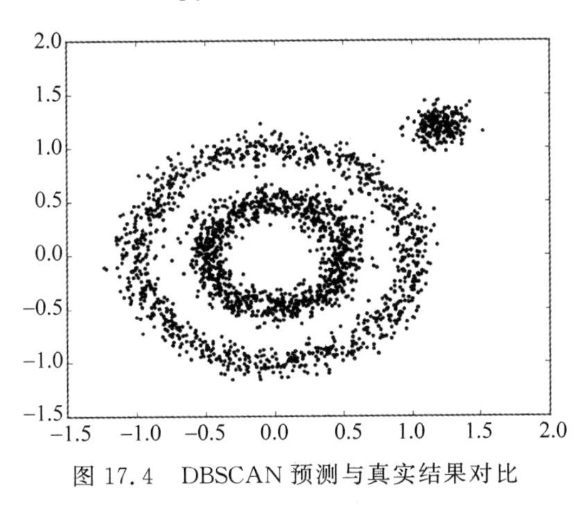

图 17.4 DBSCAN 预测与真实结果对比

本章参考文献

[1] 宋殿霞.一类基于密度的空间聚类算法[D].西安：西安交通大学，2003.
[2] 冯少荣，肖文俊.DBSCAN 聚类算法的研究与改进[J].中国矿业大学学报，2008，37(1)：105-111.
[3] 孙思.利用遗传思想进行数据划分的 DBSCAN 算法研究[D].重庆：重庆大学，2005.

第 18 章

策略迭代和值迭代

机器学习按照是否有导师信号分为监督学习、无监督学习和半监督学习，这是站在导师的角度。如果换一个角度考虑，站在学习者的角度，无论是否有导师，学习者总是通过某种形式的反馈来不断地纠正自己的错误，学习到某个技能或者完成决策。这种反馈大体可以分为以下 3 类。

(1) 回报：自己摸索着做，然后得到环境的一个稀疏的反馈，表征是否达到期望的行为。例如游戏的输赢。

(2) 演示：看别人做，专家来演示期望的行为。如动作示教、遥操作、通过视频学习，需要通过观看演示理解专家的策略。

(3) 监督回报：别人告诉怎么做，直接获得好的行为属性或准则。如对于无人驾驶系统中的车道线、自身和前车的距离，直接得到策略，照做就行。

比如对于一个婴儿来说，他有不同的学习方式，如图 18.1 所示。他可以从看动画片中学习，这就是演示，模仿学习；也可以通过父母的教导获得知识和技能，父母会给出明确的如何完成某个任务的指令，这对应于监督学习，也是最简单、直接的；最后一种就是自己探索学习，婴儿会通过触碰外界的事物，甚至咬一些东西来获得对外界事物属性的认知，通常只能得到一个稀疏的反馈，称之为回报。这种方式最费时，但是需要的先验知识也最少。这样一种通过稀疏回报数据进行学习的方式叫作强化学习。本章和下一章将讲述一些经典的强化学习算法，目的是让读者了解强化学习这个领域，同时掌握一些基本的算法。对于想进一步探索的内容，如值函数近似、策略搜索、策略梯度以及深度强化学习等，读者可以阅读书中所列的参考文献，或者搜索网络资料学习[1]。

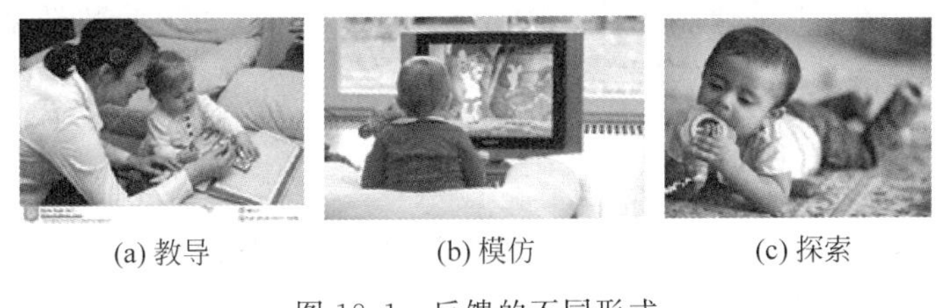

图 18.1　反馈的不同形式

18.1　基本概念

18.1.1　强化学习的基本模型

所谓强化学习是指智能体通过不断地与环境交互，利用环境反馈的奖励信号（强化信号）学习到一个从环境状态到行为的映射关系（策略的概念）的过程。基于这个映射关系的决策可以最大化奖励信号。强化学习不同于连接主义学习中的监督学习，主要表现在教师信号上，强化学习中由环境提供的强化信号是对产生动作的好坏做一种评价（通常为标量信号），而不是告诉强化学习系统（Reinforcement Learning System，RLS）如何去产生正确的动作。由于外部环境提供的信息很少，RLS 必须靠自身的经历进行学习。通过这种方式，RLS 在行动-评价的环境中获得知识，改进行动方案以适应环境。整个强化学习的框架如图 18.2 所示，智能体根据当前的状态 s_t，内部产生一个动作响应 a_t 作用于环境，环境会反馈一个回报 R_t，告诉智能体刚才的动作是否合理，同时转移到新的状态 s_{t+1}。

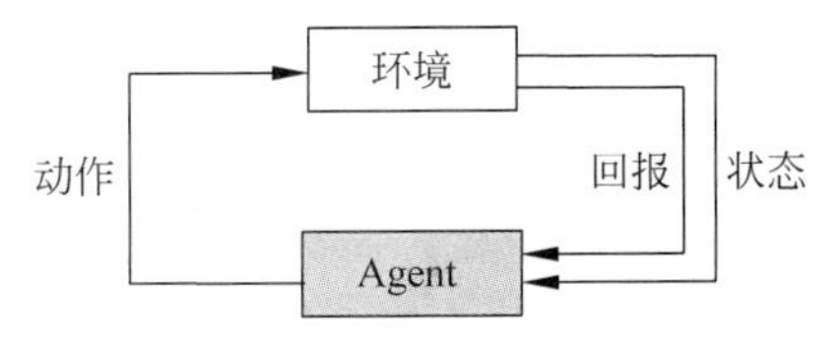

图 18.2　强化学习框架

18.1.2　马尔可夫决策过程

为了对强化学习的这种机制进行描述，需要借助一定的数学工具，这就是马尔可夫决策过程（Markov Decision Process，MDP）。一个 MDP 由一个五元组构成，即（$\boldsymbol{S}$，$\boldsymbol{A}$，$\boldsymbol{P}_{sa}$，γ，R）。

（1）S 表示状态集合（states）。比如，对于无人机来说，指无人机当前的位姿以及速度值组成的状态集。

（2）A 表示一组动作（actions）。比如，使用控制杆操纵的直升机飞行方向，让其向前、向后等。

（3）P_{sa} 是状态转移概率。S 中的一个状态到另一个状态的转变，需要 A 来参与。P_{sa} 表示的是在当前 $s\in S$ 状态下，经过 $a\in A$ 作用后，转移到其他状态的概率分布（当前状态执行 a 后可能跳转到很多状态）。通常 P_{sa} 由对象的模型决定，知道了被控对象的模型，也就得到了状态转移的分布。一般情况下根据 P_{sa} 是否已知，把强化学习方法分为 Model Based 和 Model Free 两大类。

（4）$\gamma\in[0,1)$，是折扣系数（Discount Factor），是计算回报时的参数。

(5) $R:S\times A\rightarrow\mathbb{R}$，$R$ 是回报函数(Reward Function)，回报函数经常写成 S 的函数(只与 S 有关)，这样，R 重新写成 $R:S\rightarrow\mathbb{R}$。

18.1.3 策略

在已知智能体处于某个状态 s 时，要解决的问题是如何决定下一步的动作 a，然后转换到另一个状态 s'。这个产生动作的依据称为策略 π(Policy)，每一个 Policy 其实就是一个状态到动作的映射，$\pi:s\rightarrow a$。策略包括整个决策过程。给定 π 也就给定了 $a=\pi(s)$，也就是说，知道了 π 就知道了任何一个状态下下一步应该执行的动作[2,3]。

18.1.4 值函数

为了区分不同 π 的好坏，以及在某个状态下执行一个策略 π 后出现的结果的好坏，需要定义一个指标函数，这个指标函数就是值函数(Value Function)，也叫折算累积回报(Discounted Cumulative Reward)，定义如下：

$$V^{\pi}(s)=E\left[r(s_0,a_0)+\gamma r(s_1,a_1)+\gamma^2 r(s_2,a_2)+\cdots \mid s_0=s,\pi\right]$$

其中 r 表示每一步的回报。可以看到，在当前状态 s 下，选择好策略后，值函数是回报加权和的期望。这其实很容易理解，给定 π 也就给定了一个未来的行动方案，这个行动方案会经过一个个的状态，而到达每个状态都会有一定的回报值，距离越近的两个状态关联越大，权重越高。这和下象棋差不多，在当前棋局 s_0 下，不同的走子方案是 π，评价每个方案依靠对未来局势($r(s_1)$，$r(s_2)$，…)的判断。一般情况下，智能体会在头脑中多考虑几步，但是会更看重下一步的局势。看重下一步的思维方式反映在数学上就是给它一个更大的权重。实际上值函数刻画了当前策略下某个状态的好坏。

所有的强化学习算法都在解决一个问题，那就是如何求得一个最优策略 π，以最大化期望回报。

18.1.5 贝尔曼方程

上面介绍了值函数的定义 $V^{\pi}(s)$，即在状态 s 下采用策略 π 获得的累积期望回报。为了简化书写，用 r_i 表示第 i 步的回报，用 s' 表示下一步的状态，并且把值函数的表达式展开，则有：

$$\begin{aligned}V^{\pi}(s)&=E_{\pi}\left[r_0+\gamma r_1+\gamma^2 r_2+\cdots \mid s_0=s,\pi\right]\\&=E_{\pi}\left[r_0+\gamma(r_1+\gamma r_2+\cdots) \mid s_0=s,\pi\right]\\&=E_{\pi}\left[r(s' \mid s,\pi(s))+\gamma V^{\pi}(s') \mid s_0=s,\pi\right]\end{aligned}$$

给定策略 π 和初始状态 s，则动作 $a=\pi(s)$，下一个时刻将以概率 $p(s'|s,a)$ 转移到状态 s'，那么上式的期望可以拆开，重写为：

$$V^{\pi}(s)=\sum_{s'\in S}P(s' \mid s,\pi(s))\left[r(s' \mid s,\pi(s))+\gamma V^{\pi}(s') \mid s_0=s,\pi\right] \quad (18.1)$$

这就是迭代形式的状态值函数。相应地，也可以定义动作值函数(Action Value Function)Q 如下：

$$Q^{\pi}(s,a)=E\left[\sum_{i=0}^{\infty}\gamma^{i}r_{i} \mid s_{0}=s,a_{0}=a\right]$$

同样地，把动作值函数的定义式展开，得到如下的表达式：

$$Q^{\pi}(s,a)=\sum_{s'\in S}P(s' \mid s,a)\left[r(s' \mid s,a)+\gamma V^{\pi}(s')\right] \tag{18.2}$$

式(18.1)和式(18.2)中的表达式揭示了当前状态的值函数和下一个状态值函数的关系。在动态规划中，称它们为贝尔曼方程。如果用 π^* 表示最优策略，对应的状态值函数和行为值函数分别表示为 $V^*(s)$ 和 $Q^*(s,a)$。那么此时的状态值函数和行为值函数满足如下的方程：

$$V^*(s)=\max_a E_{\pi}\left[r(s' \mid s,a)+\gamma V^*(s') \mid s_0=s\right]$$

$$Q^*(s,a)=E_{\pi}\left[r(s' \mid s,a)+\gamma \max_{a'} Q^*(s',a') \mid s_0=s,a_0=a\right]$$

上面两个方程叫作贝尔曼最优方程。

18.2 策略迭代算法的原理

有了上面的概念，就可以来研究一些具体的强化学习算法了。本节和18.3节介绍两个很相似的算法，它们都适用于处理具有有限离散状态的问题，并且需要知道模型信息，也就是状态转移概率和回报函数。本节介绍策略迭代算法。

策略迭代，顾名思义就是有一个策略的更新过程。它的大概思想是：首先给定一个任意策略，迭代贝尔曼方程求得当前策略下的值函数。然后根据值函数更新策略，比如ε-greedy 策略。所谓ε-greedy 策略，指的是以ε的概率选择能够获得最大回报的行为，1－ε 的概率随机选择动作。调整后的策略又可以计算值函数。这样循环往复，直到策略收敛。理论证明这种迭代最终会收敛到一个最优的值函数 $V^*(s)$ 和策略 π^*。整个最优策略的求解过程如图18.3所示，算法分为两个大的过程：

(1) 策略的评估，就是值函数的计算。

(2) 策略的提升，指基于上一步的值函数估计一个更好的策略。

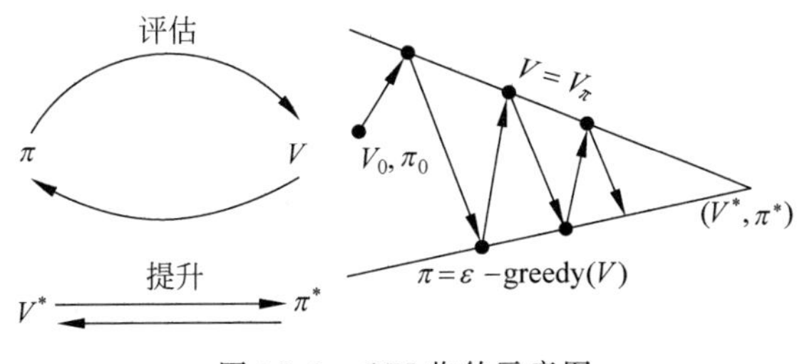

图18.3　GPI收敛示意图

策略迭代算法的具体实施步骤如下：

(1) 初始化所有状态的值函数和一个任意的初始策略 π_0。

(2) 通过贝尔曼方程求出当前策略下的值函数，包含以下子步骤。

① 设定一个阈值，表示前后两次迭代值函数的差距。

② 把上一轮的迭代结果(值函数的值)保存下来,对每个状态执行下面的更新:

$$V(s)=\sum_{s',r}p(s',r\mid s,\pi(s))[r+\gamma V(s')]$$

③ 计算当前每个状态的值函数和上一轮的差值,如果差值小于①)中设定的阈值,停止迭代,转到第(3)步,否则重复执行②。

(3) 更新策略。利用第(2)步计算的值函数更新策略,更新的原则是在 s 上选择 a,使得 $V(s)$ 最大。

(4) 比较更新后的策略和更新前的策略,如果是一样的,说明策略已经稳定了(收敛),则停止迭代,算法结束,如果不一样,重复第(2)步和第(3)步。

18.3 值迭代算法的原理

值迭代算法和策略迭代算法有两个不相同的地方:一是值迭代没有策略更新的过程;二是值函数的更新不再是对所有可能的动作求一个期望,而是比较各个不同动作在当前状态下的期望回报,然后选择期望回报最大的动作更新 V。也就是,

$$V(s)=\max_a\sum_{s',r}p(s',r\mid s,a)[r+\gamma V(s')] \tag{18.3}$$

值迭代算法的步骤可以归纳如下:

(1) 初始化值函数 V。

(2) 对于每一个状态 s,根据式(18.1)更新状态值函数。

(3) 比较第(2)步中前后两次的更新,若差值小于某一个值,转第(4)步,否则转第(2)步。

(4) 根据值函数,产生最优策略 $a=\pi^*(s)=\underset{a}{\arg\max}V^*(s)$。

通过上面的讲述可以知道,策略迭代和值迭代算法都依赖于值函数的更新。这个更新过程会覆盖之前的值函数。就好比备份一样,问题就是该怎么备份,用怎样的计算方式来覆盖原来的值。在强化学习中用备份图(Backup Diagram)来表示不同算法的备份形式。策略迭代和值迭代的备份图如18.4所示。

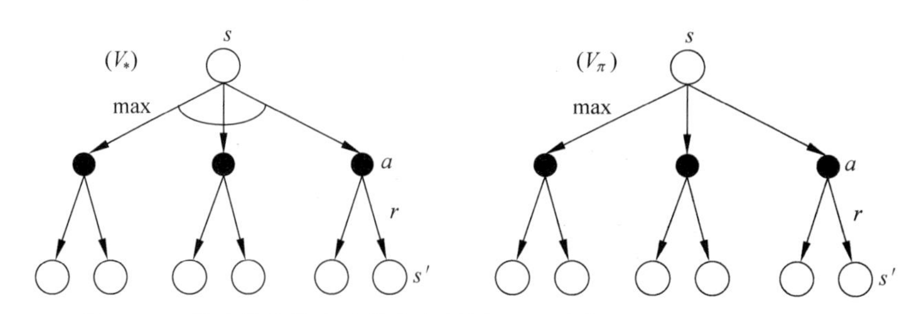

图 18.4 值迭代和策略迭代的备份图(左图为值迭代,右图为策略迭代)

左图对应于值迭代的更新,可以看出它是在 3 个支路中选择一个最大的;右图对应于策略迭代,它只是根据当前策略选择一个支路,并没有考察其他支路的期望回报。

18.4 策略迭代和值迭代算法的 Python 实践

本节将给出如何用本章介绍的算法解决实际问题的实例。为了便于读者理解算法，同时了解如何使用算法，本节从两个具体的应用问题出发，然后讲解实现代码。

18.4.1 FrozenLake 问题

FrozenLake 问题类似于网格世界问题，同样是在一个网格化的地图上寻找一条从起点到目标点的路径。只是这里的地图是一个假想冰面，冰面上有些地方结冰比较厚，可以安全通过；有些地方的冰融化了，从上面经过就会掉下去。用不同的字符分别表示这几种情况，比如 S 表示起始点、F 表示冰冻的水面、H 表示融化的冰洞、G 表示目标位置，那么给定一个字符序列实际上就是一个抽象的地图，例如图 18.5。

在该图中，左上角的 S 表示起始点，右下角的 G 表示目标点，F 和 H 分别代表可通过的冰面和不可通行的冰洞，问题是如何找到一条从 S 到 G 的安全路径？对于这个问题，状态空间就是整个地图上的坐标点，例如上图所示的是 4×4 的地图，那么就有 16 个状态。在各状态可以采取上、下、左、右 4 个动作。另外，由于冰面存在打滑的现象，所以往特定的一个方向前进，实际上只能以一定的概率到达前进方向的下一个状态。这样状态转移函数就是一个分布，这个分布是已知的。

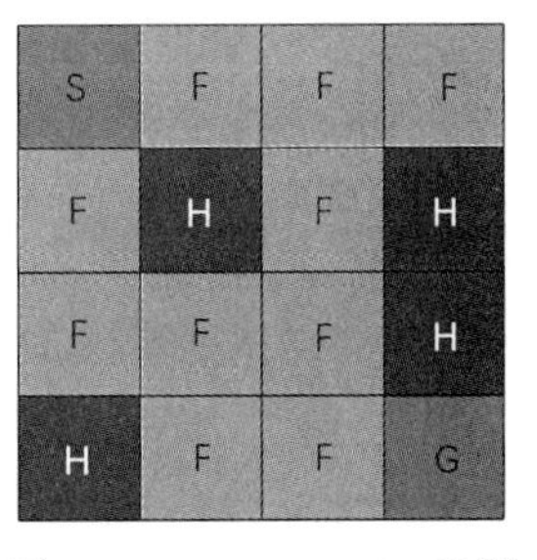

图 18.5 FrozenLake 地图

至此已经获得了对于 FrozenLake 问题的 MDP 描述，目的就是求解一个最优策略使得从任意起始点 S 能够尽快地到达目标 G。

18.4.2 OpenAI Gym 库的介绍

由强化学习的构成要素可知，为了利用强化学习求解一个策略，需要策略不断地与环境交互，获得经验，然后利用经验来改善策略。在这里，环境就是上面的 FrozenLake 问题。为了对环境和策略的交互进行统一的封装，OpenAI Gym 定义了一套 API 接口。有了这个统一的接口之后，使用者就不用再关心具体环境是怎么实现的。为了加深读者对于环境和强化学习原理的理解，这里简单介绍 OpenAI Gym 中环境的定义以及 FrozenLake 环境的主要实现代码。

在实现一个具体的环境之前，设想一下一个通用的环境需要哪些接口？这里以导航为例，假设要去一个地方，没有地图，但是我们知道大概的方向，而且知道目标位置附近的一些标志物信息，如何通过探索找到目标点呢？首先要知道目前自身的位置，就是状态信息；在每一个位置都有很多条路可以走，对应了动作空间信息；走了之后，需要大概预测会到达哪里，对应了状态转移函数；如果走了一段时间，发现沿途标志物和目标位置比较相似，此时自身会对于选择当前道路的置信度增加，这个置信度类似于强化学习的奖励信号；如果不幸走了一条错误的道路，进入了一个死胡同，这个时候需要重新返回到之前的某个状态，对应了一个重置的操作。通过这个例子发现一个环境至少需要下面的接口函数或者属性：

（1）状态空间信息。

（2）动作空间信息。

（3）转移函数，通过转移函数得到下一个状态，并且返回一个回报信号。

（4）重置函数。

Gym 中的环境基本实现了这几个函数，对应的 API 是：

```
import gym
from gym import spaces
class GymEnv(gym.Env):                                                      #定义一个 Gym 环境
  metadata = {'render.modes': ['human']}
  def init(self, arg1, arg2, ...):
    super(CustomEnv, self). __init __()
    self.action_space = spaces.Discrete(N_DISCRETE_ACTIONS          #定义动作空间
    self.observation_space = spaces.Box(low = 0, high = 255, shape =
                        (HEIGHT, WIDTH, N_CHANNELS), dtype = np.uint8) #定义状态空间
  # 定义转移函数,返回下一个状态、回报值、结束标志以及其他信息
  def step(self, action):
  # 定义重置函数
  def reset(self):
  # 定义可视化内容
  def render(self, mode = 'human', close = False):
```

18.4.3 FrozenLake 环境的实现过程

上面的代码还实现了一个 render()函数用于可视化交互过程。下面介绍 FrozenLake 环境的内部实现代码。

这里的环境和一般的强化学习环境略有不同。第一，这是一个有模型的环境，值迭代和策略迭代算法也是依赖于这个模型的；第二，该环境的状态空间和动作空间是离散的，因此可以直接用基于表格的方法，不需要值函数近似。该环境的初始化函数如下：

```
def init(self, desc = None, map_name = "4x4",is_slippery = True):
    #创建一个地图,其实就是一个列表,用字符 S、F、H、G 表示每个坐标点的通过性,例如:
    SFFF
    FHFH
    FFFH
    HFFG
    代表一个 4 × 4 的地图
        if desc is None and map_name is None:
            desc = generate_random_map()
        elif desc is None:
            desc = MAPS[map_name]
        self.desc = desc = np.asarray(desc,dtype = 'c')
```

```
        # 地图的大小,也代表了状态空间的大小
        self.nrow, self.ncol = nrow, ncol = desc.shape
        self.reward_range = (0, 1)
        nA = 4                                  # 动作的个数
        nS = nrow * ncol                        # 状态的个数
        isd = np.array(desc == b'S').astype('float64').ravel()
                                                # isd 表示初始状态的分布 P(s_0)
        isd /= isd.sum()
        P = {s: {a: [] for a in range(nA)} for s in range(nS)}
                                    # P 表示转移概率分布,即模型,这里用一个列表存储
    # 把坐标转化成状态,因为状态是用一维数组表示的
        def to_s(row, col):
            return row * ncol + col
        # 不发生打滑情况下的状态转移函数
        def inc(row, col, a):
            if a == LEFT:
                col = max(col - 1,0)
            elif a == DOWN:
                row = min(row + 1,nrow - 1)
            elif a == RIGHT:
                col = min(col + 1,ncol - 1)
            elif a == UP:
                row = max(row - 1,0)
            return(row, col)
        # 遍历每一个状态,计算转移概率分布 P
        for row in range(nrow):
            for col in range(ncol):
                s = to_s(row, col)
                for a in range(4):
                    # 对于每一个状态动作对(s,a),记录采取动作 a 后的后果
                    li = P[s][a]
                    letter = desc[row, col]
                    if letter in b'GH':   # 如果当前的状态是 G 或者 H,表示到达目标或者
# 掉到了冰洞里,就会停留在原状态; 1 表示进入状态 s 的概率,s 表示下一状态; 0 表示获得
# 的回报,True 表示结束当前的 episode
                        li.append((1.0, s, 0, True))
                    else:
                        if is_slippery:   # 如果发生打滑,采取的动作可能会产生和邻近
# 动作类似的效果,比如当 a = 2 时表示往右走,实际 b 的范围是[1,2,3],也就是可能走到上边或
# 者下边
                            for b in [(a - 1) % 4, a, (a + 1) % 4]:
                                            # 根据采取的动作计算后续状态
                                newrow, newcol = inc(row, col, b)
```

```
                    newstate = to_s(newrow, newcol)
            #获得新状态的地图状态,是冰洞还是目标点
                    newletter = desc[newrow, newcol]
                    done = bytes(newletter) in b'GH'
                    rew = float(newletter == b'G')
            #如果是到达目标,获得1的回报,否则为0
                    li.append((1.0/3.0, newstate, rew, done))
            #保存转移以后的状态,分别是转移概率、下一个状态值、回报和结束标志
                else:
                    #如果不发生打滑,就是确定性的转移,所以只有唯一一个后续状态
                    newrow, newcol = inc(row, col, a)
                    newstate = to_s(newrow, newcol)
                    newletter = desc[newrow, newcol]
                    done = bytes(newletter) in b'GH'
                    rew = float(newletter == b'G')
                    li.append((1.0, newstate, rew, done))
            #调用基类 DiscreteEnv 的初始化函数
    super(FrozenLakeEnv, self).__init__(nS, nA, P, isd)
```

至此完成了对于 FrozenLake 环境的完整描述,分别如下。

- S: self.observation_space = spaces.Discrete(self.nS)
- A: self.action_space = spaces.Discrete(self.nA)
- P: P = {s : {a : [] for a in range(nA)} for s in range(nS)},具体赋值请参考对 for 循环的解释。
- r: rew = float(newletter == b'G'),如果到达目标获得回报1,否则为0。
- γ: 因为这里是一个 episode 的任务,所以可以认为 $\gamma=1$。

值得注意的是,对于无模型的强化学习问题,转移分布 P 是未知的。通常只能通过仿真环境采样出下一个状态,这个过程通常通过 step()函数实现。在 OpenAI Gym 的实现代码中,为了使 FrozenLake 环境能同时适用于有模型和无模型的强化学习算法,也实现了 step()函数。其基本思想是在所有可能的转移分布中采样出一种情况,即:

```
def step(self, a):
    transitions = self.P[self.s][a] #获得所有可能的转移情况
    i = categorical_sample([t[0] for t in transitions], self.np_random)
                                    #随机采样出一个状态作为实际动作产生的结果
    p, s, r, d= transitions[i]
    self.s = s
    self.lastaction = a
    return(s, r, d, {"prob" : p})
```

总的来说,可以认为模型是一种更强的先验信息,利用这些信息可以设计出更高效的强化学习算法,甚至对于一些小规模离散状态的问题可以直接列方程求解。而无模型的方法必须通过不断与环境交互来获得经验,进而改善策略。

有了对于环境的描述和 MDP 模型,下面正式介绍如何利用策略迭代和值迭代算法

来解决这个问题。

18.4.4 策略迭代算法的实现

策略迭代算法包含两个步骤,即值函数计算(策略评估)和策略提取(策略提升)。计算值函数的核心是贝尔曼方程。一旦获得了一个比较准确的值函数,也就相当于得到了对当前状态空间的一个评估,提取策略的过程自然而然就是选择评估中最有利的动作,一般会是一个贪婪策略(greedy policy)或者 ε 贪婪策略(ε-greedy policy)。在代码的实现中也是按照这两个过程进行的。

```
import numpy as np
import gym
import matplotlib.pyplot as plt
from enum import Enum
import random
class Actions(Enum):
    LEFT = 0.
    DOWN = 1.
    RIGHT = 2.
    UP = 3.
#利用 policy 产生一条仿真轨迹,并计算其累积回报
def run_episode(env, policy, gamma = 1.0, render = False):
    obs = env.reset()
    total_reward = 0
    step_idx = 0
    while True:
        if render:
            env.render()
        obs, reward, done, _ = env.step(int(policy[obs]))
        total_reward += (gamma ** step_idx * reward) #计算折扣累积回报
        step_idx += 1
        if done:
            break
    return total_reward
#利用 policy 产生多个 episode,计算平均得分
def evaluate_policy(env, policy, gamma = 1.0, n = 100):
    scores = [run_episode(env, policy, gamma, False) for _ in range(n)]
    return np.mean(scores)
#主要步骤 2:策略提升
def extract_policy(env, v, gamma = 1.0):
    policy = np.zeros(env.env.nS - 1)                    #初始化策略
    for s in range(env.env.nS - 1):
        q_sa = np.zeros(env.env.nA)
        for a in range(env.env.nA):          #评估当前状态下每个动作的收益
            q_sa[a] = sum([p * (r + gamma * v[s_]) for p, s_, r, _ in env.env.P[s][a]])
                                             #计算动作值函数 q
```

```
        policy[s] = np.random.choice(np.argwhere(q_sa == np.max(q_sa)).flatten())
#更新后的策略是相对于 q 的贪婪策略,所以使用 max 操作
    return policy
                        #返回提升的策略,根据策略提升理论,这个策略肯定比上一次迭代的策略要好
#主要步骤 1:计算值函数
def compute_policy_v(env, policy, gamma = 1.0):
    v = np.zeros(env.env.nS)    #初始化值函数为 0,给定一个策略,这个策略不断被更新
    v[env.env.nS - 1] = 0
    eps = 1e - 10
    while True:
        prev_v = np.copy(v)
        for s in range(env.env.nS - 1):    #遍历每一个状态
            a = policy[s]                  #根据当前策略(确定性策略)得到动作
            v[s] = sum([p * (r + gamma * prev_v[s_]) for p, s_, r, _ in env.env.P[s][a]])
        #利用模型,也就是 P[s][a]获得所有可能的情况,然后根据贝尔曼方程更新 V_pi(s)
        if (np.sum((np.fabs(prev_v - v))) <= eps):
                            #如果更新前后的值函数 V 小于给定阈值,说明收敛了,返回 v_pi
            print("Value function converged.")
            break
    return v
#总的策略迭代算法框架
def policy_iteration(env, gamma = 1.0, draw = False):
    policy = np.random.choice(env.env.nA, size = (env.env.nS))  #初始化一个随机策略
    max_iterations = 20000
    gamma = 1.0
    for i in range(max_iterations):
        old_policy_v = compute_policy_v(env, policy, gamma)     #策略评估
        new_policy = extract_policy(env, old_policy_v, gamma)   #策略提升
        if (np.all(policy == new_policy)):                      #判断策略是否收敛
            print('Policy - Iteration converged at iteration %d.' % (i + 1))
            break
        policy = new_policy
                    #如果没收敛,则以当前策略为起点,继续循环策略评估和策略提升两个过程
        if draw:
            draw_value_func(env, old_policy_v, i)
            draw_policy(env, new_policy, old_policy_v, i)
    return policy
def draw_value_func(env, v, iteration):
    row, col = env.nrow, env.ncol
    v = v.reshape((row, col))
    fig, ax = plt.subplots()
    im = ax.imshow(v)
    #显示地图坐标点的通过性
    for i in range(len(env.desc)):
```

```
            for j in range(len(env.desc[0])):
                text = ax.text(j, i, env.desc[i, j].decode('UTF-8') + " " + str(np.around
(v[i, j], decimals=3)),ha='center', va='center', color='w')
        ax.set_title("Value map iterated at step {}".format(iteration + 1))
        fig.tight_layout()
        plt.show()
def draw_policy(env, policy, v, iteration):
    row, col = env.nrow, env.ncol
    fig, ax = plt.subplots()
    v = v.reshape(row, col)
    ax.imshow(v)
    for i in range(row):
        for j in range(col):
            if i == row - 1 and j == col - 1:
                continue
            ax.text(j, i, env.desc[i, j].decode('UTF-8'), ha='center', va='center',
color='w')
            action = policy[i * col + j]
            if action == 0.0:  #向左
                endxy = (i, max(j - 1, 0))
            elif action == 1.0:  #向下
                endxy = (min(i + 1, row - 1), j)
            elif action == 2.0:  #向右
                endxy = (i, min(j + 1, col - 1))
            elif action == 3.0:  #向上
                endxy = (max(i - 1, 0), j)
            else:
                print("Invalid action")
            if i == endxy[0] and j == endxy[1]:
                continue
            plt.arrow(j, i, (endxy[1] - j) * 0.4, (endxy[0] - i) * 0.4, width=0.03)
    ax.set_title("Policy map iterated at step {}".format(iteration + 1))
    fig.tight_layout()
    plt.show()
if __name__ == '__main__':
    env = gym.make('FrozenLake-v0', is_slippery=False)
    optimal_policy = policy_iteration(env, gamma=1.0, draw=True)
    scores = evaluate_policy(env, optimal_policy, gamma=1.0)
    print('Average scores = ', np.mean(scores))
```

整个算法的实现过程如上述代码所示。从代码中可以清楚地看到策略迭代算法包含两个过程——计算值函数和策略提升，分别通过 compute_policy_v 和 extract_policy 函数实现，详细的解释已经在代码中注释了。如此循环迭代，直到策略收敛就获得了最优的策略。

18.4.5 值迭代算法的实现

值迭代算法和策略迭代算法的区别在于直接计算出最优的值函数，然后获得全局最优策略。因此没有中间的策略提升环节，值函数的计算公式也不一样。策略迭代以贝尔曼方程来更新值函数，值迭代以最优贝尔曼方程来更新值函数，表达式如下：

$$v_*(s)=\max_{a\in A(s)} q_{\pi_*}(s,a)=\max_a \sum_{s',r} p(s',r \mid s,a)\left[r+\gamma v_*(s')\right]$$

策略迭代中值函数的计算方式为：

$$\begin{aligned} v_\pi(s) &\doteq E_\pi\left[G_t \mid S_t=s\right]=E_\pi\left[R_{t+1}+\gamma G_{t+1} \mid S_t=s\right] \\ &=\sum_a \pi(a \mid s)\sum_{s',r} p(s',r \mid s,a)\left[r+\gamma v_\pi(s')\right] \end{aligned}$$

下面看一下在代码中是如何实现的？

```
import numpy as np
import gym
import matplotlib.pyplot as plt
from enum import Enum
import random
class Actions(Enum):
    LEFT = 0.
    DOWN = 1.
    RIGHT = 2.
    UP = 3.
#利用 policy 产生一条仿真轨迹,并计算其累积回报
def run_episode(env, policy, gamma = 1.0, render = False):
    obs = env.reset()
    total_reward = 0
    step_idx = 0
    while True:
        if render:
            env.render()
        obs, reward, done, _ = env.step(int(policy[obs]))
        #计算折扣累积回报
        total_reward += (gamma ** step_idx * reward)
        step_idx += 1
        if done:
            break
    return total_reward
#利用 policy 产生多个 episode,计算平均得分
def evaluate_policy(env, policy, gamma = 1.0, n = 100):
    scores = [run_episode(env, policy, gamma, False) for _ in range(n)]
    return np.mean(scores)
#主要步骤 2:策略提升
```

```
def extract_policy(env, v, gamma = 1.0, draw = True):
    #初始化策略
    policy = np.zeros(env.env.nS - 1)
    for s in range(env.env.nS - 1):
        q_sa = np.zeros(env.env.nA)
        #评估当前状态下每个动作的收益
        for a in range(env.env.nA):
            #计算动作值函数 q
            q_sa[a] = sum([p * (r + gamma * v[s_]) for p, s_, r, _ in env.env.P[s][a]])
        #更新后的策略是相对于 q 的贪婪策略,所以使用 max 操作
        policy[s] = np.random.choice(np.argwhere(q_sa == np.max(q_sa)).flatten())
    if draw:
        draw_policy(env, policy, v, 1000)
    #返回提升的策略,根据策略提升理论,这个策略肯定比上一次迭代的策略要好
    return policy
#主要步骤 1:计算最优值函数
def value_iteration(env, gamma = 1.0):
    #初始化值函数
    v = np.zeros(env.env.nS)
    max_iterations = 100000
    eps = 1e-20
    for i in range(max_iterations):
        prev_v = np.copy(v)
        for s in range(env.env.nS):
            q_sa = [sum([p * (r + gamma * prev_v[s_]) for p, s_, r, _ in env.env.
P[s][a]]) for a in range(env.env.nA)]
            v[s] = max(q_sa)
        if (np.sum(np.fabs(prev_v - v)) <= eps):
            print ('Value - iteration converged at iteration# %d.' % (i + 1))
            break
    return v
def draw_value_func(env, v, iteration):
    row, col = env.nrow, env.ncol
    v = v.reshape((row, col))
    fig, ax = plt.subplots()
    im = ax.imshow(v)
    #显示地图坐标点的通过性
    for i in range(len(env.desc)):
        for j in range(len(env.desc[0])):
            text = ax.text(j, i, env.desc[i, j].decode('UTF - 8') + " " + str(np.around
(v[i, j], decimals = 3)),ha = 'center', va = 'center', color = 'w')
    ax.set_title("Value map iterated at step {}".format(iteration + 1))
    fig.tight_layout()
    #plt.draw()
    #plt.pause(0.001)
    #input("Press [enter] to continue.")
    plt.show()
def draw_policy(env, policy, v, iteration):
```

```
    row, col = env.nrow, env.ncol
    fig, ax = plt.subplots()
    v = v.reshape(row, col)
    ax.imshow(v)
    for i in range(row):
        for j in range(col):
            if i == row - 1 and j == col - 1:
                continue
            ax.text(j, i, env.desc[i, j].decode('UTF - 8'), ha = 'center', va = 'center',
color = 'w')
            action = policy[i * col + j]
            if action == 0.0:  # 向左
                endxy = (i, max(j - 1, 0))
            elif action == 1.0:  # 向下
                endxy = (min(i + 1, row - 1), j)
            elif action == 2.0:  # 向右
                endxy = (i, min(j + 1, col - 1))
            elif action == 3.0:  # 向上
                endxy = (max(i - 1, 0), j)
            else:
                print("Invalid action")
            if i == endxy[0] and j == endxy[1]:
                continue
            plt.arrow(j, i, (endxy[1] - j) * 0.4, (endxy[0] - i) * 0.4, width = 0.03)
    ax.set_title("Policy map iterated at step {}".format(iteration + 1))
    fig.tight_layout()
    #plt.draw()
    #input("Press [enter] to continue.")
    plt.show()
if __name__ == '__main__':
    env_name  = 'FrozenLake - v0' # 'FrozenLake8x8 - v0'
    env = gym.make(env_name)
    gamma = 1.0
    optimal_v = value_iteration(env, gamma)
    policy = extract_policy(env, optimal_v, gamma)
    policy_score = evaluate_policy(env, policy, gamma, n = 1000)
    print('Policy average score = ', policy_score)
```

从代码中可以看出，值迭代没有外面的大循环，而是直接迭代求出最优值函数。策略提升的方式和策略迭代完全相同。迭代计算值函数的方式也不一样，策略迭代的值函数是当前策略给出的动作 a 产生的期望累积回报 $q(s,a)$，值迭代没有中间策略，因此也不会根据某个动作计算值函数，而是遍历所有动作得到 $q(s,a_i)$，然后从中选择最大的值作为当前状态的估计价值。

本章参考文献

[1] Sutton R S,Barto A G. Reinforcement learning: An introduction[M]. Cambridge: MIT press,1998.

[2] Pineau J, Gordon G, Thrun S. Point-based value iteration: An anytime algorithm for POMDPs [C]//IJCAI. 2003,3: 1025-1032.

[3] 孙湧,仵博,冯延蓬. 基于策略迭代和值迭代的 POMDP 算法[J]. 计算机研究与发展,2008,45(10): 1763-1768.

第19章

SARSA算法和Q学习算法

值迭代算法和策略迭代算法是强化学习中最基本的算法,理解这两个算法有助于理解马尔可夫决策过程和强化学习的框架。但是这两个算法有很多局限性,首先它们是表格型(Table Based)的算法,也就是很难扩展到高维或者连续状态的任务;其次它们都依赖于已知的环境模型,也就是基于模型(Model Based)的算法。实际上强化学习有很多自己独特的地方,也有很多算法来解决前面提到的缺点。本章再介绍两个算法——SARSA算法和Q学习算法。这两个算法都不依赖于环境模型,另外它们有很多的应用和拓展,掌握它们也能加深对强化学习中在策略(on-policy)和离策略(off-policy)概念的理解[1,2]。

19.1 SARSA算法的原理

说到SARSA算法和Q学习算法,不得不先说一下时间差分(Temporal-Difference,TD)学习。TD学习可以说是强化学习领域中一个比较独特、新颖的方法。与其说是方法,不如说它是一种思想。基于这个思想衍生出了很多算法,Q学习算法只是其中一个典型的代表。时间差分是怎么产生的呢?这源于强化学习不可避免的一个问题,就是信用分配问题。因为强化学习总是试图和环境交互,然后从交互的经验中学习。那么如何评估智能体在交互过程中每一步决策的好坏呢?这是一个比较困难的问题,因为并不是每一步决策都能立即得到一个反馈。比如下象棋,很容易定义一个指标来衡量一盘棋的输赢,但是很难评估一盘棋中某一步的贡献。另一个方面,即使可以获得一个立即反馈,但是如何评估当前决策对未来决策的影响也比较困难。一般来说,对于每一步的评估是必需的,所谓"一着不慎满盘皆输"说明了这种评估的重要性。对于一个序列决策问题,如何评估序列中每一步决策好坏的问题就叫作信用分配问题。TD方法的思想就是利用当

前时刻 t 往后 n 步回报的采样加上 $t+n$ 步的估计值 $\hat{V}_\pi(s_{t+n})$ 来评估当前的决策[3,4]。

$$
\begin{aligned}
v_\pi(s) &= E_\pi[G_t \mid S_t = s] \\
&= E_\pi\left[\sum_{k=0}^{\infty}\gamma^k r_{t+k+1} \mid S_t = s\right] \\
&= E_\pi\left[r_{t+1} + \gamma\sum_{k=0}^{\infty}\gamma^k r_{t+k+2} \mid S_t = s\right] \\
&= E_\pi[r_{t+1} + \gamma v_\pi(S_{t+1}) \mid S_t = s]
\end{aligned}
$$

上式说明了时间差分方法、蒙特卡洛方法（Monte Carlo，MC）和动态规划方法（Dynamic Programming，DP）的关系。概括地讲，MC 方法是采样到一个完整的 episode，然后利用采样值来更新值函数。DP 方法由于已知了状态转移概率和回报，可以直接计算任意状态、任意时刻累积回报的期望，用它来更新值函数。TD 方法则综合两者，它既包括采样的值，也利用已知的估计来更新当前状态值函数，这叫作自举（bootstrap）。一个最简单的 TD 算法，也就是 TD(0)如下：

$$V(s_t) \leftarrow V(s_t) + \alpha[r_{t+1} + \gamma V(s_{t+1}) - V(s_t)]$$

对于 SARSA 算法考虑行为值函数而不是状态值函数。这里列举一个包含状态和行为的马尔可夫序列，如图 19.1 所示：

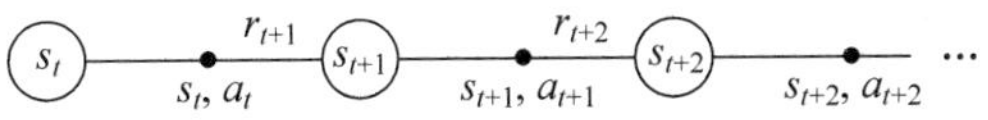

图 19.1　马尔可夫序列

为了计算行为值函数，即上图中黑点的值，考虑计算一次状态转移涉及的元素有 $(s_t, a_t, r_{t+1}, s_{t+1}, a_{t+1})$，这也就是 SARSA 算法名称的由来。那么核心问题是如何更新行为值函数呢。前面讲了 TD 算法，它的更新表达式是：

$$V(s_t) \leftarrow V(s_t) + \alpha[R_{t+1} + \gamma V(s_{t+1}) - V(s_t)]$$

那么对应的，SARSA 的更新表达式为：

$$Q(s_t, a_t) \leftarrow Q(s_t, a_t) + \alpha[r_{t+1} + \gamma Q(s_{t+1}, a_{t+1}) - Q(s_t, a_t)]$$

可以看到，SARSA 算法仅是时间差分算法的一种特殊情况，它的核心还是利用 $r_{t+1} + \gamma Q(s_{t+1}, a_{t+1})$ 作为当前行为值函数的目标。

总结起来，一个完整的 SARSA 算法的步骤如下：

(1) 以任意方式初始化所有的 $Q(s,a)$。

(2) 对于每个 episode，初始化一个初始状态 s。

(3)重复以下步骤。

① 利用当前的 Q 值得到更新的策略 π。有了策略，就可以根据策略和状态 s 选择 a。

② 执行当前的行为 a，观察回报 r 和下一个状态 s'。

③ 用推导的策略选择 s' 对应的行为 a'。

④ 更新：$Q(s,a) \leftarrow Q(s,a) + \alpha[r + \gamma Q(s',a') - Q(s,a)]$。

⑤ 把当前的状态替换为 s', a'，也就是 $s \leftarrow s', a \leftarrow a'$。

(4) 当 s 是终止状态时(对应于 episode 形式的任务)终止。

其实对于大多数的强化学习算法来说主要干两件事,第一产生(sample)训练样本,第二根据训练样本更新值函数或者策略(update)。循环执行上面算法的步骤①、②、③、⑤,实际上得到一个样本序列,对应于第(1)步,而步骤④定义如何根据样本更新值函数,合在一起就构成了整个学习算法。SARSA 是一种在策略(on-policy)的方法,后面的 Q 学习算法是离策略(off-policy)的,这也是它们最大的区别,形式上很相似。关于在策略和离策略的主要区别,读者可以参考博客 http://blog.csdn.net/mmc2015/article/details/58021482。

19.2 SARSA 算法的 Python 实践

19.2.1 迷宫问题

同样通过一个实例来介绍 SARSA 算法,这个实例是机器人走迷宫问题。如图 19.2 所示,图中两个格子分别代表起始点 S 和目标 G,圆点是机器人当前的位置。这是一个标准的 episode 任务。图中共有 25 个格子,因此有 25 个状态。相应地,对于每个状态有上、下、左、右 4 个动作。每次移动都获得 −1/25 的回报,到达目标会获得 +5 的回报,根据每个状态距离目标状态的曼哈顿距离会获得(0,1)的一个回报。现在的问题是如何通过学习算法学习到一个从 S 到 G 的导航策略。

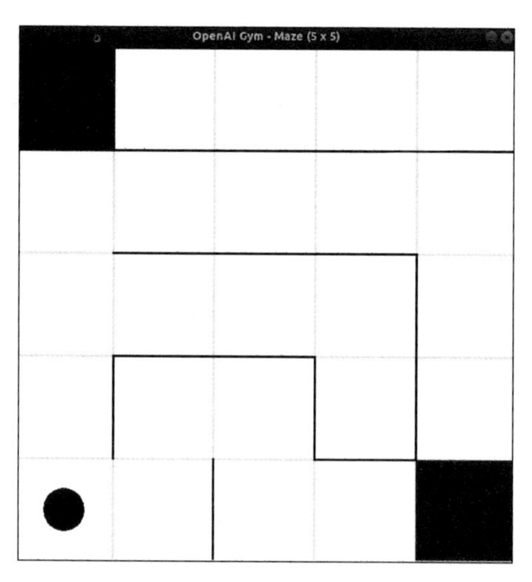

图 19.2　5×5 的迷宫问题

对于这个环境的搭建,同样遵循前面介绍的 OpenAI Gym 的接口。整个环境通过 pygame 库来绘制迷宫的界面并完成可视化。迷宫的生成方式有两种,即随机生成一个迷宫地图和从保存的地图中加载。地图是以 numpy 数组的形式保存的,数组的数值表示了当前坐标点和邻居节点的联通情况。

动作的定义为:

```
COMPASS = {
        "N": (0, -1), #北
        "E": (1, 0),   #东
        "S": (0, 1),   #南
        "W": (-1, 0)  #西
    }
```

可见其坐标系的方向是向右为 X 正向，向下为 Y 正向。状态空间是一个二维平面上的连续坐标值。step 函数会接收朝某个方向移动的指令，并更新机器人的状态，实现代码如下：

```
def step(self, action):
    if isinstance(action, int):
        #move_robot 更新机器人位置
        self.maze_view.move_robot(self.ACTION[action])
    else:
        self.maze_view.move_robot(action)
    #回报函数,达到目标 r=5,否则 r= -0.1 + |x - g_x| + |y - g_y|
    if np.array_equal(self.maze_view.robot, self.maze_view.goal):
        reward = 5.0
        done = True
    else:
        reward = -0.1 + (1.0 - np.sum(np.abs(self.maze_view.goal -
                          self.maze_view.robot)) / np.sum(self.maze_view.goal))
        done = False
    self.state = self.maze_view.robot
    info = {}
    return self.state, reward, done, info
```

从代码中还可以看到回报函数的定义为：

$$r=\begin{cases}5 & \text{if goal reached}\\ -0.1+D_{\text{Manhattan}}(\text{state},\text{goal}) & \text{else}\end{cases}$$

下面看如何基于 SARSA 算法和上面的环境来解决一个迷宫导航问题。

19.2.2　SARSA 算法的实现

无论是 SARSA 算法还是 Q 学习算法，核心都是要估计一个值函数 Q，因此在代码中先定义 Q 表格：

```
Q = np.zeros([*env.maze_size, env.action_space.n])
```

Q 表格的大小和迷宫的大小有关，这里的例子是一个 5×5 的迷宫，因此 Q 表格是一个 5×5×4 的 numpy 数组。训练过程的代码如下：

```
def sarsa_train():
    for epis in range(num_epis_train):
        #一个回合为一个循环,更新值函数
        print("Training episode: {}".format(epis))
        state = env.reset()
        #采用的是 epsilon 贪婪策略,所以会以 epsilon 的概率随机选择动作,这里对探索概率
        #做了线性衰减
        epsilon = epsilon_decay(eps, num_epis_train, epis)
        action = epsilon_greedy_policy(Q, state, epsilon)
        step = 0
        while True:
            #执行当前的动作,获得下一步的状态、回报和相关信息
            state_new, reward, done, _ = env.step(env.ACTION[action])
            #这里因为要用状态作为索引,所以变化为 int 类型
            x, y, x_, y_ = int(state[0]), int(state[1]), int(state_new[0]),int(state_
new[1])
            #获得下一个时刻的动作
            action_new = epsilon_greedy_policy(Q, state_new, epsilon)
            #更新值函数
            Q[x, y, action] = Q[x, y, action] + learning_rate * (
                    reward + discount * Q[x_, y_, action_new] - Q[x, y, action])
            #更新当前状态和动作为下一个时刻的状态和动作
            state = state_new
            action = action_new
            step += 1
            if done:
                #因为迷宫环境的最大步长是 500,这里做了步数判断,以分辨是否到达目标
                if step < 500:
                    print("Reach goal use {} steps".format(step))
                break
```

核心步骤在于对值函数的更新,代码如下:

```
Q[x, y, action] = Q[x, y, action] + learning_rate * (
                    reward + discount * Q[x_, y_, action_new] - Q[x, y, action])
```

对应表达式为:

$$Q(s_t, a_t) \leftarrow Q(s_t, a_t) + \alpha\left[r_{t+1} + \gamma Q(s_{t+1}, a_{t+1}) - Q(s_t, a_t)\right]$$

测试代码如下:

```
def test(num_episode = 50):
    success = 0
    for epi in range(num_episode):
        print("Test episode: {}" format(cpi))
```

```
        state = env.reset()
        while True:
            action = epsilon_greedy_policy(Q, state)
            state_new, reward_episode, done, _ = env.step(env.ACTION[action])
            env.render()
            state = state_new
            if done:
                if reward_episode == 5:
                    success += 1
                break
    print('--- Success rate = %.3f' % (success * 1.0 / num_episode))
    print('--------------------------------')
```

基本过程就是基于估计好的 Q 表格，根据 epsilon 贪婪策略决策，然后统计多个回合中成功达到目标点的概率。

虽然算法看起来很简单，但是为了获得好的训练效果，需要人工调参和很多技巧在里面。这也是以深度学习为代表的学习算法存在的问题。比如对于上面的迷宫问题，回报函数如果不加曼哈顿距离奖励项，机器人在接近目标的过程中缺乏正向的反馈，这样大量的探索都很低效，很少会达到目标。另外，探索概率衰减和 epsilon 贪婪策略都增加了机器人对于环境的探索，对于学习一个好的策略也很重要。

19.3 Q 学习算法的原理

Q 学习的出现是强化学习领域中一个突破性的成就，最早由 Watkins 在 1989 年提出。它最简单的方式（也就是单步 Q 学习）定义如下：

$$Q(s_t,a_t) \leftarrow Q(s_t,a_t) + \alpha[r_{t+1} + \gamma \max_a Q(s_{t+1},a) - Q(s_t,a_t)]$$

观察上式，和 SARSA 相比，其最大的变化就是括号里多了一个最大化的操作。表达式虽然变化不大，但是算法的原理却大相径庭。因为这个最大化的操作，所有下一个状态的行为并不关心执行哪个行为，而是关心所有行为中使得 $Q(s_{t+1},a)$ 最大的最大行为[5]。具体的 Q 学习算法的步骤如下：

（1）以任意方式初始化所有的 $Q(s,a)$。

（2）对于每个 episode，初始化一个初始状态 s。

（3）重复以下步骤。

① 利用当前的 Q 值得到策略 π。有了策略 π，就可以根据策略和状态 s 选择 a。

② 执行当前的行为 a，观察回报 r 和下一个状态 s'。

③ 更新：$Q(s,a) \leftarrow Q(s,a) + \alpha[r + \gamma \max_{a'} Q(s',a') - Q(s,a)]$。

④ 更新当前的状态为 s'，也就是 $s \leftarrow s'$。

（4）当 s 是终止状态时（对应于 episode 形式的任务）终止。

对比 SARSA 算法和 Q 学习算法的步骤，其最大的区别在于 Q 值的更新表达式不一样，但它们仍然都满足 TD 算法的框架。另外，对于 SARSA 算法和 Q 学习算法，Q 值的更新可以用图 19.3 清晰地分辨：

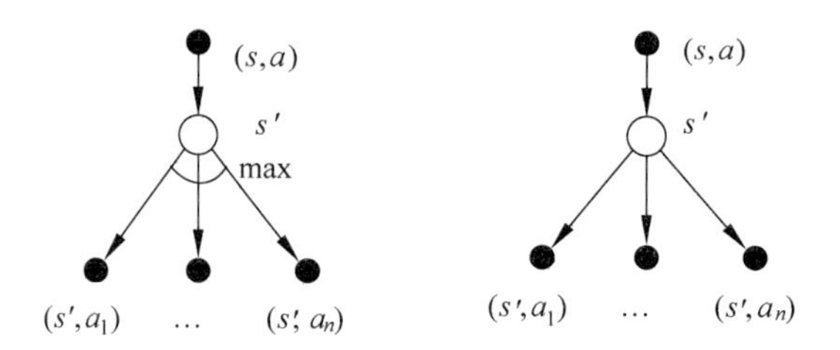

图 19.3　Q 学习算法和 SARSA 算法的备份图(左图为 Q 学习算法,右图为 SARSA 算法)

从该图上看,SARSA 算法只是选择了一条支路,而 Q 学习算法需要综合考虑所有的行为分支。下面以一个实例介绍 Q 学习算法的 Python 实现。

19.4　Q 学习算法的 Python 实践

这里以迷宫问题为例介绍 Q 学习算法,完整的代码如下：

```
"""
用 Q 学习算法解决迷宫问题
"""
import gym, numpy as np, random
import gym_maze
#超参数
num_epis_train = 5000
learning_rate = 0.01
discount = 0.95
eps_start = 0.25
#加载一个固定的迷宫地图,如果是 MazeRandom5x5 环境,则随机生成一个迷宫地图
env = gym.make("MazeSample5x5 - v0")
#动作值函数
Q = np.zeros([ * env.maze_size, env.action_space.n])
#线性的衰减探索的概率
def epsilon_decay(starting_epsilon, iterations, i):
    decay = starting_epsilon / 10.
    current_step = int(i / (iterations / 10))
    return starting_epsilon - decay * current_step
#epsilon - 贪婪策略
def epsilon_greedy_policy(q, observation, epsilon = 0.05, greedy = False):
    x, y = observation
    x, y = int(x), int(y)
    if greedy:
        return np.argmax(q[x, y, :])
    most_greedy_action = np.argmax(q[x, y, :])
    actions_count = q[x, y, :].shape[0]
    weights = [epsilon] * actions_count
```

```
        weights[most_greedy_action] += 1 - actions_count * epsilon
        return random.choices(list(range(actions_count)), weights = weights, k = 1)[0]
    #训练
    def q_train():
        for epis in range(num_epis_train):
            print("Training episode: {}".format(epis))
            state = env.reset()
            step = 0
            epsilon = epsilon_decay(eps_start, num_epis_train, epis)
            while True:
                action = epsilon_greedy_policy(Q, state, epsilon)
                state_new, reward, done, _ = env.step(env.ACTION[action])
                #env.render()
                x, y, x_, y_ = int(state[0]), int(state[1]), int(state_new[0]),
                                                int(state_new[1])
                Q[x, y, action] = Q[x, y, action] + learning_rate * (reward + discount *
    np.max(Q[x_, y_, :]) - Q[x, y, action])
                state = state_new
                step += 1
                if done:
                    if step < 500:
                        print("Reach goal use {} steps".format(step))
                    break
    #测试
    def test(num_episode = 50):
        success = 0
        for epi in range(num_episode):
            print("Test episode: {}".format(epi))
            state = env.reset()
            while True:
                action = epsilon_greedy_policy(Q, state)
                state_new, reward_episode, done, _ = env.step(env.ACTION[action])
                env.render()
                state = state_new
                if done:
                    if reward_episode == 5:
                        success += 1
                    break
        print('--- Success rate = %.3f' % (success * 1.0 / num_episode))
        print('-----------------------------------')
    if __name__ == "__main__":
        q_train()
        test()
```

整体代码流程和 SARSA 算法一致，唯一的区别在于 Q 值的更新上，Q 学习算法是离策略的，在更新 Q 值时利用的是下一个状态中所有动作值函数的最大值，而不关心实际采取的是哪个动作，因此在训练过程中并没有显式地求解下一个状态上应该采取的动作，步骤如下：

```
Q[x, y, action] = Q[x, y, action] + learning_rate * (reward + discount * np.max(
                    Q[x_, y_, :]) - Q[x, y, action])
```

对应的公式为

$$Q(s,a) \leftarrow Q(s,a) + \alpha \left[r + \gamma \max_{a'} Q(s',a') - Q(s,a)\right]$$

完整的代码参见 https://github.com/huiwenzhang/rl_with_maze。

本章参考文献

[1] Sutton R S, Barto A G. Reinforcement learning: An introduction [M]. Cambridge: MIT Press, 1998.

[2] Sutton R S. Generalization in reinforcement learning: Successful examples using sparse coarse coding[C]//Advances in Neural Information Processing Systems. 1996: 1038-1044.

[3] 战忠丽,王强,陈显亭. 强化学习的模型、算法及应用[J]. 电子科技,2011,24(1): 47-49.

[4] 林联明,王浩,王一雄. 基于神经网络的 Sarsa 强化学习算法[J]. 计算机技术与发展,2006,16(1): 30-32.

[5] Watkins C J C H, Dayan P. Q-learning [J]. Machine Learning, 1992, 8(3-4): 279-292.